Georg Erwin Thaller

Computersicherheit

DUD-Fachbeiträge

herausgegeben von Karl Rihaczek, Paul Schmitz, Herbert Meister

Georg Erwin Thaller

Computersicherheit

Der Schutz von Hard- und Software

ISBN 978-3-528-05372-7   ISBN 978-3-322-91093-6 (eBook)
DOI 10.1007/978-3-322-91093-6

Warenzeichen:

IBM und PROF sind Warenzeichen der International Business Machines.
VAX und VMS sind Warenzeichen von Digital Equipment.

Vorwort

Deutsche Hacker im Sold des KGB, Computervirus blockiert Großrechner, Student schleuste Computervirus ein, Bundesbahn-Computer kassierte vorzeitig ab: Das sind nur ein paar Schlagzeilen aus der jüngeren Vergangenheit der EDV-Branche. Hacker und Spione, Viren und Würmer sind die neuen Schlagworte der EDV-Szene. Wo soviel Rauch ist, da muß auch Feuer sein. In der Tat sind die Probleme nicht länger zu leugnen.

Deutsche Hacker sind im Auftrag des sowjetischen Geheimdienstes KGB in militärische Computer der USA eingedrungen. Auch die Computer der europäischen Forschungsinstitute und der Industrie sind vor ihnen nicht sicher. Während des Golfkriegs wurde von französischen Zeitungen behauptet, die heimische Rüstungsindustrie habe ihre an den Irak gelieferten Waffen so präpariert, daß sie im Ernstfall durch Viren unwirksam gemacht werden könnten. Ob ein Körnchen Wahrheit in dieser Geschichte steckt, mag man bezweifeln. Auch gezielte Desinformation braucht jedoch eine Basis, die wahr sein könnte.

Viren verbreiten sich in den Redaktionen und in den Büros und fühlen sich leider auch im PC zuhause. Datenverluste sind die Folge, und damit einhergehend ein immenser Vertrauensschwund. Hat die junge Branche ihre Unschuld verloren?

Dieses Buch entstand, um der weitgehend vorhandenen Unwissenheit über diese neue Bedrohung abzuhelfen. Es wendet sich daher an alle, die in der EDV und verwandten Gebieten Verantwortung tragen. Insbesonders sind angesprochen: Alle Manager und EDV-Chefs in der Industrie und in den Behörden, die Sicherheitsabteilungen der deutschen Industrie und ihre Mitarbeiter. Nicht zu vergessen ist die Revision, die Software-Entwicklung, die Qualitätssicherung und die Konfigurationskontrolle.

Schließlich wende ich mich an alle Studenten und ihre Professoren in den Hochschulen: Das Thema Sicherheit der Software wird in der Zukunft einen viel breiteren Raum einnehmen, als das noch vor wenigen Jahren der Fall war. Dies muß zwangsläufig Auswirkungen auf die Programmerstellung und die Architektur von Computern haben.

In dem Text sind eine Vielzahl von Fällen aus der Praxis herangezogen worden, um die Vorgehensweise der Täter aufzuzeigen. Deshalb eignet sich das Buch auch für jene, die lediglich einen Überblick gewinnen wollen. Für den Fachmann sind ein paar Beispiele zu den populären Betriebssystemen UNIX und

VAX/VMS vorhanden, die als leicht adaptierbare Lösungen für die eigene Tätigkeit dienen können.

Nach der Einleitung in Abschnitt I wird im zweiten Teil ausführlich auf bekannte Fälle eingegangen. Dazu gehört der Fall der Hacker aus Hannover, die im Auftrag des KGB westliche Hochtechnologie ausspähen sollten. Auch der Morris-Wurm wird behandelt, ebenso wie die bekanntesten Viren und ihre Merkmale. Eingebettet sind diese Themen in die bereits länger bekannten Techniken wie Trojanische Pferde und Zeitbomben.

Nach dem Arsenal des Schreckens untersuchen wir in Abschnitt IV, wie es möglich ist, sich gegen solche Gefahren zu schützen. In Abschnitt V wird systematisch ein Konzept erarbeitet, das unsere Rechner und die Software sicherer machen kann. Wenn diese Maßnahmen dazu beitragen, manchen Verantwortlichen ruhiger schlafen zu lassen, umso besser!

Alle Risiken werden sich nicht beseitigen lassen, doch es kann oft mit relativ einfachen Mitteln viel erreicht werden. Trotzdem wird Sicherheit Geld kosten, das wollen wir nicht bestreiten. Die Unterstützung des Top-Managements ist gewiß notwendig.

Im vorletzten Kapitel wird eine Bilanz gezogen, während ich im letzten Abschnitt einen Blick in die Zukunft wage: Was bringt uns die Computerbranche an neuer Hardware, und wie werden wir mit Viren und Würmern fertig? Kann uns die neue und erst schemenhaft erkennbare Technologie der nächsten Generation unter dem Gesichtspunkt der Sicherheit eine Hilfe sein?

Das Buch verwendet in der Regel die Fachausdrücke aus dem amerikanischen Sprachraum wie *trapdoors* oder *logic bomb*, wenn im deutschen Sprachraum keine gute Eindeutschung gebräuchlich ist. Dies stellt für den Fachmann sicherlich kein Problem dar.

Wer weniger gut mit der Materie vertraut ist, der findet im Anhang ein Glossar und ein Verzeichnis der Abkürzungen, das in allen Zweifelsfragen weiter helfen sollte. In diesem Sinne eignet sich das Buch auch als Nachschlagewerk bei der täglichen Arbeit.

Ich habe auch in diesem Buch bewußt darauf verzichtet, meine LeserInnen durch eine besondere Form der Anrede hervorzuheben. Ich will den Text vor allem leicht lesbar halten, und Konstruktionen wie "man/frau" sind da eher hinderlich. Trotzdem will ich hier betonen, daß mir diese Gruppe als Leser ganz besonders am Herzen liegt, denn meine LeserInnen können einen wertvollen Beitrag zur Sicherheit der Software und der Computer leisten.

Software ist sicherlich eine Zukunftsindustrie, und Deutschland kann mit seinem Potential gut ausgebildeter Bürger eine wesentliche Rolle in dieser global orientierten Branche spielen. Dies setzt allerdings voraus, daß wir unsere Programme und Computer in genügendem Ausmaß gegen Manipulation und Zerstörung sichern können. Die Sicherheit wird zunehmend ein Thema, und damit auch ein Argument für den Verkauf. Diese Tatsache sollte bedacht werden.

Es bleibt mir zu hoffen, daß dieses Werk eine freundliche Aufnahme bei allen meinen Mitstreitern finden möge. Da das Thema zum ersten Mal in dieser Form im deutschen Raum diskutiert wird, bin ich für alle Anregungen und Verbesserungsvorschläge dankbar. Möge dieser Text dazu beitragen, das Verständnis für die Belange der Sicherheit unserer Software und der Computer zu fördern. Es soll Ihnen nützlich sein für ihre tägliche Arbeit.

In diesem Sinne wünsche ich Ihnen viel Erfolg, und daß unsere schlimmsten Befürchtungen niemals Wirklichkeit werden mögen.

Viel Glück!

Nürnberg, im Juni 1993   Georg Erwin Thaller

Acknowledgments

Dieses Buch wäre sicher nicht möglich gewesen ohne die Ermutigung durch meine Familie und meine Freunde. Ihnen sei Dank!

Nicht vergessen werden sollen auch all meine Mitstreiter und Kollegen, die in all den Jahren meinen Lebensweg über kürzere oder längere Strecken hinweg begleitet haben. Ohne sie wäre dieses Werk sicherlich ärmer.

Dank gebührt auch meinem derzeitigen Vorgesetzten, der mich immer ermutigt und meine Arbeit gefördert hat.

Schließlich sind die Mitarbeiter des Vieweg-Verlags in Wiesbaden zu erwähnen, die bei der Erstellung des Manuskripts vertrauensvoll und konstruktiv mit mir zusammengearbeitet haben.

Nürnberg, im Juni 1993   Georg Erwin Thaller

Inhaltsverzeichnis

Fallbeispiele

Tabellen

Verzeichnis der Abbildungen

Anhang

Teil I

Die Notwendigkeit

1.1 Alles nur Hacker?

Die Meldungen in den Tageszeitungen über Hacker häufen sich. Es ist allemal eine Schlagzeile wert, wenn der Chaos Computer Club in Hamburg der Deutschen Bundespost zeigt, wie leicht die Schutzmechanismen beim Bildschirmtext (BTX) zu knacken sind. Wer würde nicht schmunzeln, wenn einer Bank auf elektronischem Weg ein paar Tausend Mark abhanden kommen?

Allzusehr ähneln diese Hacker manchmal einem Robin Hood des Informationszeitalters, als daß man ihnen wirklich böse sein könnte. Sie haben ja nichts gestohlen, sondern der Bank das Geld bis auf die letzte Mark zurückgegeben.

Es wäre aber verfehlt, das Phänomen der Hacker auf die leichte Schulter zu nehmen. Es sind eben nicht nur computerbegeisterte Schüler, die einer mächtigen Bank einen Streich spielen wollen. Der sowjetische Geheimdienst KGB hat sich deutscher Hacker bedient, um an militärische und industrielle Geheimnisse der westlichen Welt heranzukommen. Mit beträchtlichem Erfolg.

Die Streiche der Hacker liefern gute Geschichten für die Presse und besonders das Fernsehen, aber sie weisen auf ein schwerwiegenderes Problem hin: Unsere Computersysteme sind äußerst mangelhaft gesichert.

Verantwortliche Hacker dringen manchmal in Computer ein, aber sie richten in der Regel wenig Schaden an. Wie bei einer Wohnung, deren Tür unverschlossen war, hinterlassen sie einen freundlichen Hinweis: Beim nächsten Mal aber bitte absperren!

In der Tat verhalten sich viele Betreiber von Computern so wie ein Hausbesitzer oder Wohnungseigentümer, der seine Haustür nicht absperrt und darauf vertraut, daß schon nichts passieren wird. Eduard Zimmermann in XY-ungelöst würde ein solches Verhalten vermutlich als unverantwortlich brandmarken. Was soll man von einem Haushaltsvorstand halten, der die Tür seines Hauses nicht absperrt? Der die Hintertür offen läßt und die Fenster nicht verschließt?

Genau das ist das Verhalten vieler Verantwortlicher in der Wirtschaft und Verwaltung, und leider auch bei den bewaffneten Streitkräften.

In der Anfangszeit der Computerei war die Technik so neu und ungewohnt, daß ein Fremder kaum in der Lage war, die Maschine auch nur zu starten. Doch das hat sich geändert: PCs sind so billig, daß Computer für jedermann erschwinglich sind. Das Wissen über Computer und Software ist dabei, Allgemeingut zu werden.

Computer werden immer schneller, die Software wird immer umfangreicher und komplexer, die Datenbestände wachsen ins Ungeheure, doch unsere Maßnahmen zur Sicherung dieser Werte halten nicht mit.

Der Umsatz der Computerbranche in der Bundesrepublik Deutschland im Jahr 1991 erreichte 60 Milliarden DM. Weltweit betrug der Umsatz der Branche rund 400 Milliarden DM. Mit einem Zuwachs des Umsatzes von 15 Prozent wird gerechnet. Während die Investitionen in Rechner nicht mehr die Steigerungsraten der vergangenen Jahre zeigen, ist das Wachstum bei der Software ungebrochen. Der Umsatz für Computerprogramme in den USA im Jahr 1989 betrug nahezu 25 Milliarden Dollar, für die Bundesrepublik lag diese Zahl bei 6,35 Milliarden Mark.

Eine weitere Branche sonnt sich im Licht der Konjunktur: Computerkriminalität.

Der Zuwachs dieser Verbrechen im Jahr 1989 betrug neun Prozent, der jährliche Schaden allein in der Bundesrepublik wird vom Bund deutscher Kriminalbeamter in Berlin [02] auf zehn bis fünfzehn Milliarden Mark geschätzt. Ein amerikanisches Beratungsunternehmen schätzt den Schaden für die Industrie der USA auf eine Milliarde Dollar im Jahr [05]. Die deutsche Kriminalstatistik [02, 05] weist für das Jahr 1989 genau 3355 derartige Verbrechen aus, im Jahr 1991 liegt die Zahl derartiger Verbrechen bereits bei 7178 Fällen. Ein Großteil dieser Straftaten fällt in das Gebiet der Datenmanipulation.

Vom Geld auf der Bank bis zu unserer Gehaltsabrechnung, von der computergesteuerten Pendelbahn auf dem Flughafen, vom Autopiloten des Jets bis zur Prozeßregelung der Raffinerie nebenan, kaum ein Lebensbereich ist nicht computergesteuert. Und wer steuert Computer?

Software, der Geist in der Maschine, ein schwer zu beherrschender und sehr fehleranfälliger Stoff. In der Tat nützt der beste Computer nichts, wenn die Software fehlerhaft ist. In vielen Fällen wurden die Sicherheitsvorkehrungen bei Computersystemen gerade mit Hilfe der Software durchbrochen.

Die Täter sind eben nicht nur Hacker: Vom Bankräuber am PC bis zum Spion des KGB, vom Anarchisten bis zum ungetreuen Angestellten in der Industrie, der Reigen läßt sich beliebig fortsetzen.

Es stehen also beträchtliche materielle Werte, und nicht zuletzt Menschenleben auf dem Spiel. Können wir es uns unter diesen Umständen noch leisten, das Thema Computersicherheit links liegen zu lassen?

1.2 Die Risiken

Bei allen großen Katastrophen und Unfällen der jüngeren Vergangenheit gerieten der Computer und die Software sehr schnell als mögliche Fehlerursache in Verdacht. Nicht immer traf dieser anfangs geäußerte Verdacht auch zu. Im Falle des *Challenger*-Absturzes in Florida lag der Fehler im mechanischen Entwurf.

Doch ein System der Großtechnik ist eben immer nur so sicher wie sein schwächstes Glied, und in vielen Fällen ist dies die Software. Brückenbauer rechnen mit einem Sicherheitszuschlag von etwa dreißig Prozent. Wie hoch ist dieser Faktor wohl bei Software?

Sehen wir uns einige konkrete Fälle an, um unser Thema anschaulich zu machen.

Fall 1.1 - Raketenangriff [07]

Am 9. November 1979 wird in der Luftverteidigungszentrale (NORAD) der Vereinigten Staaten von Amerika im Bundesstaat Colorado ein massiver sowjetischer Angriff angezeigt.

Zwar sind falsche Anzeigen, verursacht durch Störungen in der Atmosphäre, Starts von Raketen für die Weltraumfahrt und Tests neuer militärischer Technik in der Sowjetunion nicht gerade selten, aber alle diese Ursachen können diesmal ausgeschlossen werden.

Nach dem Bild auf den Monitoren in der NORAD-Zentrale sind sowohl land- als auch seegestützte Raketen auf Ziele in den USA abgefeuert worden. Das Scenario entspricht genau dem Bild, das im Pentagon immer als sehr wahrscheinlich im Falle eines russischen Angriffs angenommen worden war.

Die Weltlage ist zu diesem Zeitpunkt nicht so, daß ein massiver russischer Angriff auf die Vereinigten Staaten zu erwarten wäre. Trotzdem ist die Warnung da. Die Basen der USA mit MINUTEMAN-Raketen werden in eine niedrige Alarmstufe versetzt. Zehn taktische Kampfflugzeuge starten.

Nach sechs Minuten wird der Alarm als falsch bestätigt. Die Atomwaffen der USA bleiben diesmal in ihren Silos.

Bei der darauffolgenden Untersuchung des Fehlalarms stellt sich heraus, daß ein Schulungsband mit Simulationsdaten eines russischen Raketenangriffs auf den Hauptcomputer von NORAD geleitet wurde.

Wie das geschehen konnte, bleibt unklar. Das Magnetband war auf einem Hilfscomputer eingegeben worden, der Routineaufgaben wahrnahm. Die Simulationsdaten flossen jedoch offensichtlich in das aktive Warnsystem von NORAD.

Als sehr wahrscheinlich falsch konnte der Alarm deshalb identifiziert werden, weil noch zwei andere, unabhängige Warnsysteme zur Verfügung standen: Ein Radarfrühwarnsystem und die Daten von Spionagesatelliten.

Fall 1.2 - Die Welt am Draht [07]

Am 3. Juni 1980 um 2:26h erhält das strategische Luftkommando der USA eine Nachricht von NORAD: Zwei von einem Unterseeboot abgeschossene Raketen befinden sich im Anflug auf Nordamerika.

Daraufhin werden die B-52-Bomber in Alarmbereitschaft versetzt.

Kurz darauf verschwindet die Anzeige über den russischen Raketenangriff auf den Bildschirmen des strategischen Luftkommandos wieder. Die Besatzungen der B-52-Bomber gehen zurück in ihre Quartiere. Kurze Zeit später wird erneut ein Alarm angezeigt. Diesmal soll es sich um landgestützte Raketen handeln, die Amerika angreifen. Auch dieser Alarm wird bald wieder abgeblasen.

Der Vorfall wird natürlich untersucht. Nachdem der Computer, der zum Zeitpunkt des Alarms in Betrieb war, gegen einen Ersatzcomputer ausgetauscht wurde, zeigt sich eine Spur. Ein Baustein (Chip) an der Peripherie des Computers, nämlich im Multiplexer, war kaputt.

Um zu gewährleisten, daß die Leitungen zwischen NORAD und dem strategischen Luftkommando SAC offen sind und funktionieren, werden ständig Nachrichten ausgetauscht. Das Format dieser Nachrichten ist genau dasselbe, ob nun ein sowjetischer Angriff vorliegt oder nicht. Im Ernstfall wird lediglich an einer bestimmten Stelle in der Nachricht, wo normalerweise eine Null steht, die Zahl der angreifenden russischen Raketen eingetragen.

Durch den schadhaften Chip im Multiplexer wurde nun die Null durch eine Zwei ersetzt. Folglich wurden in der SAC-Zentrale zwei Raketen angezeigt. Aufgrund dieses Vorfalls wurde das System überarbeitet.

Im letzten Fall hat ein Fehler in einem winzigen Bauteil eine Nachricht verfälscht. Es muß nicht mehr als ein einziges Bit kippen, um aus einer Null eine andere Zahl, im geschilderten Fall eben eine Zwei, zu machen.

Die Software war an und für sich nicht falsch. Sie rechnete nur eben nicht mit fehlerhafter Hardware. Natürlich wäre es nicht allzu schwierig gewesen, die Zahl der angreifenden russischen Raketen an mehreren Stellen der Nachricht zu kodieren. Auch zwei voneinander unabhängige Datenleitungen wären als Lösung des Problems denkbar.

Meine Vermutung ist, daß Forderungen der Sicherheit beim Entwurf des Systems keine oder zumindest keine überragende Rolle gespielt haben.

Der erste Fall lieferte offensichtlich den Anstoß für den Film *War Games*. In diesem Spielfilm löst ein Schüler beinahe den dritten Weltkrieg aus, indem er mittels Heimcomputer in einen Computer des amerikanischen Luftverteidigungskommandos eindringt.

Man muß den Drehbuchautoren und Regisseuren in Hollywood zweifellos zugestehen, daß sie ihr Thema aufbereiten dürfen. Das Publikum will unterhalten werden, und trockene technische Einzelheiten sind mit dem Medium Film schwer darzustellen. Die zwei weiteren, unabhängigen Warnsysteme kommen in dem Spielfilm *War Games* deshalb auch nicht vor.

Trotzdem ist der Fall beängstigend: Der Präsident der USA muß innerhalb weniger Minuten entscheiden, ob die amerikanischen Atomraketen für den Gegenschlag gestartet werden. Es bleibt nicht einmal eine Viertelstunde Zeit. Die Militärs müssen sich klar werden, ob tatsächlich ein russischer Angriff vorliegt. Der Präsident der Vereinigten Staaten und Oberbefehlshaber der Streitkräfte muß konsultiert werden und seine gewiß nicht leichte Entscheidung treffen.

Es läßt sich nicht leugnen: Das aktive Warnsystem von NORAD war gegen das Eindringen falscher Daten nicht gesichert. Das Schicksal der Menschheit hing von der richtigen Einschätzung der Lage durch ein paar Offiziere der Streitkräfte der Vereinigten Staaten von Amerika ab.

Wie wäre ihre Beurteilung gewesen, wenn die Weltlage zum Zeitpunkt des falschen Alarms gerade sehr gespannt gewesen wäre, zum Beispiel während der Cuba-Krise? Hätten sie dann der Nachricht auf ihren Monitoren getraut?

Die zwei weiteren Warnsysteme tragen natürlich zu unserer Beruhigung bei, aber wie sicher sind sie? Obwohl *War Games* im Endeffekt nur ein gekonnt gemachter und packender Spielfilm war, wer vermöchte wirklich mit hundertprozentiger Sicherheit auszuschließen, daß sich so ein Fall nicht doch ereignen könnte?

Es sind bereits Todesfälle durch Software und computergesteuerte Geräte verursacht worden. In Japan wurde ein Arbeiter durch einen Roboter getötet. In den USA wurden Patienten einer Klinik einer unzulässig hohen Strahlendosis ausgesetzt, die zum Tod führte.

Auch ein Unfall aus der zivilen Luftfahrt ist bekannt:

Fall 1.3 - Falsch programmiert [07]

Im Jahre 1979 kommt es in der Antarktis zum Absturz einer Passagiermaschine der New Zealand Airways mit 257 Menschen an Bord. Alle Insassen des Flugzeugs verlieren bei dem Unfall ihr Leben.

Die anschließende Untersuchung des Vorfalls bringt die folgenden Tatsachen ans Licht: Kurz vor dem Start des Flugzeugs war der Autopilot der Maschine mit einem neuen Flugplan gefüttert worden. Der Pilot bekam das nicht mit.

Obwohl das Wetter klar war, kam es durch Luftspiegelungen in der klaren und trockenen Luft der Antarktis zu einem Phänomen, das auch in den uns näherliegenden Alpen auftreten kann: Die Umrisse von Bergen und selbst schwarzen Objekten wie Felsen verschwinden für den Betrachter. Der Kapitän der Maschine konnte folglich den Berg im Kurs der Maschine nicht wahrnehmen, er verließ sich auf den Autopiloten. Dieser wiederum war falsch programmiert worden.

Bei dieser Katastrophe war der Computer nicht gegen die Eingabe falscher Daten gesichert. Ob die Daten objektiv richtig oder falsch waren, mag dahingestellt bleiben.

Aus der Sicht des verantwortlichen Flugzeugführers waren sie subjektiv falsch, denn seine Sicht der Welt stimmte offensichtlich nicht mit der Lagebeurteilung durch den Autopiloten überein. Der Pilot ist für die Sicherheit der ihm anvertrauten Passagiere und des Flugzeugs verantwortlich.

Der Autopilot ist ein ganz wesentlicher Bestandteil der automatischen Steuerung moderner Verkehrsflugzeuge. Wenn in diesen Computer Daten ohne Wissen des Flugzeugführers eingespeist werden können, dann waren die technischen und organisatorischen Maßnahmen in Bezug auf die Sicherheit mangelhaft. 257 Menschen büßten für diesen Fehler mit ihrem Leben.

Schließlich ist auch der materielle Schaden durch die Vernachlässigung der Computersicherheit nicht zu übersehen. Caspar Weinberger, Verteidigungsminister der USA in der Reagan-Ära, gab im Jahre 1985 dazu eine Erklärung ab. Er bezifferte die Einsparungen in Forschung und Entwicklung im Ostblock, bedingt durch die Verwendung amerikanischen Know-hows, auf 2,24 Milliarden Dollar. Diese Schätzung gilt für den Zeitraum von 1976 bis 1980. 3500 strategisch wichtige Geräte, davon nicht wenige hochmoderne Computer, sind in diesen Jahren illegal in den sowjetischen Machtbereich exportiert worden.

Mag auch der Ostblock zerfallen, der Zwang zur Modernisierung dieser Volkswirtschaften bleibt. Die Motive der Aufkäufer westlicher Technologie beim KGB in Moskau waren ja niemals rein ideologischer Natur. Es ist nun einmal billiger, die Ergebnisse der Forschung und Entwicklung illegal im Westen zu beschaffen, als diese Arbeiten unter erheblichem finanziellen Aufwand selber durchzuführen.

Dieses Argument behält nach wie vor seine Gültigkeit.

Was für Staaten gilt, gleichgültig welche Regierungsform sie nun besitzen oder welcher Ideologie immer sie folgen, trifft für Industriekonzerne nicht minder zu: Die Geschäftsgeheimnisse der Konkurrenz sind ein lohnendes Ziel. Computer und die darauf residierende Software, die Dateien und Datenbanken konzentrieren das Wissen und Know-how einer Firma in vorher nie gekannter Form. Was früher allein für den Abtransport den Laderaum eines Lastwagens gefüllt hätte, ist nun auf den Raum einer Magnetplatte konzentriert. Gedruckte Berichte verlieren an Bedeutung. Sogar dieses Manuskript paßt bequem auf eine Diskette.

Schlimmer noch: Nicht einmal unsere Magnetplatte oder Diskette muß entwendet werden. Die Diebe kommen über Datenleitungen, und sie kopieren, was immer sie haben wollen. Viele Betreiber von DV-Anlagen merken zunächst nicht einmal, daß sie bestohlen worden sind.

Die Risiken sind also ganz erheblich: Dies betrifft uns alle, die Sicherheit unseres Planeten und seiner Bewohner. Es stehen Menschenleben und Sachwerte in Millionenhöhe auf dem Spiel.

1.3 Was bedeutet Sicherheit?

Bevor wir uns tiefer mit der Materie beschäftigen, sollten wir den Begriff Sicherheit in Zusammenhang mit Computern und Software untersuchen und genau definieren.

Der IEEE gibt in seiner Norm 100-1984 *Standard Dictionary of Electrical and Electronical Terms* [01] die folgenden zwei Erklärungen:

(1) Der Aspekt der Zuverlässigkeit, nach dem ein Bauteil oder System nicht ausfallen wird.

(2) Der Schutz von Hardware oder Software gegen böswilligen oder zufälligen Zugriff, Gebrauch, Veränderung, Zerstörung oder Enthüllung. Sicherheit bezieht sich auf die Bereiche Mitarbeiter, Daten, Kommunikation, Medien und den physikalischen Schutz von Computerinstallationen.

Der erstgenannte Aspekt der Sicherheit soll uns hier weniger interessieren. Er muß durch konstruktive und analytische Maßnahmen in der Entwicklung der Hardware und Software sichergestellt werden.

Ich will damit keinesfalls behaupten, daß diese Forderungen unwichtig wären. Es ist lediglich so, daß die Zuverlässigkeit von Software und Hardware nur in der Entwicklung erreicht werden kann. Das ist insoweit den Disziplinen Software-Entwicklung, Projektmanagement, dem Test der Software und nicht zuletzt der Qualitätssicherung zuzuordnen.

Es soll auch keineswegs geleugnet werden, daß es Querverbindungen zwischen diesen beiden Gebieten gibt. Unzuverlässige und fehlerhafte Software kann dazu genutzt werden in Computer einzudringen. Damit wird ein Fehler in der installierten Software ausgenutzt, um die Sicherheitsbarrieren des Betriebssystems zu durchbrechen. Wir werden auf solche Fälle zu sprechen kommen.

Mein Argument ist lediglich, daß wir verschiedene Wege zur Erreichung der Sicherheit von Computern und Software einschlagen müssen. Hier wollen wir uns mit der zweiten Definition der Sicherheit befassen. Es handelt es sich also:

- Um den physikalischen Schutz von Computern.

- Um den Schutz der installierten Software.

Dazu muß notwendigerweise auch die Verbindung unserer Computer über die Netzwerke betrachtet werden.

Endlich muß jeder, der sein Hab und Gut schützen will, die Methoden und Techniken der Täter kennen. Aus diesem Grunde werden wir uns ausführlich mit dokumentierten Fällen befassen und die Vorgehensweise der Täter analysieren.

In der deutschen Sprache gibt es leider nur das eine Wort Sicherheit, während im amerikanischen Sprachraum die Begriffe *security* und *safety* verwendet werden.

Safety könnte man dabei mit Arbeitssicherheit übersetzen. Auch dieses Gebiet soll nicht Gegenstand unserer Betrachtungen sein.

1.4 Die Verkettung von Hardware und Software

Ein wesentlicher Gesichtspunkt bei der Computersicherheit ist die untrennbare Verknüpfung von Hardware und Software. Zwar läßt sich Software nicht durch Bomben zerstören, aber die Zerstörung des Rechners macht in diesem Fall eben die Software nutzlos.

Anders herum ist ein zuverlässiger Rechner sinnlos, wenn die darauf installierte Software Viren, Würmer oder andere Software enthält, deren Zweck auf die Zerstörung oder Beeinträchtigung des Systems hinausläuft.

Dieses Symbiose zwischen Hardware und Software kann durch ein Beispiel aus der jüngeren Vergangenheit deutlich gemacht werden:

Fall 1.4 - Zusammenbruch [08]

Am 15. Januar 1990 bricht eine Telefonvermittlungszentrale von AT&T im Staat New Jersey völlig zusammen. Eingehende Telefongespräche können nicht mehr vermittelt werden. Das Telefonnetz von AT&T kann nur noch die Hälfte der üblicherweise für einen solchen Tag anfallenden Ferngespräche, darunter viele internationale Verbindungen, bewältigen.

Bald breitet sich der Fehler auf andere Netzknoten im weitverzweigten Telefonsystem von AT&T aus. 114 Computer sind betroffen und damit ein Großteil der USA, denn AT&T beherrscht über 70 Prozent des Marktes.

Hotels können keine Reservierungen mehr annehmen. Fluggesellschaften und Autovermieter sind in einer ähnlichen Situation. Ihr Geschäft leidet. Einige Firmen schicken kurzerhand ihre Mitarbeiter nach Hause. Diese Situation hält für volle neun Stunden an.

Als Auslöser des Zusammenbruchs wird schließlich ein Hardware-Fehler in einer lokalen Vermittlung in Manhattan ermittelt. Dadurch wurde ein in einem Computerprogramm enthaltener Fehler getriggert. Dieses Fehlverhalten breitete sich von Vermittlung von Vermittlung über das gesamte Telefonnetz im Osten der USA aus.

Die Ingenieure von AT&T analysierten das Fehlverhalten des Netzes im nachhinein wie folgt: Das Relais in Manhattan ging nach der Behebung des kurzzeitigen Ausfalls innerhalb kürzester Zeit wieder ans Netz. Dies Nachricht wurde über eine Kontrolleitung des Telefonnetzes weitergegeben.

Der übergeordnete Netzknoten war jedoch noch dabei, die erste Meldung über den Ausfall des Relais in Manhattan zu verarbeiten, als die zweite Nachricht über die Wiederaufnahme des Betriebes eintraf.

Das war ein in der Software nicht vorgesehener Fall. Der Netzknoten schaltete sich ab, um dann erneut zu starten.

Die kurz hintereinander folgenden Nachrichten über Ausfall und Wiederhochfahren gingen jedoch an den nächsten Knoten im Netz weiter. Dieser Knoten zeigte genau dasselbe Verhalten, denn auf ihm war genau dasselbe Computerprogramm installiert. Und so weiter, und so weiter ...

> Dieser Vorfall passierte mit einer erst kürzlich installierten Version der Software. Es war eine Änderung am Computerprogramm vorgenommen worden, um die Zeit zwischen Eingang eines Anrufs und dem Klingeln des Telefons von maximal 20 auf 4 Sekunden zu verringern. Leider hatte diese Verbesserung auch zur Folge, daß die Software anfälliger für Überlastung wurde.
>
> Besonders peinlich war es, daß AT&T gerade zu dieser Zeit eine Anzeigenkampagne laufen hatte, die die besondere Zuverlässigkeit ihres Dienstes betonte.
>
> Der Verlust für AT&T lag in der Größenordnung von 60 bis 75 Millionen Dollar, die verlorenen Kunden und die Imageeinbuße nicht gerechnet. Dazu kommen Verluste bei Telefonkunden, die bei nur einer Fluggesellschaft leicht 75 000 Dollar erreichen können.

Dieses Beispiel zeigt deutlich, daß selbst eine *Mean Time Between Failures* (MBTF) von 40 Jahren, die AT&T für die Zuverlässigkeit der Hardware der Telefonvermittlungen angibt, völlig nutzlos ist, wenn die installierte Software Fehler enthält.

Telefonvermittlungen sind sehr kritisch für die modernen Industriegesellschaften, denn Telefonleitungen sind die meistbenutzten Kommunikationspfade. Fällt das Telefonsystem etwa während einer Krise aus, kann das durchaus zu ziviler Unruhe und Panik führen. Was wäre passiert, wenn die *New York Stock Exchange* gerade an diesem Tag zu einem steilen Sturz der Kurse angesetzt hätte?

Deswegen ist der Sicherheitsaspekt bei allen nationalen und internationalen Telefonvermittlungen äußerst wichtig.

Während der Schutz von Sachgütern und Anlagen traditionelle Methoden verlangt, sind gegen Computerviren und -würmer solche hergebrachten Methoden nicht ausreichend. Hier müssen neue Wege eingeschlagen werden.

Computersicherheit kann folglich nur dann erreicht werden, wenn beide Gebiete abgedeckt sind.

Teil II

Einige spektakuläre Fälle

2.1 Deutsche Hacker für den KGB

Wir wollen mit einigen kurzgefaßten Fällen aus der jüngeren Vergangenheit beginnen. Dadurch läßt sich das Potential der Bedrohung, die sich ja in gänzlich neuer Form zeigt, treffend darstellen.

Der ungewöhnlichste Fall ist zweifellos der Versuch einer Gruppe deutscher Hacker, die Geheimnisse der Supermacht USA auszuspionieren. Er wurde in vielerlei Form in den Massenmedien behandelt, wenngleich oft recht oberflächlich. Bemerkenswert ist der Fall vor allem deswegen, weil sich ein östlicher Nachrichtendienst deutscher Hacker bediente, um an militärische Geheimnisse der westlichen Welt heranzukommen.

2.1.1 Nur ein kleiner Fehler in der Buchhaltung?

Hervorzuheben ist besonders der Einsatz von Clifford Stoll, der nahezu im Alleingang vom fernen Kalifornien aus die Spur der Hacker aufnahm und bis nach Hannover verfolgte. Und das alles, ohne sich jemals allzu weit von seinem Terminal zu entfernen.

Eine detaillierte Schilderung seiner Jagd nach dem unbekannten Hacker findet sich in seinem Buch *The Cuckoo's Egg* [09]. Er beschreibt darin in sehr persönlicher Form seine Erlebnisse aus der Sicht eines Wissenschaftlers und Programmierers.

Clifford Stoll arbeitete damals am *Lawrence Berkeley Laboratory* (LBL) in Kalifornien. Er ist ausgebildeter Astronom und daher in erster Linie Wissenschaftler, Programmierer erst in zweiter Linie.

Da für sein gerade betriebenes Forschungsvorhaben keine Mittel mehr zur Verfügung standen, nahm er einen Job als Systemoperator am Rechenzentrum des Forschungsinstituts an. Zusammen mit zwei erfahrenen Kollegen, Wayne Graves und Dave Cleveland, hatte er eine ganze Reihe von Rechnern zu betreuen. Der Gesamtwert der Ausrüstung kann mit sechs Millionen Dollar veranschlagt werden.

Das Rechenzentrum stellt die Kosten für die Benutzung der Computer, die UNIX und VMS als Betriebssystem verwenden, den einzelnen Instituten in Rechnung. Dazu gibt es zwei unterschiedliche Abrechnungssysteme.

Am zweiten Tag seiner Tätigkeit nun machte Dave Cleveland den neuen Mitarbeiter auf einen kleinen Fehler in der Abrechnung der Rechnerleistungen aufmerksam. Eine Rechnung des vergangenen Monats für ein Institut von insgesamt 2387 Dollar stimmte nicht, und zwar wegen genau 75 Cent.

Nun, jeder der einmal mit Buchhaltung zu tun hatte, weiß, daß gerade diese kleinen Fehler schwer zu finden sind. Beträge von mehreren Tausend Mark fallen sofort ins Auge, aber nach Differenzen von ein paar Pfennig sucht man oft stundenlang.

Clifford Stoll hatte natürlich auch den leisen Verdacht, daß ihm seine Kollegen einen Streich spielen wollten. Aber er machte sich daran, der Sache auf den Grund zu gehen.

Das Rechenzentrum benutzt zwei verschiedene Systeme für die Abrechnung. Da war zum ersten das unter dem Betriebssystem UNIX normalerweise verwendete Abrechnungsprogramm. Da der Geldgeber des Lawrence Livermore Laboratory, das amerikanische *Department of Energy* (DOE), damit jedoch nicht zufrieden war, entstand im Laufe der Zeit ein zweites Abrechnungssystem. Diese Programme wurden von Studenten während der Semesterferien im Sommer geschrieben und waren schlecht dokumentiert.

Nachdem sich Cliff Stoll davon überzeugt hatte, daß die Differenz von 75 Cents nicht auf einen Fehler in der Programmierung oder einen reinen Rundungsfehler zurückzuführen war, zog er andere Möglichkeiten in Betracht.

Schließlich fand er einen Benutzer im System mit dem Namen *Hunter*, der weder ein *account* noch eine Rechnungsadresse hatte. Da das Rechenzentrum mehrere Hundert Benutzer hat, konnte er naturgemäß nicht alle persönlich kennen, und es konnte sich auch um eine Nachlässigkeit in der Verwaltung seiner Rechneranlage handeln. Aber seltsam war der Vorfall schon.

Andererseits durfte niemand ohne ein *account* auf den Computern arbeiten, und deshalb löschte Cliff Stoll den Job kurzerhand. Falls der Mann namens Hunter wirklich ein legitimer Benutzer der Anlage war, würde er sich sicher melden, und Cliff Stoll konnte ihn dann ordnungsgemäß eintragen und ihm ein *account* geben.

Einen Tag später erhält das Rechenzentrum über *electronic mail* eine Nachricht von jemand namens *Dockmaster*. Die Meldung besagte, daß ein Unbekannter aus dem Lawrence Berkeley Laboratory versucht hatte, in seinen Computer einzubrechen. Diese Meldung schien aus Maryland zu kommen. Die Operatoren der Rechner in Berkeley legten diese Nachricht zunächst zu der anderen unerledigten Post.

Als sich Cliff Stoll die Sache jedoch etwas näher anschaute, fand er heraus, daß gerade zu der Zeit, als der elektronische Einbruch an der Ostküste der USA versucht wurde, abermals ein unbekannter Benutzer in seinem System gewesen war. Diesmal war der verwendete Name *Sventek*.

Das war in Berkeley zwar kein Unbekannter, nur hielt sich dieser Wissenschaftler bereits seit längerer Zeit in England auf. Außerdem bescheinigten ihm die Systemoperatoren zwar das technische Können und Wissen, um in fremde Computer einzubrechen, sie trauten ihm aber eine solche Tat nicht zu.

Schließlich mußte sich Cliff Stoll eingestehen, daß es sich nur um einen *Hacker* handeln konnte. Die Indizien waren eindeutig: Jemand benutzte seine Computer ohne jede Berechtigung.

Das Lawrence Berkeley Laboratory unterhält eine ganze Reihe von Computern, darunter viele VAX von Digital Equipment. Als Betriebssysteme wird VMS und UNIX eingesetzt. Als lokales Netz (LAN) verwendet das Forschungsinstitut *ethernet*.

Die Rechner haben Hunderte von Anschlüssen für Terminals in den einzelnen Instituten und einige weitere Verbindungen über Telefonleitungen und zu anderen Netzwerken, die das ganze Land durchziehen. Das Rechenzentrum verwendete Paßwörter für die einzelnen Benutzer. Jedoch war es keine große Schwierigkeit, sich als Gast des Forschungszentrums mit dem Paßwort *guest* von überall her einzuloggen. Das dient einfach dazu, um Forschern aus anderen Instituten das Benutzen der Rechner zu erleichtern.

Im Gegensatz zum nicht weit entfernten Lawrence Livermore Laboratory wurde am Lawrence Berkeley Laboratory auch keine geheime Forschung betrieben. Es handelt sich im wesentlichen um Grundlagenforschung der Physik. Die Ergebnisse stehen der ganzen Wissenschaft zur Verfügung und sind nicht als geheim eingestuft.

Die Rechner am benachbarten *Lawrence Livermore Laboratory* wären ein lohnendes Ziel für einen Hacker, überlegte sich Clifford Stoll. Dort betreiben sie Forschungen zur Atom- und Wasserstoffbombe und wohl auch Forschungsvorhaben in der Lasertechnologie für SDI. Sein eigenes Forschungsinstitut war in dieser Beziehung harmlos, und deswegen hatten ihre Rechner auch so viele Verbindungen zur Außenwelt und waren relativ schwach abgesichert. Aber das Lawrence Livermore Laboratory und die militärischen Computer dort sind sicher isoliert und besser gesichert, dachte er sich.

Die Spur des Hackers aufzunehmen, erwies sich als schwierig. Unter den Hunderten von Benutzern war er schließlich nur ein einziger, der sich noch dazu relativ selten zeigte.

Die verwendete Übertragungsrate von 1200 Baud wies auf eine Verbindung von außen hin, denn innerhalb des Geländes des Forschungszentrums wurde mit der weit höheren Geschwindigkeit von 9600 Bits per second (bps) oder 19 200 bps gefahren.

Schließlich "borgte" sich Clifford Stoll in einer Gewaltaktion fünfzig Drucker aus den Instituten aus, um damit fünfzig verdächtige Verbindungsleitungen zu seinem Computer ständig überwachen zu können. Er benötigte Beweise für die Anwesenheit des Hackers.

Er schlief neben den Druckern, um ja nichts zu versäumen. Neunundvierzig Drucker waren eine herbe Enttäuschung, aber am fünfzigsten hing eine lange Papierfahne herunter. Er hatte Erfolg gehabt.

2.1.2 Der Beginn einer langen Jagd

Ohne Wissen des Hackers hatte Clifford Stoll mit seinem Drucker jeden einzelnen Anschlag des Unbekannten, jedes Kommando und jede Zeile des Dialogs mit dem Computer aufgezeichnet. Drei Stunden lang war der Hacker in seinem System gewesen, hatte sich umgesehen, hatte das Betriebssystem verändert.

Was Cliff Stoll nämlich zunächst nicht bewußt war: Einige der 1200-Baud-Verbindungen waren keine ordinären Telefonleitungen, sondern es handelte sich um *Tymnet*-Verbindungen. Das ist das amerikanische Gegenstück zum DATEX-P-Dienst der deutschen Bundespost.

Dabei werden Daten zwischen Netzknoten, die in der Regel nahe bei den Wirtschaftszentren des Landes liegen, gebündelt und mit hoher Geschwindigkeit übertragen.

Der Hacker war also über Tymnet zum Lawrence Berkeley Laboratory gekommen. Am Morgen dieses Sonntags hatte er ein kurzes Programm installiert und ausgeführt, um an hohe Privilegien des Betriebssystems zu kommen.

Das UNIX-Betriebssystem führt in regelmäßigen Zeitabständen ein Programm namens *atrun* aus. Das ist ein Systemprogramm, und man braucht die Privilegien eines *superusers*, um da ran zu kommen. Diese Privilegien besitzt in der Regel nur der Systemverwalter.

Also war es logischerweise zunächst das Ziel des Hackers gewesen, die Privilegien eines Systemverwalters oder Operators zu bekommen. Dazu machte er sich eine Sicherheitslücke in einem Anwenderprogramm zunutze, die er ganz offensichtlich kannte.

Auf dem Rechner in Kalifornien war ein mächtiger und beliebter Editor namens *gnu-emacs* installiert. Zu den Funktionen dieses Werkzeugs gehörte auch das Empfangen und Versenden von *electronic mail.*

Das machte nun *gnu-emacs* in zwar effizienter, aber nicht ganz so sicherer Art und Weise. Anstatt die Post wie üblich von einem Benutzer zum anderen zu kopieren, wurde einfach der Eintrag im Dateiverzeichnis geändert, darunter auch die Zugriffsprivilegien. Bei Systemdateien machte das *gnu-emacs* genauso. In grafischer Form läßt sich das wie nebenstehend gezeigt darstellen.

Er fand noch das Paßwort eines nachläßigen Benutzers zu seinem *account.* Als letzte Tat an diesem Morgen kopierte er die gesamte Paßwortdatei des Rechners in Kalifornien und verschwand endlich. Die Leitung des Rechenzentrums in Kalifornien war zwar besorgt, daß der Hacker größeren Schaden anrichten würde. Andererseits war es schon ein gewisser Aufwand, einen von nur drei vielbeschäftigten Systemverwaltern alleine für die Hackerjagd abzustellen.

Bei seinem letzten Besuch, bei dem ihm Cliff Stoll abermals über die Schulter schaute, hatte der unbekannte Hacker immerhin ein Programm gelöscht, das er für ein Überwachungsprogramm hielt. In Wahrheit handelte es dabei um ein harmloses Anwenderprogramm, das lediglich vom Namen her verdächtig war.

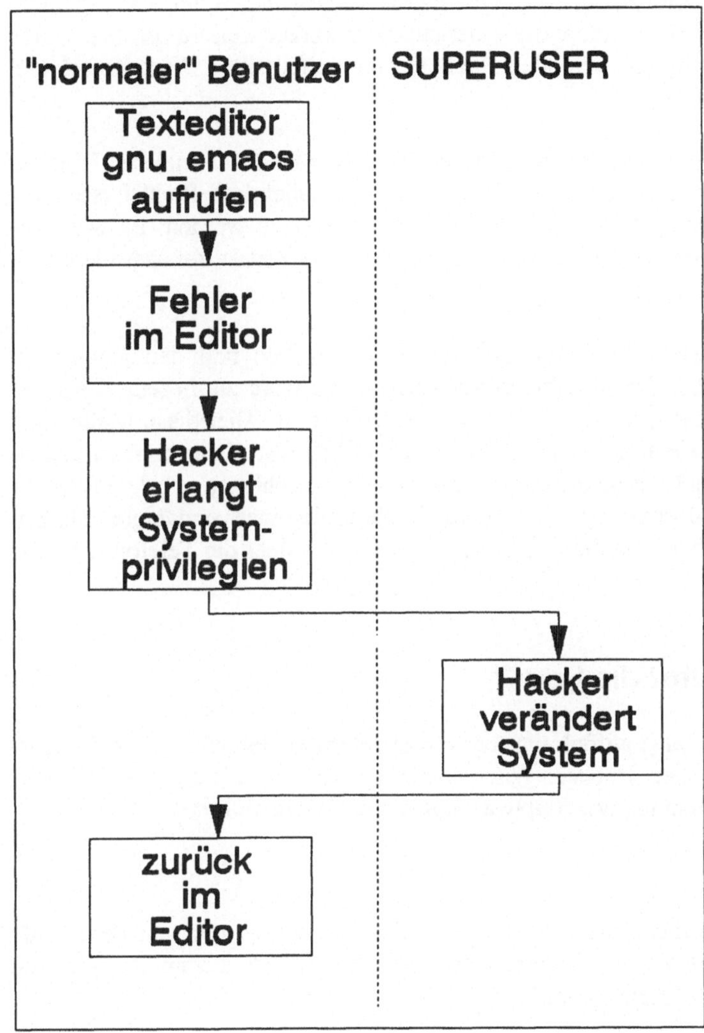

Abb. 2.1: Der Weg zum Superuser

Cliff Stoll und seine Vorgesetzten konnten allerdings nicht sicher sein, was der Hacker sonst noch angestellt hatte. Die Möglichkeiten, das technische Wissen und die notwendigen Privilegien unter UNIX hatte er zweifellos.

Der Hacker wäre durchaus in der Lage gewesen, alle Dateien auf den Rechnern des Lawrence Berkeley Laboratory innerhalb sehr kurzer Zeit zu löschen. Auch konnte er Programme so verändern, daß sie ihr unheilvolles Wirken erst viel später entfalteten.

Hinzu kam, daß die verwendete Version von Berkeley UNIX in vielerlei Hinsicht verändert und verbessert worden war, um den Wünschen und Bedürfnissen der am Forschungszentrum tätigen Wissenschaftler gerecht zu werden. Es wäre unmöglich gewesen, das Betriebssystem innerhalb kurzer Zeit zu rekonstruieren. In gewisser Weise handelte es sich um ein Unikat.

Deshalb wurde beschlossen, zunächst weiter zu machen und den Hacker zu beobachten, trotz der damit verbundenen Kosten. Es wäre zu diesem Zeitpunkt auch möglich gewesen, den Hacker einfach auszusperren. Aber diese Maßnahme hätte eben auch Risiken mit sich gebracht. Schließlich war nicht auszuschließen, daß der unbekannte Eindringling eines Tages wieder zuschlagen würde, entweder in Berkeley in Kalifornien oder an anderer Stelle in den weitverzweigten Netzen der USA. Nun begann also die Verfolgung des Hackers über die Telefonnetze der Welt.

2.1.3 Wohin führt die Spur?

Was allerdings zunächst auffiel, war der etwas seltsame Gebrauch eines System-kommandos durch den Hacker. Wann immer er wissen wollte, was auf dem UNIX-Betriebssystem los war, tippte er dieses Kommando ein:

```
ps -eafg
```

Dieses Kommando dient dazu, die Prozesse des Betriebssystems auf dem Bild-schirm eines Terminals anzuzeigen. Der Parameter "e" steht zum Beispiel für *environment*, und "a" steht für *all*.

Cliff Stoll benutzte Berkeley-UNIX, und er hätte bestimmt das Kommando anders eingetippt. Da der Hacker das Kommando in der ursprünglichen Form von AT&T-Unix benutzte, wie es an der Ostküste der USA gebräuchlich ist, ver-mutete der Systemoperator den Eindringling in sein System zunächst in den Bundesstaaten am Atlantik.

Das Management des Forschungszentrums wandte sich dann an das örtliche Büro des FBI, um mit Hilfe der amerikanischen Bundespolizei den Hacker verfolgen zu können. Zu ihrem Leidwesen stießen sie auf wenig Interesse. Ein Fehlbetrag von 75 Cents erschien dem örtlichen Leiter der FBI-Dienststelle geradezu lächerlich gering. Er war mehr auf Eine-Million-Dollar-Fälle aus. Er hätte auch dann gehandelt, wenn es um Staatsgeheimnisse gegangen wäre.

Unterdessen blieb der unbekannte Hacker nicht untätig. Sein nächster Ausflug in den Datennetzen der Welt führte in das *Anniston Depot* in Alabama. Das ist eine Militärbasis der Armee. Dazu benutzte der Hacker Cliff Stolls Computer lediglich als Sprungbrett. Er ging dann über INTERNET und MILNET, ein vom amerikanischen Verteidigungsministerium betriebenes Netzwerk.

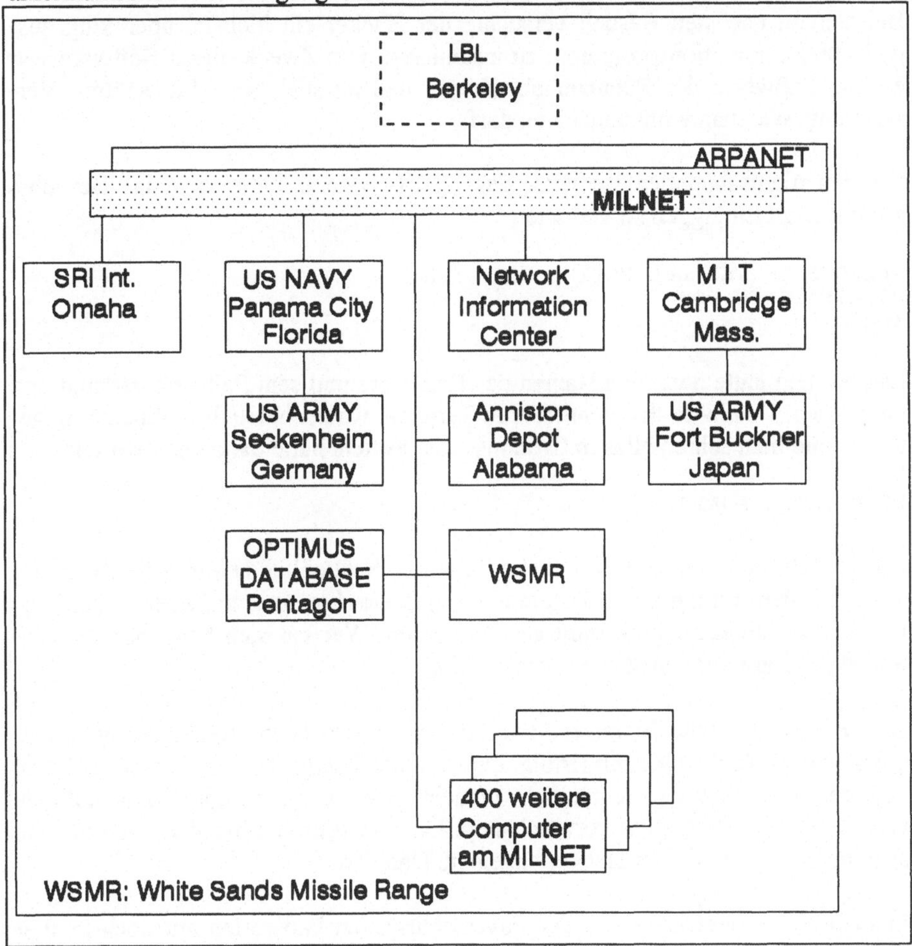

Abb. 2.2: Die Ziele des Hackers

Das Anniston Depot hatte natürlich eine Verbindung zu MILNET. Der Systemverwalter in Alabama arbeitete zufällig am Wochenende und wurde mißtrauisch,
als er einen Benutzer namens *Hunter* am Samstag arbeiten sah. Er vertrieb zwar
den Hacker, das Loch in seinem System sah er allerdings zunächst nicht.

Erst als ihn Cliff Stoll auf den Fehler in *gnu-emacs* aufmerksam machte, wurden
ihm die Zusammenhänge klar. Er verständigte die *Criminal Investigation
Division* (CID) der Armee, die für solche Fälle zuständig ist.

Bei seinem nächsten Besuch versuchte der Hacker ein kleines, aber klug aus-
gedachtes Simulationsprogramm zu installieren. Der Zweck dieser Software war
es, die Paßworte der Benutzer abzufragen und zu speichern. Für spätere Verwendung, wie man wohl annehmen darf!

Für den nichtsahnenden Benutzer des UNIX-Systems hätte sich das Betriebssystem beim Einloggen so verhalten:

```
WELCOME TO THE LBL UNIX_4 COMPUTER
PLEASE LOGIN NOW
login:
```

Das System hätte dann den Namen des Benutzers und sein Paßwort verlangt und
eingelesen. Das hätte der Benutzer am Terminal wahrscheinlich routinemäßig getan. Schließlich schien alles in Ordnung. Das System hätte dann geantwortet:

```
SORRY, TRY AGAIN.
```

Das ist natürlich eine ungewöhnliche Reaktion. Schließlich erwartet der Benutzer
sich nach dem Einloggen in seinem eigenen *home directory* zu finden. Allerdings
würde auch niemand groß mißtrauisch werden. Wer hat sich beim blinden Eintippen des Paßworts nicht schon mal vertippt?

Der durchschnittliche Benutzer hätte das ganze also noch einmal versucht, und
beim zweiten Mal sicher mit Erfolg. Da wäre das Kind schon ins Wasser gefallen
gewesen. Der Hacker hatte nämlich versucht, dem normalen login-Kommando ein
eigenes kleines Programm vorzuschalten. Dieses Programm las das Paßwort und
speicherte es in eine vom Hacker angelegte Datei ab.

Er hätte dann diese Datei mit den unverschlüsselten Paßworten nur noch in aller
Ruhe zu lesen brauchen. Dieser raffinierte Versuch, an Paßwörter zu kommen,
scheiterte nur deshalb, weil der Hacker sein *Trojanisches Pferd* in das falsche

Dateiverzeichnis kopierte. Berkeley-UNIX war eben auch in dieser Beziehung etwas anders. Das verstärkte den Verdacht gegen einen Hacker von der amerikanischen Ostküste.

Während der Hacker aktiv war, versuchte Cliff Stoll natürlich fieberhaft, seine Spur aufzunehmen. Die Fährte führte von Lawrence Berkeley Laboratory nach Oakland in Kalifornien. Dann verließ die Leitung den Bereich der örtlichen Telefongesellschaft, Pacific Bell, und führte nach Osten. Sie endete zunächst im Staate Virginia. Dort war American Telephone & Telegraph, kurz AT&T genannt, zuständig.

Bei der Verfolgung des Hackers durch das weitverzweigte Telefonnetz der USA erwies es sich als großer Vorteil, daß das Netz der amerikanischen Telefongesellschaften fast ausnahmslos digitalisiert ist.

Nur eine verschwindend geringe Anzahl von Vermittlungsämtern arbeitet noch mit den alten, analogen Relais. Wäre das System nicht digitalisiert gewesen, hätte sich die Suche nach dem Hacker angesichts seiner kurzen Besuche und der Verzweigung des Netzes bald als aussichtslos herausgestellt.

Telefongespräche können schließlich nur dann verfolgt werden, wenn tatsächlich eine physikalische Verbindung zwischen Sender und Empfänger besteht. Endet das Gespräch, verschwindet auch jede Spur.

Eine weitere Taktik des Hackers bestand darin, sich der *accounts* von abwesenden Benutzern zu bedienen. Es ist bei einem Forschungszentrum von der Größe von Lawrence Berkeley Laboratory nicht ungewöhnlich, wenn sich ein Wissenschaftler für ein oder zwei Jahre an Forschungsstätten in Europa aufhält. In dieser Zeit bleibt sein *account* erhalten, obwohl niemand darauf zugreift.

Der Hacker ging nun her und löschte das alte Paßwort solcher Benutzer. Da er die Privilegien eines *superusers* hatte, konnte er das tun.

Anschließend wählte er selbst ein neues Paßwort. Er war nunmehr Herr über dieses Verzeichnis eines legitimen und eingetragenen Benutzers. Auf diese Weise verschaffte er sich eine Reihe zusätzlicher Identitäten, hinter denen er sich in Zukunft verbergen konnte.

Wäre der wahre Besitzer des *account* zurückgekommen und hätte versucht, sich mit seinem alten Paßwort einzuloggen, dann wäre dieser Versuch selbstverständlich fehlgeschlagen. Andererseits, wer merkt sich schon sein Paßwort über Monate, wenn er oder sie gar nicht mit einem System arbeitet?

Die wenigsten Benutzer wären vermutlich mißtrauisch geworden.

Beim nächsten Besuch des Hackers in Berkeley wandte er sich einem weiteren Computer am Netz, nämlich dem *Network Information Center* (NIC) zu. Das ist eine Art elektronische Auskunftei. Es hängen bestimmt 100 000 Computer am INTERNET, und die Notwendigkeit einer solchen Einrichtung ist offensichtlich.

Im Gegensatz zur deutschen Bundespost gibt es kein Fräulein vom Amt mehr. Man muß sich seine gewünschte Auskunft oder Telefonnummer schon selber suchen. Der Hacker suchte nach dem Begriff WSMR. Er fand auch prompt fünf Einträge und die zugehörigen Rufnummern. *White Sands Missile Range* (WSMR) ist eine Erprobungsstelle der amerikanischen Armee im Südwesten der USA. Ganz folgerichtig galt der nächste Besuch des Hackers dieser militärischen Einrichtung. Er hatte allerdings wenig Glück. White Sands war dicht.

Der Computer und das Betriebssystem widerstanden allen Versuchen des Hackers, sich Zugang zu verschaffen. Cliff Stoll beobachtete diese Versuche des Hackers von Berkeley aus. Er schaute ihm erneut heimlich über die Schulter.

Später verständigte Cliff Stoll den Systemverwalter in White Sands. Er sprach auch mit einem Vertreter des *Air Force Office of Special Investigations* (AFOSI), einer Einheit der Luftwaffe, und einem Vertreter der *Defense Communication Agency* (DCA).

Immerhin war dies einer der wenigen Fälle, bei denen ein Verbrechen noch während der Ausführung verfolgt werden konnte. Das machte gerade diesen Hacker für die militärischen Stellen und die Geheimdienste interessant.

Der Hacker blieb nicht untätig. Er suchte in der Auskunftei des Network Information Center nach Telefonnummern des CIA, des amerikanischen Geheimdienstes für das Ausland. Zwar fand er nur vier Telefonnummern, aber immerhin war Cliff Stoll nun gezwungen, auch die CIA anzurufen. Prompt besuchten ihn einige Agenten in Berkeley. Die Vertreter der CIA hörten aufmerksam zu, erzählten ihm allerdings überhaupt nichts.

Ganz beiläufig erfuhr Cliff Stoll allerdings, wer sich hinter *Dockmaster* verbarg: Das war kein Computer der Marine, wie Cliff fälschlicherweise angenommen hatte, sondern ein Computer der NSA.

Die *National Security Agency* (NSA) ist eine weitgehend im verborgenen arbeitende Regierungsbehörde. Sie befaßt sich hauptsächlich mit Aufklärung im elektronischen Bereich. Dockmaster war in der Tat ihr einziger Computer, der nicht geheim war und direkt an einem öffentlichen Netz hing.

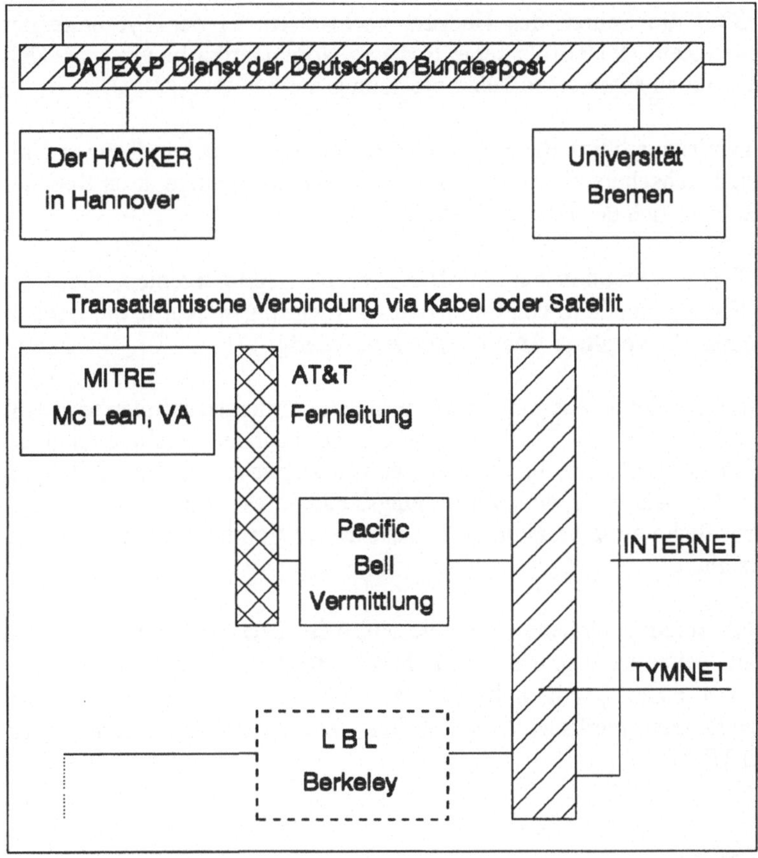

Abb. 2.3: Der Weg nach Berkeley

Die von dem Hacker gewählten Paßwörter in Berkeley waren Cliff Stoll ebenfalls bekannt. Sie lauteten: *Hedges, Jäger, Hunter* und *Benson*. Benson & Hedges ist eine bekannte Zigarettenmarke. Sollte der Hacker ein Raucher mit einem Faible für diese Sorte sein? - *Jäger* konnte sich Cliff Stoll zunächst nicht erklären, aber eine Freundin brachte ihn auf die Spur. Damit war zum ersten Mal ein deutsches Wort aufgetaucht.

Während der Hacker versuchte, in weitere Computer einzudringen, verfolgte Cliff Stoll die Spuren, die er hinterließ. Dabei stieß er auf MITRE, eine nicht unbedeutende Rüstungsfirma in Virginia. Obwohl ihm zunächst nicht geglaubt wurde, konnte Cliff Stoll die Spuren des Hackers nachweisen. In der Tat hatte der Hacker für lange Zeit MITRE als seine Basis in Nordamerika benutzt. MITRE bezahlte unwissentlich sogar seine Telefonrechnung.

Von MITRE in Virginia führte die Spur nach Bremen, und zwar zur dortigen Universität. Als die Hochschule aber während der Weihnachtsfeiertage ihren Rechner abschaltete, meldete sich der Hacker direkt aus Hannover.

Während Cliff Stolls Freunde bei TYMNET es bald fertigbrachten, die Verbindung nach Europa innerhalb von fünf Minuten zu verfolgen, wurde die Lage in Deutschland durch die veraltete Analogtechnik schwierig.

Das amerikanische Telefonnetz und vor allem die Vermittlungszentralen sind voll digitalisiert, während in der Bundesrepublik noch vielfach veraltete analoge Wählschalter anzutreffen sind. Im Stadtgebiet von Hannover mußte tatsächlich ein Techniker den Anruf in der Vermittlungsstelle direkt verfolgen. Da der Hacker hauptsächlich nachts arbeitete, war das schwierig zu bewerkstelligen. Die Suche zog sich hin.

Hinzu kam, daß erneut rechtliche Probleme auftraten. Das FBI und die Staatsanwaltschaft in Hannover schienen nicht direkt miteinander reden zu wollen. Alles mußte über einen Beamten bei der amerikanischen Botschaft in Bonn laufen. Währenddessen durchsuchte der Hacker weiter sensitive Dateien in den Computern der USA.

2.1.4 Die Falle

Trotz aller Mißerfolge und Frustrationen blieb Cliff Stoll am Ball. Seine Freundin hatte sogar eine Idee, wie man den Hacker hereinlegen könnte. Cliff schuf eine Datei, in die er wichtig klingende Stichworte einflocht. Das waren zum Beispiel die Begriffe SDI, nuklear, ICBM, KH-11, NORAD und andere Kürzel aus dem Arsenal des kalten Kriegs.

Natürlich war das alles erfunden, aber diese Sammlung von Memoranden, Berichten und Nachrichten war sehr groß und enthielt ein kleines, aber nicht unwichtiges Detail: Eine Adresse, an die man sich bei Wünschen nach weiterem Informationsmaterial wenden konnte. Der Hacker biß an: Er kopierte das gesamte Spielmaterial.

Im März und April 1987 verhielt sich der Hacker ziemlich ruhig. Cliff Stoll fand allerdings endlich heraus, warum er immer vollständige Paßwortdateien kopierte.

Man sollte zunächst annehmen, daß die unter UNIX in verschlüsselter Form abgelegten Paßwörter völlig unbrauchbar sind. Der Hacker hatte jedoch zur Überraschung von Cliff Stoll Verwendung dafür.

Er ging ganz offensichtlich so vor: Er nahm ein übliches Wörterbuch, wie es unter UNIX oder jedem besseren Textverarbeitungssystem auf allen Computern vorhanden ist. Dann verschlüsselte er alle Einträge in diesem Wörterbuch und verglich das Ergebnis mit den gestohlenen, verschlüsselten Paßwörtern.

Das war deshalb möglich, weil das Programm zum Verschlüsseln von Paßwörtern unter UNIX durchaus verfügbar ist und kopiert werden kann. Es verschlüsselt ja nur. Eine Entschlüsselung ist mit diesem Programm nicht möglich.

Da viele Benutzer von Computern als Paßwörter gebräuchliche Begriffe aus dem Vokabular ihrer Muttersprache nehmen, war die Vorgehensweise des Hackers durchaus erfolgversprechend. Er hatte ja genug Zeit, um zu Hause in aller Ruhe seinen Rechner an diesem Puzzle arbeiten zu lassen.

Die Vorgehensweise beim Finden verschlüsselter Paßwörter ist in der folgenden Grafik dargestellt.

Am 27. April 1987, es war ein Montag, traf schließlich ein Brief in Berkeley ein. Der Absender wollte weitere Informationen zum Thema SDI. Der Brief stammte von einer weitgehend unbekannten Firma in Pittsburgh in Pennsylvania. Unterzeichnet war das Schreiben von Laszlo J. Balogh.

Cliff Stoll verständigte sofort die Behörden. Offenbar war ihnen dieser Herr kein Unbekannter. Die Spuren deuteten auf Verbindungen zum ungarischen Geheimdienst hin.

Es war drei Monate her, seitdem der Hacker die Adresse in der frisierten Datei gelesen hatte. Doch nun schloß sich der Kreis. Im Juni 1987 griff die deutsche Polizei in Hannover endlich zu. *Markus Hess* wurde verhaftet.

Die weiteren Ermittlungen der Behörden führten am 2. März 1989 endlich zu einer bundesweiten Razzia, in deren Verlauf vierzehn Wohnungen und Geschäftsräume in Hannover, Hamburg, Karlsruhe und Berlin durchsucht werden. Achtzehn Personen werden dabei festgenommen.

Die Hacker kommen allerdings nach Abschluß der polizeilichen Vernehmungen aus der Untersuchungshaft bald wieder frei, da keine Verdunklungsgefahr bestand.

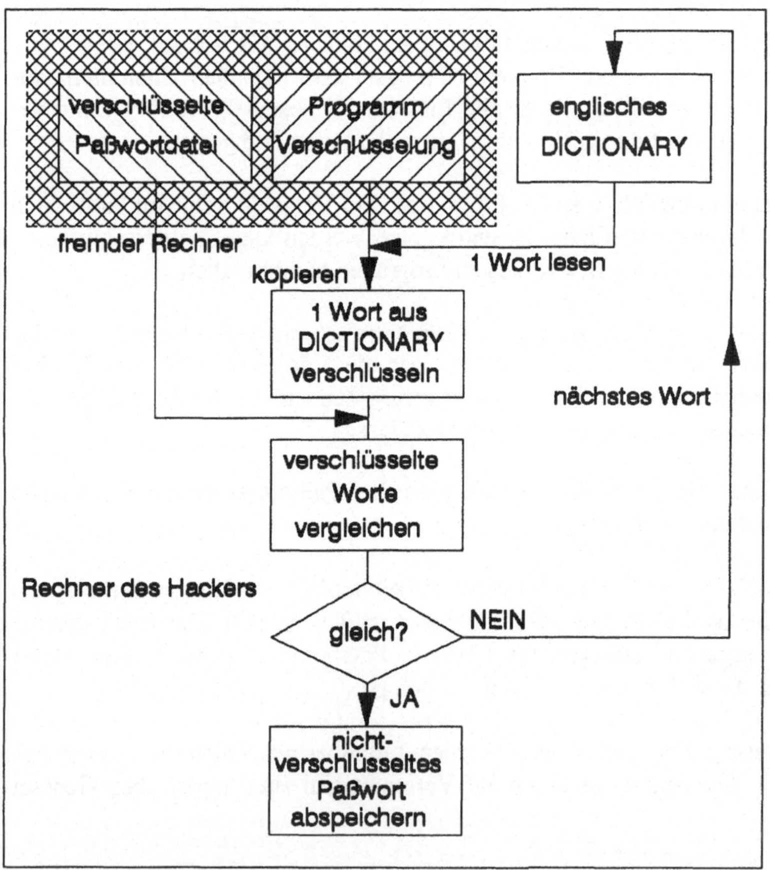

Abb. 2.4 Paßworte knacken

Hagbard wird zuletzt am 23. Mai 1989 lebend gesehen. Bald darauf werden in einem abgelegenen Waldstück in der Nähe von Hannover die verkohlten Reste einer männlichen Leiche entdeckt. Daneben liegt ein geschmolzener Benzinkanister. Nicht weit davon entfernt steht ein geliehener Wagen. Die Knochen werden als die sterblichen Überreste von Klaus Kurz oder Hagbard identifiziert.

Einen Abschiedsbrief kann die Polizei nicht entdecken. Ob es sich beim Tod dieses Hackers um Selbstmord oder die "Hinrichtung" durch einen fremden Geheimdienst handelte, wird wohl nach Lage der Dinge für immer im Dunkeln bleiben.

2.1.5 Ein Ausflug nach Ostberlin

Begonnen hatte dieses Verbrechen Jahre zuvor. Im Sommer des Jahres 1986 machen zwei junge Männer einen kurzen Ausflug nach Ostberlin. Es sind Hans Hübner, mit Spitznamen Pengo, und Peter Carl. Er ist in der Szene unter dem Namen Pedro bekannt.

An der Grenze geht alles glatt. Die beiden Besucher sind avisiert. Um zwölf Uhr haben sie eine Verabredung bei einer Tarnfirma in Ostberlin, hinter der sich der sowjetische Geheimdienst KGB verbirgt.

Bei diesem Treffen wechselt viel Material, das die Hacker bei ihren Einbrüchen in den Großrechnern des Westens erbeutet haben, die Seiten. Darunter sind die folgenden Programme und Daten:

- Der Quellcode für ein Programm zur Entwicklung von integrierten Schaltungen (Chips), bekannt unter den Namen HILO-2

- Ein Entwurf für neuartige Bauelemente (Programmable Array Logic oder PALs)

- Hunderte von Telefonnummern, mit denen man Verbindung zu Computern in der gesamten westlichen Welt aufnehmen kann

- Mehrere Tausend Paßwörter, mit denen man sich auf verschiedenen Rechnern des Militärs, der Industrie und der Forschungsinstitute einloggen kann.

Für das umfangreiche Material auf Magnetband erhalten die Hacker von dem Führungsoffizier des KGB ganze 30 000 DM. Er erklärt, es müsse erst in Moskau überprüft werden. Andererseits verspricht er ihnen mehr Geld, wenn das Material brauchbar sei. Er vergißt auch nicht aufzuzählen, was der Osten im Moment ganz dringend benötigt.

Obwohl Pengo und Pedro die Beute in Berlin übergaben, ausgeheckt wurde der Coup in Hannover. Dirk-Osswald Bachowsky, genannt Dob, und Peter Carl machten zu vorgerückter Stunde und in Haschischlaune den Vorschlag, Geschäfte mit dem Osten zu machen. Das wurde in der Runde zunächst als ein Witz aufgefaßt, aber die Idee blieb hängen.

Die Hacker waren chronisch knapp an Geld. Die Telefongebühren für ihre nächtlichen Streifzüge durch die Computer der Welt verschlangen monatlich mehrere Tausend Mark pro Anschluß. Einige der Hacker waren zudem rauschgiftsüchtig.

Die Runde der Hacker in Hannover nahm die Reden von Pedro zunächst nicht ernst, doch im Sommer 1986 konnte er Hagbard, mit bürgerlichem Namen Karl Koch, Vollzug melden. Der Termin für die Reise nach Ostberlin stand fest. Die Hacker aus Hannover waren im Geschäft.

2.1.6 Eine Analyse

Worin bestand nun die eigentliche Gefahr durch die Hacker aus Hannover im Auftrag des KGB, und welche Schlußfolgerungen sollten wir aus dem Schadensfall ziehen?

Eine nicht mehr zu leugnende Tatsache ist, daß nationale und geographische Grenzen im Zeitalter der Information ihre Bedeutung verlieren. Cliff Stoll glaubte zunächst, die Hacker kämen von der amerikanischen Ostküste. Europa lag bereits jenseits seines Horizonts.

Die Schlußfolgerung aus dieser Tatsache kann nur sein, daß die Bekämpfung krimineller Machenschaften ebenfalls auf internationaler Ebene organisiert werden muß. Der Schutz geistigen Eigentums, auch in elektronischer Form, muß gewährleistet werden. Das ist gerade ein Anliegen der Industrienationen, für deren Volkswirtschaften 'high technology' lebensnotwendig ist. Doch was waren die Motive der Hacker?

Die Gruppe der Hacker um Markus Hess war zunächst nicht kriminell. Sie kamen aus sehr unterschiedlichen Berufen, waren aber alle vom Computer und seinen Möglichkeiten fasziniert. Ihre Spitznamen sind aus Science-Fiction-Geschichten entnommen. Hagbard zum Beispiel stammt aus dem Roman ILLUMINATUS von Robert Anton.

Bei aller nachträglichen Verbrämung des Geheimnisverrats muß doch klar gesagt werden, daß es diesen Hackern um Geld ging: Sie mußten ihren Rauschgiftkonsum finanzieren.

Unter den Hackern befanden sich zweifellos Talente, deren Anstrengungen einer besseren Sache wert gewesen wären. Markus Hess zeigte beachtlichen Einfallsreichtum und Kreativität. Er ging geplant und zielstrebig vor. Das konnte Cliff Stoll in Kalifornien aus seinem Verhalten eindeutig schließen.

Markus Hess machte sich dabei einige Tatsachen zunutze:

a) Bekannte Schwächen in Anwenderprogrammen oder im Betriebssystem des Rechners.

b) Die manchmal geradezu sträfliche Vernachlässigung der Sicherheit der ihnen anvertrauten Computer und der Software durch die verantwortlichen Betreiber, auch im militärischen Bereich.

Die Technik des Hackers war dabei zielgerichtet und konsequent. Um seine Ziele zu erreichen, war Sachkenntnis und Wissen über die Computer und das verwendete Betriebssystem notwendig. Dieses Fachwissen besaß Markus Hess ganz offensichtlich. Dazu kam eine gewisse Kreativität, wenn es darum ging, die Schutzmechanismen der Rechner zu umgehen. In der Regel ging er so vor:

a) Versuch, Systemverwalter zu werden, und dadurch entsprechend hohe Privilegien zu erlangen.

b) Benutzung von zur Zeit nicht benutzten *accounts*, hinter deren legitimen Benutzern er sich verbergen konnte.

c) Abfangen und speichern unverschlüsselter Paßwörter.

d) Kopieren von verschlüsselten Paßwortdateien.

Die Ziele der Hacker waren dabei alle Computer, die Wissenswertes über militärische Geheimnisse des Westens, industriell verwertbare Informationen zu neuen Technologien und die zugehörigen Werkzeuge, Programme und Daten enthielten. Daß die Hacker dabei natürlich alle Informationen mitnahmen, die ihnen Zugang zu weiteren Rechnern verschaffen konnten, war aus ihrer Sicht der Dinge nur folgerichtig.

Die folgende Tabelle gibt einen kurzen Überblick über die betroffenen Installationen. Sie ist wegen des Umfangs des Materials bei weitem nicht vollständig.

Datum, Ortszeit in Berkeley	Zielrechner des Hackers	Art der Anlage
10-SEP-86, 07:51 Uhr	Anniston Army Depot, Redstone Arsenal, AL	Armeebasis
Sept. 86	Network Information Center (NIC), Menlo Park, CA	Auskunftei
Sept. 86	White Sands Missile Range (WSMR)	Erprobungsstelle
Sept. 86, 09:10 Uhr	Ballistic Research Lab, Aberdeen, Maryland	militärische Forschungseinrichtung
Sept. 86	Lawrence Livermore Laboratory	Forschungslabor für Atomphysik, LASER-Technik
Sept. 86, 05:15 Uhr	SRI Inc.	Rüstungsfirma
Dez. 86	TRW, Redondo Beach, CA	Systemführer, High Technology
01-JAN-87	OPTIMIS-Datenbank, Washington, DC	Datensammlung, auch persönliche Daten
Jan. 87, 13:39 Uhr	RAMSTEIN AIR FORCE BASE, Pfalz	Luftwaffenstützpunkt
22-JAN-87	BBN, Cambridge, MA	Computerhersteller

Tab. 2.1 Die Zielrechner des Hackers

Während die Stützpunkte der amerikanischen Armee im wesentlichen die vorhandenen Waffensysteme benutzen und dem Hacker wenig Informationen über zukünftige Entwicklungen bieten konnten, war das bei den ausgespähten Forschungslabors schon etwas anderes.

TRW zum Beispiel baut die modernsten Spionagesatelliten der USA. Die Firma Bolt, Beranak und Neumann (BBN) in Cambridge, Massachusetts, hat die Computer für das MILNET gebaut.

Die OPTIMIS-Datenbank enthält Informationen über laufende Projekte des Department of Defense (DoD), aber auch viele sensitive Daten über die Mitarbeiter des Verteidigungsministeriums.

Nun muß auch erwähnt werden, daß die Hacker nicht an wirklich geheime Daten herangekommen sind. Solche Rechner hängen nicht am Netz, sondern sind isoliert. Andererseits enthielten die entwendeten Dateien so viele nützliche und wertvolle Informationen, daß der volkwirtschaftliche Schaden für die Industrie des Westens sicher in die Millionen geht.

Admiral Poindexter hatte in der Tat vor Jahren den Vorschlag gemacht, eine neue Klasse in der Geheimhaltung von Informationen einzuführen. Er wollte auch sensitive, aber noch nicht geheime Daten schützen.

Sein Argument war dabei, daß durch die modernen Informationstechnologien viele kleine, in früheren Zeiten verstreute und damit nutzlose Informationen, miteinander korreliert werden können. Dadurch entstehen letztlich in der Summe doch schützenswerte Informationen.

Dieser Vorschlag wurde in den USA diskutiert. Admiral Poindexter konnte sich damals gegen den Widerstand der akademischen Welt und der Berufsverbände nicht durchsetzen. Später brachte er sich als der Chef von Oliver North und seine Verwicklung in die Iran-Affaire (Irangate) in Mißkredit.

Im nachhinein muß man einräumen, daß seine Beweisführung durchaus berechtigt war. Ich würde allerdings auch heute noch davon abraten, eine neue Stufe der Geheimhaltung einzuführen. Nicht deswegen, weil sensitive Daten nicht schutzwürdig wären, sondern aus einem anderem Grund: Ich sehe keinen praktischen Weg, sensitive Daten eindeutig zu erkennen. Schließlich ergibt sich der Wert für einen potentiellen Gegner erst aus der Kombination vieler solcher Daten mit Hilfe eines Rechners.

Vorbeugende Geheimhaltung läßt sich aber in einer Demokratie schwer durchsetzen, und gerade die Wissenschaft lebt nun einmal vom freien Fluß der Ideen und Informationen.

Das führt mich zu einem traurigen Kapitel im vorliegenden Fall, den Behörden. Das zuständige Büro des FBI hat sich strikt geweigert, einen Fall mit einer Schadenssumme von 75 Cent überhaupt in Erwägung zu ziehen und die Ermittlungen aufzunehmen.

Eine kleine Rechnung hätte die Agenten des FBI zu einer weit höheren Summe führen können: Setzt man die Ausrüstung des Rechenzentrums des Lawrence Berkeley Laboratory mit sechs Millionen Dollar an, und unterstellt man ein Verhältnis der Kosten von Hardware zu Software von 20 zu 80, dann ergibt sich der Wert der installierten Software zu 24 Millionen Dollar.

Da in Berkeley wenig Standardsoftware zum Einsatz kommt, ist diese Annahme wohl gerechtfertigt. Da der Hacker Systemprivilegien hatte, wäre er durchaus in der Lage gewesen, alle diese Programme zu löschen.

Auch mit Datensicherung bleibt fraglich, ob eine vollständige Rekonstruktion möglich gewesen wäre, von den Kosten einer solchen Aktion ganz zu schweigen. Die Mitarbeiter der Geheimdienste CIA und NSA waren sich der Gefahr eher bewußt, wenn auch gegenüber Cliff Stoll sehr verschlossen. Da nach dem Gesetz weder die CIA noch die NSA im amerikanischen Inland tätig werden dürfen, ist ihre Zurückhaltung bis zu einem gewissen Grade gerechtfertigt.

Positiv hervorzuheben ist die Zusammenarbeit der Systemverantwortlichen für die Computer der Streitkräfte und einiger der Rüstungsfirmen. Die Mitarbeiter auf dieser Ebene waren sich der Gefahr wohl bewußt. Sie haben schnell und verantwortlich gehandelt.

Leider waren wenige Computer im militärischen Bereich und der Industrie und Forschungseinrichtungen im Dunstkreis des Pentagon ausreichend abgesichert, und sie wurden deshalb eine leichte Beute der deutschen Hacker im Dienst des KGB.

2.2 Der Morris-Wurm

It has raised the public awareness to a considerable degree.
Robert Morris.

Die Aufregung über die Einbrüche in die Computer der USA durch die Hacker aus Hannover hatte sich noch nicht recht gelegt, als ein weiterer Fall erneut für

Schlagzeilen sorgte. Diesmal kam der Angriff aus dem studentischen Bereich einer Eliteuniversität.

2.2.1 Technik und Ausbreitung

Am 2. November 1988 wurde das amerikanische INTERNET angegriffen, ein riesiges Kommunikationsnetz, das ganz Nordamerika umspannt. Das Programm brach in Computer am Netz ein, sammelte Informationen über andere Computer, erzeugte erneut ein ausführbares Programm und griff dann weitere Computer über das Netzwerk an.

Der Schaden für die einzelnen Computer und Rechenzentren zeigte sich darin, daß das Programm so viele Prozesse beanspruchte und damit Speicherplatz belegte. In der Folge wurden diese Rechner so langsam, daß sie praktisch unbrauchbar waren.

Die infizierten Computer waren also lahmgelegt. Insgesamt waren etwa 6000 Computer am INTERNET durch die Invasion dieses Wurmprogramms betroffen. Auch in diesem Fall machte sich der Designer des Programms in Fachkreisen bekannte Schwächen des Betriebssystems UNIX und seiner Abkömmlinge zunutze.

Diese UNIX-Programme und Kommandos waren:

- fingerd und gets

- sendmail

Das Systemprogramm *fingerd* dient dazu, sich Informationen über Benutzer am Rechner zu verschaffen. Es benutzt auch die Routine *gets*. Dies steht für *get string* und ist ein sehr nützliches und seit langem bekanntes Unterprogramm von UNIX. Die Schwäche dieses kleinen Programms liegt darin, daß die Länge der Zeichenkette nicht überprüft wird.

Wird die Länge des von *gets* benutzten Buffers überschritten, kommt weder eine Fehlermeldung noch bricht das Programm zunächst ab. Vielmehr wird einfach weitergeschrieben.

Der Hacker benutzte das Überlaufen des Daten-Buffers von *gets* dazu, gezielt Informationen auf den *stack* zu schreiben. Diese Daten wurden dann von einem anderen Programm so ausgeführt, als wären es eigene, legale Instruktionen.

Offensichtlich setzt diese Verfahrensweise tiefergehende UNIX-Kenntnisse voraus.

Das Programm *sendmail* dient dazu, in das Netzwerk hineinzuhorchen und Post für einen spezifischen Netzwerkknoten herauszufischen. Wird eine Nachricht entdeckt, so nimmt *sendmail* die Verbindung mit dem fremden Rechner auf und etabliert das Protokoll für die Übermittlung der vollständigen Nachricht.

Das Programm hat eine *debug*-Option, die eigentlich nicht aktiv sein sollte. Leider ist dies bei vielen Rechnern nicht der Fall. Über die Option können auch Kommandos auf einem fremden Rechner ausgeführt werden. Genau dies tat der unbekannte Angreifer.

Daneben benutzte er ein eigenes Programm zum Knacken von Paßwörtern. Sein Ansatz dabei war nicht allzu verschieden von der Methode, mit der Markus Hess vorging.

Der Wurm bestand aus drei Teilen. Jedes Programm hatte spezifische Aufgaben. Das *bootstrap* oder *vector program* diente dazu, sich eine Basis auf einem fremden Rechner am INTERNET zu verschaffen. Es handelte sich um 99 Zeilen Code in C, der auf dem infizierten Rechner übersetzt und anschließend gestartet wurde.

Die zwei weiteren Teile des Wurms wurden nur im Binärcode übertragen. Sie waren entweder für einen UNIX-Rechner mit BSD-UNIX, also der Berkeley-Version des Betriebssystems, oder für die VAX-Version von UNIX bestimmt. Es konnte naturgemäß immer nur eine Variante auf einem bestimmten Rechner mit Erfolg installiert werden. Glückte dieser Versuch, dann ging das Programm an die Arbeit: Es analysierte die Ressourcen des Rechners und des Betriebssystems, suchte nach Verbindungen zu weiteren Computern und griff diese an. Es unternahm auch Schritte, um den eigenen, rechenintensiven Prozeß zu verbergen. Das Knacken von Paßwörtern verschlingt schließlich viel Rechenzeit.

Im einzelnen war der Mechanismus zum Installieren des Wurms oder Virus wie folgt:

a) Das Bootstrap-Programm schuf sich einen Ansatzpunkt (*socket*) auf dem angegriffenen Computer und kreierte auch eine Datei.

b) Ein weiteres Programm wurde über das Netzwerk übertragen, der Code in C wurde auf dem Gastrechner übersetzt und anschließend ausgeführt.

c) Kurz darauf wurden zwei weitere Programme in der Binärversion übertragen. Konnte eines dieser Programme in der Umgebung des infizierten Rechners zur Ausführung gebracht werden, wurde es initialisiert. Klappte das nicht, wurde durch die Ausführung des Kommandos rm (remove) die Spuren des Eindringlings beseitigt.

d) War der Wurm auf dem neu infizierten Gastrechner erfolgreich, verwischte er die Spuren seines Eindringens.

e) Daraufhin versuchte der Wurm, sich weiter zu vermehren. Er durchsuchte die Dateien des Wirts. Er griff weitere Rechner an, wenn er dafür geeignete Daten fand. Neben *sendmail* und *fingerd* benutzte er auch noch das UNIX-Kommando *rsh*.

Gestartet wurde der Wurm am 2. November 1988 um fünf Uhr nachmittags an der Ostküste der USA. Zwei Minuten später war bereits der nächste Rechner infiziert.

Die Stanford-Universität in Kalifornien, also an der Westküste der Vereinigten Staaten, wurde um neun Uhr abends durch das Programm erreicht, und seine Computer begannen, zusammenzubrechen.

Weitere wichtige Computerzentren der USA folgten bald darauf:

- Das MIT-Projekt ATHENA um 21.30h

- Das Ballistic Research Laboratory der US-Streitkräfte, ebenfalls um 21h

- Die Universität von Maryland um 22.54h

- Die Universität von Kalifornien in Berkeley um 23h

Weitere Forschungsstätten und Unternehmen am INTERNET waren bald darauf betroffen, darunter die Firma SRI und das Lawrence Livermore National Laboratory (LLNL) in Kalifornien.

Die wichtigsten Rechenzentren der USA waren am zusammenbrechen. Die Systeme waren durch Kopien des Wurms so langsam geworden, daß ein sinnvolles Arbeiten nicht mehr möglich war. Falls die Betreiber der Anlagen den Angriff auf ihr System noch rechtzeitig mitbekommen hatten, unterbrachen sie ihre Verbindung zum INTERNET. Nur noch lokaler Betrieb war möglich, und das grenzte die Arbeit der Benutzer schwerwiegend ein. Elektronische Post (*e-mail*) ist eine recht weit verbreitete Form des Informationsaustauschs und der Kommunikation in den USA.

Der Hacker hatte es geschafft, Tausende von Computern und noch viel mehr Forscher, Sekretärinnen, Studenten und Professoren für Tage zur Untätigkeit zu zwingen.

Der verursachte Schaden durch den Morris-Wurm wurde von einem Experten auf 98 Millionen Dollar geschätzt. Andere Fachleute kommen zu niedrigeren Summen, doch ein Millionenschaden war es allemal.

2.2.2 Die Reaktion

Bald setzte die Reaktion der Betroffenen ein. Sie gingen daran, den Virus zu analysieren und mögliche Gegenmaßnahmen zu planen. Das geschah an der Ost- und der Westküste der USA gleichzeitig.

Die massenhafte Verbreitung des Wurms in den Rechnern erwies sich dabei als seine größte Schwäche. Es gelang relativ schnell, die Technik des Hackers in groben Umrissen zu erkennen. Daraus resultierten diese möglichen Gegenmaßnahmen:

a)   Das *sendmail*-Kommando ohne die *debug*-Option zu übersetzen.

b)   Die *fingerd*-Routine nicht mit dem Unterprogramm *gets*, sondern einer Prozedur zu übersetzen, die die Länge des Buffers überprüft.

c)   Die UNIX-Kommandos *cc* und *ld*, die der Wurm zum Übersetzen und Binden des Programms brauchte, einfach umzubenennen.

Dies alles waren temporäre Maßnahmen. Währenddessen ging die Suche nach einer dauerhaften Lösung weiter. Am Abend des Donnerstags gelang es einer Gruppe von Programmierern, eine Kopie des Binärcodes auf einer infizierten VAX von Digital Equipment zu ziehen. Dabei handelte es sich um einen Auszug (*dump*) des Hauptspeichers.

Nun hatte aber die Presse, allen voran das Fernsehen, Wind von der Geschichte bekommen. Die Journalisten stellten Fragen über Fragen. Bedauerlicherweise ließ sich der Wurm für das Fernsehen schlecht ins Bild setzen.

Einige Gruppen von Programmierern wurden durch den Presserummel natürlich in ihrer Arbeit behindert. Dennoch gelang es durch Decodierung des Wurmprogramms und Recompilierung des Binärcodes, den Quellcode des Programms zu erhalten und zu studieren. Damit war es nun möglich, gezielt Gegenmaßnahmen einzuleiten.

Nach einem Wochenende, an dem die meisten der Betroffenen von ihren Familien nicht allzu viel sahen, gingen viele Rechner mit neu installierten Betriebssystemen oder gepatchten *sendmail* und *fingerd*-Routinen wieder ans Netz. Eine Krise war gemeistert worden.

Relativ schnell war der Kreis der Täter eingeengt. Die Spuren deuteten nach *Cornell*, einer Universität im Norden des Staates New York. Als Hauptverdächtiger entpuppte sich Robert T. Morris, ein Student in Cornell.

Frühe Spuren des Wurms ließen sich bereits am 19. Oktober 1988 in einer *logfile* auf einem der Rechner der Universität feststellen. Diese Attacken des Hackers dauerten bis zum 28. Oktober 1988. Dann schien er seinen Entwurf für den Wurm nochmals überarbeitet zu haben.

Obwohl sich die Universität Cornell aus rechtlichen Gründen mit einer offiziellen Stellungnahme zurückhielt, so fanden sich doch Beweise für das Erstellen des Programms durch Robert T. Morris in seinem *account* auf dem Rechner der Hochschule.

Pikanterweise war unser Universitätsstudent der Sohn jenes Bob Morris von der *National Security Agency* (NSA), dessen Aufgabe der Schutz von Computern gegen Eindringlinge aller Art ist. Insofern darf man wohl vermuten, daß Robert T. Morris junior mit der Materie vertraut war.

Auf Anraten seines Anwalts äußerte sich Robert T. Morris zu den gegen ihn erhobenen Vorwürfen zunächst nicht. Später wurde er angeklagt und schuldig gesprochen. Er mußte mit einer Haftstrafe von bis zu fünf Jahren und einer Geldstrafe in Höhe von 425 000 Mark rechnen.

Nach den Erklärungen von Robert T. Morris vor Gericht wollte er mit dem Virus nur experimentieren. Er habe dabei allerdings die Kontrolle über den Versuch verloren. Das Urteil war relativ milde, vor allem wohl deswegen, weil der Richter den Wurm als einen Lausbubenstreich im Sinne Ludwig Thomas einstufte. Der junge Morris bekam allerdings ausreichend Gelegenheit, bei Arbeit im sozialen Bereich über die Folgen seines Streiches nachzudenken.

2.3 Das falsche Satellitenprogramm

Ein in den Medien wenig beachteter, aber nicht unwesentlicher Vorfall ereignete sich bereits im Jahr 1986 [10]. Dazu muß man wissen, daß die meisten Fernsehprogramme in den USA immer noch umsonst sind. Die drei großen Fernsehgesellschaften NBC, CBS und ABC verlangen keine Gebühren, sondern finanzieren ihr Programm ausschließlich durch Werbeeinnahmen. Das hat sicherlich auch Auswirkungen auf die Qualität des Programmangebots. Zum Beispiel bringt keiner der großen Sender in der Hauptsendezeit (*prime time*) zwischen 19 und 23 Uhr Nachrichten.

Auch postalische Bestimmungen für den Fernsehempfang gibt es in Amerika nicht. Die amerikanische Post ist nicht einmal zuständig. In der Anfangszeit war auch der Empfang von Fernsehsatelliten frei. Gerade in ländlichen und schwach besiedelten Gegenden der USA findet man oft eine große Parabolantenne zum Fernsehempfang in den Hinterhöfen der Anwesen.

Dann gingen die Anbieter dieser Programme dazu über, die von den Fernsehsatelliten übertragenen Signale zu verschlüsseln. Sie boten den Fernsehzuschauern ein Gerät zur Entschlüsselung für $395 als Kaufpreis und zusätzlich eine monatliche Gebühr von $12.95 für das Programm an.

Naturgemäß sahen das die Zuschauer nicht gerne. Warum sollten sie für etwas Geld zahlen, das bisher umsonst gewesen war? - Die Volksseele kochte. *Home Box Office* (HBO), der größte Anbieter von Satellitenprogrammen und ein Betreiber von Kabelnetzen, erhielt Drohungen. Dem Konkurrenten *Showtime/Movie Channel* ging es nicht viel besser.

Trotz dieser negativen Reaktionen aus dem Kreis der Zuschauer verschlüsselte HBO ab dem 15. Januar 1986 sein Fernsehprogramm. Die Reaktion ließ nicht lange auf sich warten.

Im April 1986 schlugen die Zuschauer zurück. Eine halbe Stunde nach Mitternacht wurde ein Spielfilm von HBO, nämlich *The Falcon and the*

Snowman, gewaltsam unterbrochen. Die folgende Nachricht erschien auf den Bildschirmen der Zuschauer in der gesamten östlichen Hälfte der USA:

```
Goodevening HBO

From Captain Midnight

$12.95 a month?

NO WAY!

(Showtime/Movie Channel beware).
```

Da hatte offensichtlich ein Zuschauer seinen Unmut über die neue Gebührenpolitik von HBO auf drastische Weise unter das Volk gebracht. Diese Meldung erschien für volle fünf Minuten auf den Bildschirmen von potentiell 14,6 Millionen Haushalten.

Der Vorfall wurde natürlich untersucht. Offensichtlich hatte sich ein Fachmann oder begabter Amateur mit einer entsprechenden Ausrüstung so in das von HBO zu dem Fernsehsatelliten im Weltraum gesendete Signal eingeblendet, daß sein Signal von dem Empfänger im Satelliten als das richtige Signal identifiziert wurde. Das ist mit einem starken Sender durchaus möglich.

Der von der Firma *Hughes* gebaute Satellit GALAXY I steht auf einer festen Position 22 300 Meilen über der Erde. Solche Satelliten dienen der Übertragung von Fernsehprogrammen, Telefongesprächen und der Datenübertragung zwischen Computern. Das Militär benutzt sie zur Navigation und Nachrichtenübermittlung, einschließlich der Daten von Spionagesatelliten wie KH-11.

Der Vorfall ließ sicher einige Alarmglocken in Washington und Fort Meade klingeln. Militärische Nachrichtensatelliten benutzen zwar andere Frequenzen und sind vermutlich besser abgesichert, aber niemand wollte ganz ausschließen, daß so ein Vorfall auch bei den Satelliten des Pentagon und der NSA möglich wäre.

Die Suche nach dem Täter gestaltete sich schwierig, da die Sendestation in ganz Nordamerika lokalisiert gewesen sein konnte. Die für die Nachricht verwendeten Schriftzeichen bzw. der verwendete Zeichengenerator brachte die Behörden auf die Spur. Auch die notwendigen Fachkenntnisse halfen, den Kreis der Täter einzuengen. Schließlich wurde ein Fernsehtechniker in Florida verhaftet. Er gab die Tat zu und erklärte, daß er auf die seiner Meinung nach verfehlte Gebührenpolitik von HBO aufmerksam machen wollte.

Der Vorfall sollte nicht unterschätzt werden. Unsere Abhängigkeit von Satelliten für die Übertragung von Nachrichten ist groß, und sie nimmt weiter zu. Es bedarf gar keiner exotischen Waffen wie Laserkanonen, um diese Satelliten zu zerstören. Eine Ausrüstung von 60 000 Dollar, deren Verkauf keinerlei Beschränkungen unterliegt, genügt.

Auch Oberst Gaddafi hätte auf diese Weise seine Botschaft in die Wohnzimmer der amerikanischen Familien senden können.

Die Signale für die Steuerung des Satelliten kommen im Prinzip auf demselben Weg zu dem Empfänger im Weltraum wie ein Fernsehprogramm, nur ist der Code eben anders. Wer das aber weiß, kann den Satelliten auch aus seiner Bahn manövrieren oder die Sonnenpaddel der Erde zuwenden. Auf diese Weise läßt sich ein mehrere Millionen Mark teurer Satellit leicht unbrauchbar machen.

Unsere Nachrichtenkanäle sind also weit weniger sicher, als so mancher glauben mag.

Wie kann man sich gegen Angriffe auf Nachrichtensatelliten schützen? Ist das überhaupt möglich?

In letzter Konsequenz wohl kaum, und wenn, dann nur unter unverhältnismäßig hohem Aufwand. Die Verschlüsselung von Signalen bietet sich selbstverständlich an, doch das Verfahren hat bei der Übermittlung von Daten in Echtzeit ihre Grenzen. Auch hier muß bei sensiblen Nachrichten und Informationen geraten werden, auf andere Kanäle auszuweichen, etwa transkontinentale Unterseekabel in Glasfasertechnik. Die Unterbrechung eines Fernsehprogramms für Millionen von Zuschauern ist lästig, der Abbruch des Gesprächs zweier Staatsoberhäupter via Telefon im Falle einer globalen Krise könnte unabsehbare Folgen haben.

Teil III

Die Bedrohung
unserer Ressourcen

3.1 Opfer und Täter

Es lohnt sich zweifellos, einmal einen Blick auf die betroffenen Gruppen in unserer Gesellschaft zu werfen, seien es nun Opfer oder Täter.

Obwohl die Hacker sehr im Licht der Öffentlichkeit und der Medien stehen, sind ihre Aktionen vielleicht nur die Spitze des Eisbergs. Computer sind heutzutage in allen Bereichen der Industrie und der Verwaltung im Einsatz, und daher ist auch ein Mißbrauch des Werkzeugs Computer zu erwarten.

Wendet man sich der Computerkriminalität zu, dann stimmt die Zahl von 3355 Straftaten im Jahr 1988 in der Bundesrepublik Deutschland doch bedenklich. Dahinter steht ein Schaden von immerhin 10 bis 15 Milliarden Mark. Mit einer hohen Dunkelziffer ist angesichts der schwierigen Beweislage bei Verbrechen mit Computern und Software immer zu rechnen.

Stellt man die Kriminalitätsstatistik bei Verbrechen mit Computern für das Jahr 1988 einmal in Tabellenform das ergibt sich das folgende Bild:

Delikt	Zahl der Straftaten	Prozentualer Anteil
Computerbetrug	3075	91,6
Fälschung	160	4,8
Datenveränderung, Computersabotage	66	2,0
Ausspähen von Daten (Spionage)	54	1,6

Tab. 3.1 Verteilung der Delikte [02]

Es sticht ins Auge, daß der Löwenanteil der Verbrechen mit 3075 Fällen auf das Delikt Computerbetrug entfällt. Beim Ausspähen von Daten dagegen, also der Spionage, wurden nur 54 Delikte bekannt. Diese Daten lassen den Schluß zu, daß viele Verbrechen im Umfeld des Computers, also im Bereich der Peripherie und der Datenein- und -ausgabe, geschehen.

Eine zweite Aufstellung ist ebenfalls sehr aufschlußreich. Sehen wir uns doch einmal die Entwicklung derartiger Straftaten über die vergangenen Jahre an:

Jahr	Zahl der erfaßten Straftaten	Prozentuale Zunahme gegenüber dem Vorjahr
1988	3355	-
1989	5025	+49,8
1990	5004	-3,2
1991	7178	+43,4

Tab. 3.2 Entwicklung der Verbrechen mit Computern [02,03,04,05]

Man kann aufgrund dieser Zahlen wirklich zu dem Schluß kommen, daß Verbrechen mit der Hilfe von Computern und Software Konjunktur haben. Eine Statistik über das Alter der Täter liegt bisher nicht vor. Es ist jedoch klar, daß ein großer Anteil der Täter eher den jüngeren Jahrgängen zuzuordnen ist. Die ältere Generation ist nicht mit der Datenverarbeitung groß geworden und steht dem Computer oft mit einer gewissen Reserviertheit gegenüber.

Blickt man auf die Motive der Täter, so taucht hauptsächlich die Unterstützung des eigenen, aufwendigen Lebensstils als Tatmotiv auf. Daneben finden sich kriminelle Neigungen, Alkohol- und Drogenprobleme, Rache gegen den Arbeitgeber, kostspielige Neigungen und Hobbys des Ehegatten und Schulden als Motive für die Verbrechen. Selbstverständlich finden sich auch immer wieder Fälle, in denen der Täter oder die Täterin einfach für eine andere Person gearbeitet hat, aus welchen Gründen auch immer.

Ein Großteil der Täter war dabei gut ausgebildet und befand sich in einer Vertrauensstellung im Unternehmen. Je höher die Stellung in der Unternehmenshierarchie dabei ist, desto höher ist auch die Schadenssumme.

In einem Fall aus den siebziger Jahren aus den USA reichte das Verbrechen dabei bis in die Unternehmensspitze. Es handelt sich um den Fall *Equity Funding* [11].

Diese Gesellschaft vertrieb Versicherungspolicen und bot gleichzeitig Anteile an Investmentfonds (Mutual Funds) an. Die Kunden von Equity Funding erwarben Anteile an einem Investmentfond und schlossen gleichzeitig eine Lebensversicherung ab. Die Prämien für die Lebensversicherung wurden zunächst als Darlehen von Equity Funding verbucht und sollten gegen die Einkünfte aus den Investmentfonds verrechnet werden. Für die Kunden des Unternehmens in den USA war das sicherlich eine bestechende und vielversprechende Konstruktion, um Steuern zu sparen.

Die Größe dieses Verbrechens erinnert an Potemkinsche Dörfer. In den letzten Jahren, bevor sich der Skandal nicht mehr verbergen ließ, wurde der Computer von Equity Funding gezielt eingesetzt, um Versicherungspolicen von Personen zu schaffen, die nicht existierten. Diese getürkten Verträge, die nicht einmal das Papier wert waren, auf dem sie gedruckt waren, wurden dann anderen Versicherungsgesellschaften als Sicherheiten für Kredite angeboten.

Im Jahre 1972 machte Equity Funding einen Umsatz von 14,5 Millionen Dollar mit Kunden, die niemals existierten. Einige dieser Kunden starben, ebenfalls nur auf dem Papier, und das Unternehmen kassierte die fällige Versicherungssumme.

Von den insgesamt 97 000 Verträgen der Firma waren 64 000 gefälscht und auf real nie existierende Kunden ausgestellt.

Das Verbrechen flog schließlich auf, weil einer der Beteiligten redete. Die Aktienkurse von Equity fielen rapide. Die Aufsichtsbehörde schritt ein. Eines ist klar: Ein Betrug dieses Ausmaßes bedarf eines Computers. Ohne EDV wäre das Verbrechen kaum möglich gewesen. Natürlich hatte das Schema einen Schneeballeffekt. Ohne weitere falsche Policen wäre das ganze Kartenhaus viel früher zusammengestürzt.

Den Schaden hatten die Rückversicherer und die Aktionäre von Equity Funding. Daneben mußte die Branche einen erheblichen Vertrauensverlust bei den potentiellen Kunden hinnehmen.

3.2 Die Zielgruppen

Lassen Sie uns nun untersuchen, welche Zielgruppen in erster Linie betroffen sind. Wie eigentlich nicht anders zu erwarten war, stellen Sammelstellen für Geld und Vermögen wie Banken und Versicherungen eine besondere Verlockung für kriminelle Elemente dar.

3.2.1 Die Banken

Das Geld liegt auf der Bank.
Rudolf Platte in dem gleichnamigen Theaterstück.

Banken sind häufig das Opfer von Verbrechen geworden, bei denen der Computer und die Software eine nicht unwichtige Rolle spielten. In der Tat ist die durchschnittliche Höhe der Beute bei diesen Verbrechen inzwischen höher als beim traditionellen Bankraub mit Revolver und Maske. Nach einer Berechnung des amerikanischen FBI liegt die Höhe der Beute bei bewaffnetem Bankraub in den USA im Durchschnitt bei 10 000 Dollar. Bei Verbrechen mit Hilfe des Computers und der Software, einschließlich Unterschlagung und Betrug, wurde die Bank im Durchschnitt um 19 000 Dollar erleichtert.

Angesichts des rapiden Vordringens des elektronischen Zahlungsverkehrs ist das eigentlich nicht verwunderlich. Unser aller Geld liegt auf der Bank. Immer mehr Zahlungen erfolgen durch Scheck, Überweisung oder per Kreditkarte. Eine Firma, die den Lohn oder das Gehalt bar auszahlt, gibt es kaum noch. Kein Wunder also, daß sich auch die Bankräuber den modernen Zeiten anpassen mußten. Um einen Überblick zu den Schäden zu gewinnen, hier eine kleine Tabelle der durchschnittlichen Schadenssummen aus den Vereinigten Staaten.

Rang	Typ des Verbrechens	durchschnittlicher Verlust pro Jahr
1	Unberechtigte Benutzung einer Scheckkarte durch Familienangehörige, Freunde oder Bekannte	$6 367.31
2	Überziehung ohne Überprüfung des Kontostands	$7 780.81
3	Karte als gestohlen gemeldet	$10 895.83
4	Überziehung durch die Deponierung von Umschlägen, in denen sich keine Einlagen befanden	$7 730.00
5	Karte als gestohlen gemeldet	$10 311.11
6	Deponierung von gestohlenen oder gefälschten Schecks im Automaten nach dem Abheben von Bargeld vom überzogenen Konto	$28 227.08
7	Falsche Angaben zur Bedienung des Geldautomaten	$16 618.75
8	Falsche Angaben über Auszahlung von Bargeld	$150.00
9	Beschädigung des Geldautomaten	$45 000.00
10	Fehler im Verfahren, wodurch ein Kunde Geld vom Konto eines anderen Kunden der Bank abheben kann	$500.00
11	Elektronische Angriffe auf Datenübertragungsleitungen	$2 000.00
12	Gestohlene Beträge durch Service-Personal	$800.00
13	Mechanische Fehler des Geldautomaten	$300.00
14	Gefälschte Scheckkarten	$10 000.00

Tabelle 3.3 Verlust der Betreiber von Geldautomaten in den USA

Das sind ganz beachtliche Schadenssummen, selbst wenn die Zahlen nicht unmittelbar auf Deutschland und Europa übertragbar sein mögen. Die Daten beziehen sich nur auf Geldautomaten und wurden nach den Informationen der verantwortlichen Manager in den Banken erstellt. Das einzelne Institut blieb dabei
anonym. Der durchschnittliche Aufwand für Sicherungsmaßnahmen im Bereich
der Geldautomaten betrug 53 636 Dollar.

Es geht also viel Geld verloren, und der ehrliche Bankkunde zahlt die Zeche.
Diese Fälle werden jedoch in der Presse sehr selten oder gar nicht erwähnt.
Woran liegt das?

Ein wichtiger Grund ist zweifellos das Vertrauensverhältnis zwischen Kunde und
Bank. Nur wer wirklich glaubt, daß sein Geld auf der Bank sicher ist, wird sein
schwer erarbeitetes Geld einem solchen Institut anvertrauen. In unserem Wirtschaftssystem wäre natürlich keine Bank in der Lage, die gesamten Kundeneinlagen auszuzahlen, sollten alle Kunden das Vertrauen in die finanzielle Solidität
ihrer Bank verlieren und urplötzlich alle auf einmal ihr Geld zurück verlangen.

Ein Run auf die Schalter muß der Alptraum eines Bankiers sein, und deswegen
sind Vertrauensverluste des Publikums schwer zu verkraften.

Ob das Verschweigen solcher Fälle der Sache letztlich dient, muß bezweifelt
werden. Daß mit dem Vordringen der EDV der Bankraub plötzlich aufhören
würde, hatte im Grunde kein vernünftiger Bankkunde erwartet.

Hier einige Fälle, die Aufsehen erregten:

Fall 3.1 - Bankraub ohne Revolver

Am 16. Juni 1988 gelingt es einem 32-jährigen Bankkaufmann, der bei der
Frankfurter Niederlassung einer New Yorker Bank tätig ist, 2,8 Millionen Dollar
von zwei Kundenkonten der Bank abzubuchen und nach Hongkong zu überweisen.

Die Konten in der britischen Kronkolonie hatte zuvor ein gleichaltriger Komplize
eröffnet.

Die beiden Männer fliegen noch am Tag der Abbuchung nach Hongkong. Es
gelingt ihnen, noch je eine halbe Million Dollar abzuheben, bevor der Diebstahl
entdeckt wird. Die restlichen 1,8 Millionen Dollar werden auf ihre Ursprungskonten zurücktransferiert.

Wie die Ermittlungen ergeben, war es den Tätern gelungen, an die Paßwörter im zentralen Computer des Bankinstituts in New York heranzukommen. Die Abbuchungen in Frankfurt erfolgten auf dem Umweg über New York.

Nach drei Tagen werden die Unregelmäßigkeiten entdeckt, und die beiden Täter können in Hongkong festgenommen werden. 500 000 Dollar von der Beute dieses Fischzugs können sichergestellt werden, eine halbe Million Dollar bleibt verschwunden.

Fall 3.2 - Auch die Gnome von Zürich sind nicht sicher

Der stellvertretende Leiter der Buchhaltung und EDV der Schweizerischen Nationalbank in Zürich lieh sich für einen Tag 200 Millionen Schweizer Franken von einem fiktiven Konto. Dabei umging er geschickt einige in das Computersystem eingebaute Sicherungen.

Das gestohlene Geld zahlte er der Bank später mit gefälschtem Valutadatum wieder zurück.

Auf die verdienten Zinsen von 4 Millionen Schweizer Franken waren 35 Prozent Versicherungssteuer fällig. Es verblieb also eine Beute von rund 2,5 Millionen Schweizer Franken, die der junge EDV-Mann auf sein Privatkonto überwies.

Fall 3.3 - 10 Millionen Dollar Beute durch einen Anruf aus der Telefonzelle [12]

Mark Rifkin, ein 32-jähriger Programmierer mit wissenschaftlicher Ausbildung, sah die Chance seines Lebens.

Mark arbeitete im Sommer 1978 für ein Software-Haus, das den Auftrag hatte, das Computersystem der *Pacific National Bank* in Los Angeles zu verbessern. Diese Aufgabe erforderte eine Analyse der Arbeitsabläufe in der Bank. Dazu hatte Mark Rifkin Zugang zu allen Räumen der Bank. Unter anderem durfte er auch das Büro betreten, in dem Angestellte der Bank von ihren Terminals aus das gesamte in- und ausländische Geldgeschäft tätigten.

Die Pacific National Bank ist ein Teilnehmer am System *Fedwire*, über das mehr als 400 Geldinstitute in allen Staaten der USA ihre Geldgeschäfte abwickeln. Mit

Hilfe dieses Netzes wurden damals täglich finanzielle Transaktionen über mehr als vier Milliarden Dollar durchgeführt.

Mark Rifkin besuchte diesen Raum täglich. Bald war er mit der Arbeitsweise der Angestellten und dem System Fedwire vertraut. Er erfuhr, daß ein Auftrag von der Zentrale der Bank nur ausgeführt wurde, wenn der Teilnehmer das richtige Codewort kannte. Dieses Codewort wurde täglich gewechselt. Die Angestellten der Bank schrieben dieses Codewort der Einfachheit halber auf einen Notizzettel, den sie an ihre Pinwand hefteten.

Am Mittwoch, den 25. Oktober 1978, betrat Mark Rifkin dieses Büro zum letzten Mal. Er unterhielt sich freundlich mit den Angestellten. Dabei vergaß er nicht, sich das für diesen Tag gültige Codewort einzuprägen. Er notierte sich auch einige Kontonummern.

Am Nachmittag desselben Tages rief Mark Rifkin von einer Telefonzelle vor dem Bankgebäude in dem Institut an und ließ sich mit der Transferzentrale verbinden. Er gab sich als ein Angestellter der Auslandsabteilung von Pacific National aus und wies seinen Gesprächspartner an, 10,2 Millionen Dollar auf ein Konto der Irving Trust Company in New York zu überweisen.

Hier wäre der Betrug beinahe noch aufgeflogen. Mark Rifkin wußte zwar das richtige Codewort, die Kontonummer hatte sich allerdings in der Zwischenzeit geändert.

Mark entschuldigte sich und versprach, gleich zurückzurufen. Sodann rief er in der Auslandsabteilung an, nannte die alte Kontonummer und erhielt prompt die neue Kontonummer. Diese gab er in den Transferraum durch. Die Überweisung wurde prompt durchgeführt.

Bei der Bank in New York verblieben die zehn Millionen Dollar nicht lange. Sie wurden auftragsgemäß auf ein Konto in Zürich überwiesen.

Mark Rifkin war sich darüber im klaren, daß die Schweizer Banken bei einem Verbrechen dieser Art den Behörden der USA behilflich sein würden. Er versuchte deshalb, das Geld zu "waschen". Seine Idee war es, für die Summe Diamanten zu kaufen. Diese konnte er später leicht wieder zu Geld machen.

Er flog nach Zürich. Ein Diamantenhändler, mit dem er vorher Kontakt aufgenommen hatte, konnte ihm allerdings nur Diamanten für zirka acht Millionen

Dollar anbieten. Außerdem war das Geld noch nicht auf das Konto der Bank in Zürich überwiesen worden.

Schließlich klappte doch noch alles. Mark Rifkin flog über New York nach Los Angeles zurück, die Diamanten im Reisegepäck. Dort vertraute er sich einem Anwalt an.

Sein Anwalt war über das Ausmaß des Coups so erschrocken, daß er das FBI verständigte. Die amerikanische Bundespolizei wiederum nahm mit der Pacific National Bank Kontakt auf. Die Bank hatte das Verschwinden der zehn Millionen Dollar noch gar nicht bemerkt, bestätigte nach einigen Recherchen allerdings den Raub. Mark Rifkin wurde für ein paar Tage der meistgesuchte Mann in den USA. Am 6. November 1978 wurde er verhaftet.

Die Beute der Täter beim Bankraub der neuen Art bewegt sich in Höhen, von denen der normale Gehaltsempfänger nur zu träumen wagt. Mit kleinen Beträgen geben sich diese Täter anscheinend nicht zufrieden.

Noch dazu muß man davon ausgehen, daß viele Fälle aus dem Bereich der Banken und Versicherungen einer breiteren Öffentlichkeit gar nicht bekannt werden, sondern stillschweigend geregelt werden. Ob das in jedem Fall der beste Weg ist, kann man sicherlich bezweifeln.

3.2.2 Das Militär und seine Zulieferer

Gerade der Fall der deutschen Hacker im Sold des sowjetischen KGB hat gezeigt, daß die Computer der Armee und der anderen Teilstreitkräfte lohnende Ziele für Spione und ihre Helfershelfer sind.

Dabei haben sich diese Hacker nicht nur für bereits stationierte Waffensysteme interessiert. Ihre Aufmerksamkeit galt in besonderem Maße solchen Vorhaben, die sich im Stadium der Forschung und Entwicklung befanden.

Aus diesem Grund suchte der Hacker aus Hannover nach Kürzeln wie SDI. Deswegen auch der Versuch, in die Computer von High-Tech-Firmen wie TRW, BBN und SRI International einzudringen. Deswegen auch das Interesse an dem Computer des Versuchsgeländes der US Army, der White Sands Missile Range. Dort liegen die Informationen über die Technologien für die Waffensysteme von morgen und übermorgen, und viel weniger bei den Basen der US Army oder der Air Force.

Diese Informationen besitzen für die Sowjetunion und ihre Nachfolgestaaten großen monetären Wert, denn Forschung und Entwicklung im Bereich der Hochtechnologie ist teuer. An dieser Tatsache ändert auch die Entspannung und das Ende des kalten Krieges nichts. Für ein betroffenes Unternehmen ist es in der Konsequenz auch ohne Bedeutung, ob eine neue Entwicklung durch einen östlichen Geheimdienst oder durch einen Agenten gestohlen wird, dessen Metier man mit Industriespionage bezeichnen könnte. Ein Verlust entsteht in beiden Fällen.

Werfen Sie bitte einen Blick auf die Liste der für die Geheimdienste Rußlands besonders interessanten Technologien des Westens.

Bereich	Technologien
Mikroelektronik	Hochintegrierte Schaltungen (VLSI), Speicherbausteine (DRAM, SRAM), Mikroprozessoren (CPUs, DSPs, ASICs), Fertigungs- und Prüfgeräte für Mikroprozessoren und Speicher, Galiumarsenidtechnologie
Computer und Software	Hochleistungsrechner (CRAY und dgl.), Massenspeicher, Plattenspeicher, Terminals, Workstations, Software-Entwicklungssysteme, Künstliche Intelligenz (KI)
Computerunterstützte Entwicklung und Fertigung (CAE, CAM)	Spezielle Workstations und zugehörige Software, Computerunterstützte Konstruktion, Numerische Fertigungsautomaten, Koordinaten-Meßmaschinen, Analyse finiter Elemente, Flexible Fertigungssysteme, Automation der Fertigung, Robotertechnik und Handhabungsautomaten
Werkstoffe und Materialtechnik	Neue Kunststoffe und Verbundmaterialien, Legierungen, Keramik, Hochwärmefeste Beschichtungen, LASER-Technik, Zerstörungsfreie Prüfmethoden

Tabelle 3.4 Begehrte westliche Hochtechnologie

Aus dem Verfall der Sowjetunion darf keinesfalls geschlossen werden, daß westliche Hochtechnologie nicht mehr interessant wäre. Die Geheimdienste der Nachfolgestaaten des Sowjetreiches haben in ihren Aktivitäten nicht nachgelassen, und dazu kommen weitere Organisationen aus dem mittleren Osten.

Bei allen diesen Techniken spielt der Computer und die zugehörige Software eine Rolle. *Application Specific Integrated Circuits* (ASICs) baut man aus Bausteinen zusammen, die sich zunächst nur im Speicher des Entwicklungsrechners befinden. Hat man die Schaltung mit den gewünschten Eigenschaften gefunden, erfolgt zunächst eine Simulation auf dem Rechner.

Computerunterstützte Entwicklung und Fertigung könnte in entscheidendem Maße dazu beitragen, die Volkswirtschaften der Sowjetunion und ihrer Nachfolgestaaten zu modernisieren.

Kunststoffe und Legierungen sind neben der Anwendung bei militärischen Projekten auch für die Weltraumfahrt interessant. Ob die Weltraumfähre der Sowjetunion, Buran, nur aus rein technischer Notwendigkeit diese verblüffende Ähnlichkeit mit dem *Shuttle* der NASA aufweist, kann man bezweifeln.

Daneben gibt es viele Interessenten, die auch im Bereich der weniger entwickelten Länder, ganz besonders der Schwellenländer wie Israel, Pakistan, Indien und Brasilien zu suchen sind.

Für einige dieser Staaten ist die atomare Technologie der USA anscheinend von ganz besonderem Reiz.

3.2.3 Die Industrie

Es läßt sich nicht leugnen: Viele Technologien lassen sich sowohl für zivile als auch militärische Zwecke einsetzen. Im Fachjargon ist dafür der Ausdruck *dual use* gebräuchlich.

Insofern ist der Übergang zwischen militärischer und kommerzieller Anwendung oft fließend. Viele Unternehmen, darunter so bekannte wie Boeing und Ford, sind auf beiden Gebieten tätig. Ein Lastwagen von Daimler Benz wird natürlich in erster Linie für den kommerziellen Markt entwickelt. Er läßt sich aber auch vorzüglich für Truppentransporte in Südafrika einsetzen.

Die Boeing 747, auch als Jumbo Jet bekannt, wurde zunächst als Transporter für die US Air Force konzipiert. Als Boeing diese Ausschreibung verlor, wurde das Design leicht geändert, und ein Passagierflugzeug war geboren. Die vorgenommenen Änderungen waren marginal. Ursprünglich sollte die Nase des Flugzeugs seitlich wegklappbar sein, um schwere Lasten laden zu können. Deswegen sitzen die Piloten auch heute noch über den Passagieren in einer Position, die nicht gerade gute Sicht erlaubt.

Finanziert wurde der Großteil der Entwicklungskosten vom amerikanischen Verteidigungsministerium, also letztlich aus Steuergeldern. Ähnlich beim europäischen Airbus. Auch hier wurde der Steuerzahler tüchtig zur Kasse gebeten.

Ein Beispiel für *dual use* findet sich auch in der jüngeren deutschen Geschichte: Man sieht es eben einer Anlage zur Produktion von Chemikalien nicht ohne weiteres an, was damit produziert werden soll. Es kann sich um harmlose Düngemittel handeln, aber auch um das hochgiftige Senfgas.

Ich will damit letztlich nur sagen, daß der Übergang zwischen militärischer und ziviler Technik fließend ist. Schutzwürdig sind beide, denn diese Informationen stellen das Know-how eines Unternehmens dar. Andere Staaten und Konkurrenten können aus solchen Informationen Kapital schlagen.

Wenden wir uns also dem Kapitel der Industriespionage zu. Nun ist das Beschaffen von Informationen über Mitbewerber nichts Neues. Soweit die Informationen aus öffentlich zugänglichen Quellen wie Tageszeitungen und der Fachpresse stammen, ist das Vorgehen noch nicht einmal illegal.

Neu ist allerdings die Konzentration der Daten und Informationen in den Unternehmen in einem zentralen Rechner und dessen Dateien. Neu ist auch die Verdichtung dieser Daten. Dieses Manuskript paßt bequem auf eine 3 1/2-Zoll Diskette, die sich in jeder Jackentasche verstecken läßt.

Insofern nützt die neue Technologie auch und gerade dem Spion in der Industrie.

Oftmals ist ein Betreten des Geländes allerdings gar nicht notwendig. Die Eindringlinge kommen über Datenleitungen und machen sich die Möglichkeiten der Datenfernübertragung zunutze.

Bekannte Namen tauchen in diesem Zusammenhang auf: Philips, SCS in Hamburg, ITT/SEL, GenRad, Teradyne und Thomson CSF in Frankreich.

Oft kamen die Hacker über CERN in Genf. Was sie letztlich an Datenbeständen kopiert haben, darüber hüllen sich die betroffenen Firmen in Schweigen. Vielleicht wissen sie es selbst gar nicht genau. Bei dem Kopieren einer Datei bleibt schließlich das Original erhalten.

Ob die Daten nur in Hackerkreisen kursieren oder ihren Weg nach Moskau fanden, muß ebenfalls offen bleiben.

Der französische Staat sandte jedenfalls eine deutliche Warnung: Am 13. März 1988 wurde Steffen Wernery, ein prominentes Mitglied des Hamburger Chaos Computer Club, auf dem Flughafen Charles-de-Gaulle in Paris verhaftet, als er französischen Boden betrat.

Die Beweise waren spärlich, und Steffen Wernery kam nach zwei Monaten Untersuchungshaft wieder frei.

Doch zu einem Fall aus der Praxis, in dem Hacker keine Rolle spielten:

Fall 3.4 - Die Daten aus der Forschung [13]

Ein Unternehmen der Elektroindustrie stellt fest, daß ein Konkurrent in den USA über verblüffend detaillierte Kenntnisse neuerer Entwicklungen des eigenen Hauses auf dem Gebiet des Farbfernsehens verfügt. Der Entwicklungsvorsprung auf diesem heißumkämpften Markt ist dadurch beträchtlich geschrumpft.

Eine Analyse der Daten ergibt, daß diese nur aus dem eigenen Rechenzentrum stammen können.

Jede Entwicklung braucht Zeit. Für ein neues Auto rechnet man mit fünf Jahren, für Computersysteme und deren Systemsoftware sind ähnlich lange Zeiten zu veranschlagen.

Die Kosten sind hoch. Es handelt sich oft um mehrere hundert Millionen Mark, und manchmal wird die Milliardengrenze erreicht. Informationen über ein neues Produkt eines Wettbewerbers sind daher wertvoll. Sie ermöglichen es dem eigenen Unternehmen unter Umständen, die eigene Entwicklung noch zu ändern und bedeutende Verbesserungen einzubringen.

Das Unternehmen, das zur rechten Zeit mit dem richtigen Produkt am Markt ist, erobert den Markt und hat oft einen Vorsprung, der nicht mehr einzuholen ist. Der Umkehrschluß ist auch richtig.

Daraus kann nur geschlossen werden, daß erhebliche Anstrengungen gemacht werden müssen, um solche Informationen zu schützen und den Zugang Betriebsfremder zu verhindern.

3.2.4 Persönliche Daten

Ein nicht zu unterschätzendes Potential zu schützender Daten stellen persönliche Daten dar. Zwar gibt es in der Bundesrepublik Deutschland ein Datenschutzgesetz, und die Einführung eines Personenkennzeichens in Zusammenhang mit dem Personalausweis konnte verhindert werden.

Das hat andererseits dazu geführt, daß sich der Bundesbürger eine Vielzahl von Zahlen und Bezeichnungen merken muß. Von der Steuernummer über die Versicherungsnummer, von der Bausparkasse zur Kontonummer auf der Bank, von den Berufsverbänden bis zur Stadtbibliothek, sie alle haben uns irgendeine Kennzahl zugewiesen. Dazu kommen Zahlen, die man sich nun wirklich nicht aufschreiben sollte, wie die Geheimzahl für die Geldautomaten der Banken.

Meine letzte Zählung für alle mich betreffenden Kennzahlen lag bei 24 verschiedenen Kennzeichen, und dabei habe ich sicher noch ein paar vergessen. Ich fürchte, die schiere Anzahl dieser Kennzeichen wird dazu führen, daß eben auch die wirklich geheim zu haltenden Kombinationen wie die Geheimzahl für Bankautomaten aufgeschrieben werden.

Es soll ja Zeitgenossen geben, die sich diese Zahl der Bequemlichkeit halber gleich auf ihre Scheckkarte schreiben!

Es sind bisher wenige Fälle aus diesem Umfeld bekannt geworden. Ob dies unbedingt für die Wirksamkeit des Datenschutzes spricht, mag offen bleiben. Deshalb an dieser Stelle ein Beispiel aus den Vereinigten Staaten:

Fall 3.5 - Ein Virtuose mit dem Telefonsystem [12]

Dieser Fall betrifft einen jungen Mann, dem die Behörden nicht einmal erlaubten, aus der Untersuchungshaft seinen Anwalt anzurufen. Sie fürchteten zu sehr, er könnte durch diesen einen Anruf Unheil anrichten!

TIME MAGAZINE äußerte sich dazu wie folgt: "Mitnick den Telefonhörer in die Hand zu drücken ist wie einem Killer eine geladene Pistole zu geben."

Mit 25 Jahren war Kevin Mitnick bereits ein alter Hase, was unberechtigtes Benutzen des Telefonsystems betraf. Im jugendlichen Alter von siebzehn Jahren war er das erste Mal verurteilt worden, weil er sich unberechtigt Zugang zu einem Computer von Pacific Bell verschafft hatte, um technische Daten über das Telefonsystem zu kopieren. Für diese Tat wurde er zu einer Jugendstrafe von sechs Monaten verurteilt.

Der Richter, der diese Strafe aussprach, fand bald darauf heraus, daß seine Kreditwürdigkeit verändert worden war. Diese Daten befanden sich im Speicher des Computers einer örtlichen Auskunftei. Da dieser Richter seine Rechnungen immer pünktlich bezahlte, war die Verschlechterung seiner Kreditwürdigkeit unverständlich.

Der Bewährungshelfer von Kevin Mitnick entdeckte, daß sein Telefon abgemeldet worden war. Die Telefongesellschaft konnte darüber allerdings keine Aufzeichnungen in ihren Akten finden.

Im Jahre 1987 geriet Kevin Mitnick erneut mit dem Gesetz in Konflikt. Er wurde wegen Diebstahls von Computerprogrammen mittels Telefon zu einer Haftstrafe von drei Jahren verurteilt. Die Strafe wurde zur Bewährung ausgesetzt. Die Schätzungen der Schadenshöhe schwankten in diesem Fall zwischen 100 000 und 400 000 Dollar. Das geschädigte Unternehmen war Digital Equipment. Die Polizei hatte in diesem Fall Schwierigkeiten mit der Beweisführung. Zur Überraschung der Ermittlungsbehörde waren alle Akten, die im Computer der Ordnungshüter gespeichert gewesen waren, plötzlich gelöscht.

Erschreckende Möglichkeiten tun sich auf. Wenn es so leicht ist, persönliche Daten zu verändern, wer ist dann vor einem Mann wie Kevin Mitnick noch sicher?

3.2.5 Das Gesundheitswesen

Computers are already helping us to plan surgery. How long will it be before they actually do the surgery?

Cedric F. Walker.

Auch auf diesem Gebiet liegen bisher nur wenige Fälle vor. Immerhin ist bekannt, daß der Hacker aus Hannover bei seinen Fischzügen durch die amerikanischen

Datennetze auch in einen Computer geriet, der gerade bei einer Operation für eine Echtzeitanwendung eingesetzt wurde.

Stürzt so ein Computer durch eine Aktion des Hackers ab, dann tritt mit Sicherheit eine sehr kritische Situation im Leben des Patienten ein. Kann der Computer nicht rechtzeitig wieder gestartet werden, kann eine solche Situation den Patienten das Leben kosten.

Doch auch weniger dramatische Vorfälle gab es schon:

Fall 3.6 - AIDS-Daten

Im Frühjahr 1989 wird aus einer westdeutschen Klinik der PC eines Arztes gestohlen. Auf der Festplatte dieses Rechners befindet sich auch eine Datenbank mit den Daten von über vierhundert HIV-infizierten Patienten.

Auch Hintergrundinformationen über die Kontaktpersonen der Patienten sind in der Datenbank enthalten. Weiterhin hat der Arzt umfangreiche Korrespondenz zu AIDS-Fällen und wissenschaftliche Texte auf seinem PC gespeichert.

Zwar sind die Daten in der dbase-Datenbank verschlüsselt. Einem Fachmann dürfte die Entschlüsselung aber keine unüberwindlichen Schwierigkeiten bereiten. Die Werkzeuge dazu befinden sich ebenfalls auf dem Rechner.

Nach einem halben Jahr wird der PC wieder aufgefunden und der Dieb kann verhaftet werden. Ob die Datenbank ausgedruckt oder kopiert wurde, kann im Nachhinein nicht mehr festgestellt werden.

Fall 3.7 - Krebsklinik [14]

Einem Hacker aus der Gruppe 414, benannt nach ihrer Vorwahl im US-Staat Wisconsin, gelingt es, die Sicherheitsbarrieren des Sloan Kettering Cancer Centers in New York zu überwinden. Der Computer dieses Krankenhauses enthält unter anderem auch die Dosen an radioaktiver Strahlung, mit der die an Krebs erkrankten Patienten der Klinik behandelt werden.

Die Möglichkeit zur Veränderung dieser Daten durch den Hacker konnte nicht ausgeschlossen werden. Eine zu hohe Dosis an radioaktiver Strahlung ist für Menschen tödlich.

Persönliche Daten und Gesundheitsdaten sind auch das Ziel für Nachrichtendienste aller Coleur. Sie bieten oft Ansatzpunkte für Erpressungen, zum Beispiel bei Alkohol- oder Drogenproblemen. Das macht diese Daten wertvoll, und damit schutzwürdig.

Über diese Gedanken hinaus sollten persönliche Daten dem Persönlichkeitsschutz unterliegen. Dieser Grundsatz ist im Grundgesetz der Bundesrepublik Deutschland enthalten. Trotz des gebotenen Ernstes sind zu diesem Thema einige Fälle bekannt geworden, die eher zum Schmunzeln Anlaß geben.

Fall 3.8 - Rendezvous

In Kalifornien wird eine Heiratsvermittlungsagentur angeklagt. Die Staatsanwaltschaft behauptet, sie habe gegenüber ihren Kunden falsche und irreführende Behauptungen aufgestellt. Die Agentur stellte in ihrer Werbung heraus, daß sie vor allem Personen unterschiedlichen Geschlechts in vergleichbarem beruflichen und privaten Umfeld zusammenbringen würde. In der Tat brachte sie oft Paare für ein Treffen zusammen, die überhaupt nichts gemeinsam hatten.

Der Staatsanwalt verlangte Schadensersatz in Höhe von 2500 Dollar für jeden geschädigten Kunden der Agentur und eine Aufgabe dieser zweifelhaften Dienstleistung.

Fall 3.9 - Eine Straftat zuviel

Bei diesem Vorfall gab ein Operator für die Polizeibehörde das Auto seiner Ehefrau als gestohlen in den Polizeicomputer ein und löste damit eine Fahndung nach dem Wagen aus. Der Mann hatte sich gerade mit seiner Gattin verkracht.

Sie wurde mit ihrem Wagen von der Polizei gestoppt. Er wurde gefeuert.

3.2.6 Computer und Politik

The winner takes it all.
> *Song Title.*

Ich muß zugeben, es hat mir in den Fingern gejuckt: Computer in der Politik wäre eine zu gute Überschrift gewesen.

Wir dürfen nicht verkennen, daß moderne Technik eine zunehmend wichtige Rolle im öffentlichen Leben, und damit eben auch in der Politik, spielt. Franklin D. Roosevelt gewann 1933 seinen Wahlkampf nicht zuletzt durch den zielstrebigen Einsatz des neuen Mediums, des Rundfunks. Auch die Politiker des dritten Reichs verwendeten dieses Massenmedium für ihre Zwecke. John F. Kennedy setzte zu seiner Zeit auf das Fernsehen, und er gewann.

Ronald Reagans Karriere begann in Hollywood und führte über Kalifornien schnurstracks ins Weiße Haus in Washington. Welche Rolle spielen nun Computer beim Wahlkampf und der Wahl selbst?

Computer werden für Meinungsbefragungen sowie für Vorhersagen des Wahlergebnisses eingesetzt. Bei der Wahlkampagne werden ausgeklügelte Programme verwendet, um bestimmte Wähler gezielt zu beeinflussen. Riesige Dateien in Zusammenarbeit mit den Möglichkeiten des *Desktop Publishing* erzeugen Briefe, die von einem persönlichen Brief mit eigenhändiger Unterschrift des amtierenden Präsidenten nicht mehr zu unterscheiden sind.

Die Wahlbeteiligung bei der Wahl zum Präsidenten der USA liegt in der Regel kaum höher als fünfzig Prozent, und das amerikanische Wahlsystem begünstigt eindeutig den Gewinner, wie knapp der Vorsprung an Stimmen immer gewesen sein mag. Nur noch wenig mehr als zehn Prozent der amerikanischen Wähler geben wirklich Stimmzettel ab. In der Mehrzahl der Fälle wird ein Wahlautomat benutzt.

Es kann nicht ausbleiben, daß dabei Fehler auftreten. Im Jahre 1984 wurde bei einer Kommunalwahl in Maryland ein falsches Computerprogramm verwendet [15]. Dadurch wurden 13 000 Stimmen nicht richtig erfaßt.

Bei einer weiteren Kommunalwahl im *Stark County* in Ohio wurden zunächst 165 Lochkarten, die als Stimmzettel verwendet werden, irrtümlich nicht berücksichtigt. Da der Abstand zwischen den zwei führenden Kandidaten nur 26 Stimmen betrug, zählte naturgemäß jede Stimme. Bei einer Überprüfung des Wahlergebnisses mit einem Computerprogramm stellte sich dieses als falsch heraus. Eine weitere Auszählung von Hand bestätigte schließlich den ursprünglich als Sieger erklärten Kandidaten für das Amt, wenn auch mit unterschiedlicher Stimmenzahl.

Gezielte Maßnahmen zur Beeinflussung des Wahlergebnisses konnten nicht nachgewiesen werden. Andererseits stellten sich offensichtliche Mängel des computergestützten Wahlverfahrens heraus:

a)   Die Sicherheit des Wahlvorgangs war nie eine geforderte Funktion der
     Programme.

b) Es wurde in der Regel billige und lediglich leicht modifizierte Standardsoftware eingesetzt.

c) Überprüfungen der abgegebenen Stimmen, im Sinne einer Bilanzierung wie im Bankwesen, fanden nicht statt.

d) Die für die Überwachung der Wahl eingesetzten Bürger und Beamten sind nicht in der Lage, die für den Wahlvorgang verwendete Software hinsichtlich deren Funktion, der Sicherheit und Qualität zu beurteilen.

Die New York Times schreibt dazu in ihrer Ausgabe vom 29. Juli 1985: "Die für die Wahl zum Präsidenten der Vereinigten Staaten eingesetzte Software ist gegenüber Manipulation und Betrug äußerst anfällig. Dies sagen Zeugen in Gerichtsverfahren zu angefochtenen Wahlergebnissen auf kommunaler Ebene und zur Wahl des Abgeordnetenhauses immer wieder aus."

Nun wird mancher Mitbürger vielleicht behaupten wollen: "Na schön, das gilt für Amerika! Bei uns kann das nicht passieren." So ganz stimmt das nicht mehr: Nach einem Bericht der Süddeutschen Zeitung vom 7. April 1992 freuten sich die Grünen in Schleswig-Holstein zu früh. Bei der Landtagswahl vom 5. April 1992 hatten 1 487 819 Wähler eine gültige Stimme abgegeben. Setzt man diese Zahl zu 100 Prozent und nimmt die Zahl der Stimmen für die grüne Partei von 73 993 Wählern dazu, ergibt sich durch einfachen Dreisatz ein Stimmenanteil von 4,9732528 Prozent.

Großzügigerweise würde man das auf fünf Prozent aufrunden. So war auch der Computer im Rechenzentrum in Schleswig-Holstein programmiert worden. Doch leider gibt es in den meisten deutschen Ländern so etwas wie eine Fünf-Prozent-Klausel. Das Aufrunden war also in diesem speziellen Fall falsch, und der Landeswahlleiter mußte sich noch am Sonntag der Wahl gegen 22 Uhr korrigieren. Die Grünen waren nicht im Landtag. Es fehlten ihnen genau 397 Stimmen.

Solche Fehler in der Programmierung sind nicht nur ärgerlich, sie können auch dazu führen, daß das Wahlergebnis vor Gericht angefochten wird. Da der Weg durch die Instanzen lange dauern dürfte, kann die Regierbarkeit eines Landes gerade bei knappen Mehrheiten in Frage gestellt sein, ein politisch sicherlich unerwünschter Effekt.

3.3 Die Täter

Wenden wir uns den Menschen zu, die als Täter versuchen, den Computer und die Software in vielerlei Weise für ihre Zwecke einzusetzen, leider nicht immer im Rahmen der bestehenden Gesetze.

3.3.1 Die Hacker - Mythos und Wirklichkeit

Anything good in life is either illegal, immoral or fattening.
                                                      Aus Murphy's Law.

Über Hacker ist in der Tagespresse soviel geschrieben worden, daß sich eine etwas genauere Betrachtung lohnt. Dazu ist es notwendig, einige Episoden aus der Geschichte der Datenverarbeitung nochmals Revue passieren zu lassen.

Die ersten Anfänge führen uns nach Boston im amerikanischen Bundesstaat Massachusetts, genauer gesagt zum bekannten *Massachusetts Institute of Technology* (MIT). Hier beginnt Ende der fünfziger Jahre die Hackerbewegung.

Am MIT gibt es seit langen Jahren den *Tech Model Railroad Club* (TMRC), eine Vereinigung für die Freunde des Modelleisenbahnbaus unter den Studenten. In der Atmosphäre dieses Clubs begann sich die Liebe zur Modelleisenbahn bald mit der Liebe zum Computer zu vermischen. Nicht ohne gelegentliche Rückschläge, versteht sich.

Nun muß man wissen, daß zu dieser Zeit Computer große und unhandliche Maschinen waren, so wie das IBM Modell 704. Kein normal Sterblicher, geschweige denn ein Student, bekam so eine geheimnisumwitterte Maschine je zu sehen. Man lieferte seine Lochkarten mit dem Programm schön brav am Eingang zum Rechenzentrum ab, und nach Stunden, Tagen oder auch Wochen bekam man das Ergebnis überreicht.

Meist war das dann ein Tiefschlag. Unweigerlich hatte sich in das Programm ein Fehler eingeschlichen, oder beim Tippen der Lochkarten war ein Fehler passiert. Es war - kurz gesagt - einfach frustrierend.

Da traf es sich gut, daß das MIT eine experimentelle Maschine mit dem Namen TX-0 bekam. Dieser Computer wurde nicht mit Lochkarten, sondern mit Lochstreifen gefütttert. Man konnte sogar an einer Konsole sitzen und sein Programm selbst eingeben. Es war möglich, das eigene Programm an der Maschine relativ schnell auszutesten. Welch ein Wunder! Interaktives Programmieren war geboren.

Diese neue Maschine, und erst recht die darauf folgende PDP-1, waren nach dem Geschmack der Hacker vom Tech Model Railroad Club. Damit ließ sich etwas anfangen.

Der Ausdruck Hacker stammt von der Wurzel *hack*. Ein *hack* ist ein gelungener Streich unter Studenten. Um den Ansprüchen der Kommilitonen vom Tech Model Railroad Club zu genügen, mußte ein *hack* allerdings noch ein paar zusätzliche Eigenschaften besitzen:

- neu und innovativ

- Stil

- technisches Können und Know-how.

Es war unter diesen Umständen nicht verwunderlich, daß die Studenten immer in der Nähe der TX-0 zu finden waren. Meistens arbeiteten sie nachts, wenn die anderen Benutzer an der Universität die Maschine nicht benötigten. Sie nutzten allerdings auch jede freie Minute während des Tages, zum Beispiel wenn ein eingetragener Benutzer nicht auftauchte, um seine Rechenzeit in Anspruch zu nehmen.

Aus den Erfahrungen dieser Zeit entstand die Hackerethik. Sie enthält die folgenden Grundsätze:

a) Der Zugang zu Computern muß frei und unbehindert möglich sein.

b) Niemand darf zwischen dem Benutzer und der Maschine stehen, also der *hands-on*-Grundsatz.

c) Alle Informationen müssen frei zugänglich sein.

d) Mißtraue Autoritäten.

e) Dezentralisierung ist gut.

f)   Hacker sollten nach ihrem Können, nicht nach Alter, Rasse, Geschlecht, akademischem Grad oder ihrer Position im Berufsleben beurteilt werden.

g)   Computer können dazu benutzt werden, Kunstwerke zu schaffen.

h)   Computer können das Leben erleichtern.

Das war und bleibt das Credo der Hackerszene. Nach diesen Grundsätzen handelten viele der Studenten am MIT. Mit den ersten Maschinen von Digital Equipment, der PDP-1 und der PDP-6, wurde auch die amerikanische Telefongesellschaft AT&T oft ein Opfer der Hacker.

Mit Hilfe einer Trickschaltung, der sogenannten *blue box*, war es möglich, Ferngespräche, darunter auch Telefongespräche nach Übersee, ohne Gebühren zu führen. Diese Elektronik sorgte dafür, daß Töne erzeugt wurden, wie sie die Techniker von AT&T für interne Gespräche benutzten. Diese Gespräche werden natürlich nicht berechnet.

In dieser Atmosphäre entstand Anfang der sechziger Jahre auch *Spacewar*, das erste Telespiel. Graphik war damals noch eine unerhörte Neuerung, und das Spiel fand viele Anhänger.

Später wurde ein ganzer Industriezweig daraus.

Die Hacker der ersten Generation waren inzwischen ins Berufsleben eingetreten. Einige gingen nach Kalifornien, zur Universität von Stanford und nach Berkeley. Sie trugen die Botschaft weiter.

In Berkeley versuchte eine Gruppe von Bürgern, einen Computer auf *time-sharing*-Basis für die Bewohner der Stadt nutzbar zu machen, zum Beispiel als Schwarzes Brett. Dieses Projekt lief unter dem Namen *Community Memory*. Obwohl die Gruppe nach einiger Zeit auseinander ging, die Ideen blieben doch erhalten.

Immer noch waren die Hacker für ihre Arbeit auf die Computer in Universitäten und Ausbildungsstätten angewiesen. Das machte sie abhängig.

In der Januarausgabe 1975 der Zeitschrift *Popular Electronics* wurde eine Maschine für den stolzen Preis von 397 Dollar angeboten. Das Gerät nannte sich Computer, und bei dem Preis war es für viele der beinahe 500 000 Leser von Popular Electronics sogar erschwinglich.

Hinter dem Angebot für diesen Computer, dem *Altair*, stand eine Firma namens *Model Instrumentation Telemetry System*, oder kurz MITS. Sie gehörte Ed Roberts. Obwohl beinahe pleite, Ed Roberts hatte eine Vision.

Mit dem Mikroprozessor 8080 von INTEL stand erstmals ein leistungsfähiger Baustein als das Herzstück der Maschine zur Verfügung. Neben dem Bus war der Altair nicht viel mehr als das. Die Ausgabe erfolgte über zwei Reihen roter Leuchtdioden (LEDs).

Kurz gesagt, die Maschine war blind und taub, und die Leistungsfähigkeit der CPU 8080 konnte zunächst gar nicht genutzt werden. Das tat der Begeisterung keinen Abbruch. Ed Roberts hatte damit gerechnet, vielleicht vierhundert Stück des Altair verkaufen zu können. Innerhalb von drei Wochen nach Erscheinen der Anzeige erhielt er jedoch Anzahlungen in einer Höhe von insgesamt 250 000 Dollar.

Er bot an, das Geld zurückzuzahlen. Doch die Kunden wollten nicht ihr Geld zurück, sie wollten ihren Computer. Langsam kam die Produktion in Gang, und mit monatelangen Verzögerungen wurden die Altairs ausgeliefert. Andere Unternehmen sprangen in die Lücke und lieferten periphere Geräte zu diesem Computer. Der *personal computer* war geboren.

In Kalifornien blieben die Hacker nicht untätig. Stephen Wozniak baute einen Computer zusammen, der dem Altair weit überlegen war. Zusammen mit Steve Jobs gründete er *Apple*, um diese Maschine zu vermarkten. Und auch der Riese unter den vielen Zwergen sah die Zeichen am Horizont: IBM konzipierte den PC. Der Rest ist Geschichte.

Der Personal Computer hat die Vormachtstellung der zentralen EDV gebrochen. Er brachte die Leistungsfähigkeit des Computers und der Software an die Arbeitsplätze und in die Arbeitszimmer zuhause. EDV-Wissen ist nicht mehr das Privileg weniger, sondern es ist zum Allgemeingut geworden.

Diese Entwicklung ist ganz überwiegend positiv zu sehen. Doch die Medaille hat auch eine Kehrseite: Zentrale Computerinstallationen lassen sich leichter sichern als eine Vielzahl in der ganzen Firma verstreuter PCs. Noch dazu: Wie *managed* man diese Sintflut von Rechnern?

Sehen wir uns das immer noch gültige Credo der Hacker aus der Sicht der Unternehmen an, dann widerspricht der Grundsatz nach freiem Zugang zu

Informationen und deren kostenlose Benutzung dem Interesse der Wirtschaftsunternehmen auf Erzielung von Gewinn.

Die Entwicklung und Vermarktung von Computerprogrammen kostet schließlich Geld, das erwirtschaftet werden muß. Das Wissen und Know-how eines Unternehmens ist bares Geld wert. Umso mehr die modernen Industriegesellschaften des Westens in das Zeitalter der Information eintreten, desto dringender wird die Forderung nach dem Schutz intellektuellen Eigentums.

Dies ist auch das Interesse des Staates, denn auch diese Körperschaft besitzt schutzwürdige Informationen in größerem Ausmaß. Denken wir nur an geheime Rüstungsvorhaben oder zwischenstaatliche Verträge. Auch die Information, wann oder ob die Bundesbank ihren Diskontsatz verändern will, stellt eine geldwerte Information dar. Insofern besteht eine Notwendigkeit zum Schutz derartiger Daten.

Noch dazu ist der Schutz geistigen Eigentums nicht neu. Copyright, Patent und Gebrauchsmusterschutz sind keine neuen Errungenschaften. Der Urheber eines Computerprogramms besitzt die Rechte an seinem Werk, genauso wie der Autor eines Manuskripts. Natürlich können diese Rechte übertragen werden, zum Beispiel durch Arbeitsvertrag oder durch einen Vertrag mit einem Verleger.

Wer seine monetären Interessen nicht schützen will, dem steht dies frei. Niemand braucht das Copyright in Anspruch zu nehmen. Die Konzepte von *freeware* und *shareware* gehen in diese Richtung.

Allerdings, die Mehrzahl der Autoren von Software wird wohl auf die Rechte aus der Vermarktung der Software nicht verzichten wollen. Daher muß diese Software gegen unberechtigtes Kopieren geschützt werden.

Die Hackerszene ist durch die Verbindung einiger ihrer Mitglieder mit dem KGB zweifellos verunsichert. Dennoch sollte man nicht alle Hacker gleich in die kriminelle Ecke stellen.

Bei der Mehrzahl der Einbrüche in Computersysteme ist relativ wenig Schaden entstanden. Es wurden keine Daten zerstört. Zwar verbrauchen die Hacker Rechenzeit, aber das fällt spät am Abend, wenn die Rechner nur schwach ausgelastet sind, kaum ins Gewicht. Wenn ein Jugendlicher sich ein Auto aneignet, um damit eine Spritztour zu machen, so ist das zwar auch eine Straftat, aber noch lange kein Kapitalverbrechen.

Ich plädiere also dafür, zu differenzieren. Das Wort Hacker ist durch die Presse sehr negativ besetzt worden. Es wurde vorgeschlagen, für bösartige Hacker den Ausdruck *Cracker* zu gebrauchen. Die Holländer verwenden das schöne Wort "computervredebreuk". Das bedeutet, jemand, der den Frieden eines Computers stört.

So lästig Hacker für die Betreiber der Computer oft sind, nicht alle sind Spione. Steven Levy beschreibt Hacker in seinem ausgezeichneten Buch [16] wie folgt:

"Es sind Programmierer, die Programmieren als die wichtigste Sache der Welt betrachten. Es sind die Abenteurer unserer Zeit, kühne Visionäre und Seher, Künstler und wagemutige Leute dazu."

Vielleicht hat Steven Levy recht, und unter dem oft unscheinbaren Äußeren verbirgt sich der Geist und die Tatkraft eines Magellans oder Leonardi da Vincis unserer Tage. Zu wünschen wäre es uns!

3.3.2 Anarchisten und Terroristen

Leider gibt es auch Täter, deren Absicht in Bezug auf Computer ganz eindeutig ist: Zerstörung!

Dazu ein Beispiel aus einem Land der europäischen Gemeinschaft, das sonst eher für die Gastfreundschaft seiner Bewohner und die Güte seiner Küche bekannt ist.

Fall 3.10 - Mit Bomben gegen Computer

Im Jahre 1975 und 1976 werden von einer italienischen Terrorgruppe eine ganze Reihe von Anschlägen gegen Rechenzentren und deren Einrichtungen verübt.

Die Angreifer sind mit Handfeuerwaffen und Maschinenpistolen bewaffnet. Sie werfen Molotov Cocktails und zerstören damit Computer und Terminals.

Der Schaden beträgt pro Anschlag bis zu einer Million Dollar.

Computer als ein Ausdruck moderner Technik im Besitz der großen Konzerne geben für Terrorgruppen wie die roten Brigaden, die *Action directe*, die Rote Armee Fraktion und die Bader-Meinhof-Gruppe allemal ein gutes Ziel ab. Neben Terroristen sind Computer auch das Angriffsziel von Anarchisten und Maschinenstürmern, denen jede Art von Technik verhaßt ist.

Zwar läßt sich mit einer Bombe nur der Computer, nicht die installierte Software zerstören. Hier zeigt sich jedoch ganz eindeutig die Symbiose zwischen Hard- und Software: Ohne Rechner ist die beste Software nichts wert.

Noch dazu können Sprengstoffanschläge nicht nur den Computer selbst, sondern auch magnetische Datenträger aller Art vernichten. Die Zerstörung dieser Kopien von Software setzt der schnellen Wiederaufnahme des EDV-Betriebs Grenzen.

Wer sein Geschäft zum großen oder überwiegenden Teil mit Hilfe der EDV betreibt, dem kann also sehr schnell die Geschäftsgrundlage entzogen werden. Wenn auch ein Teil der Unternehmen nach einem totalen Zusammenbruch ihrer EDV nochmal auf die Beine kam, ein erschreckend großer Teil mußte in den Monaten darauf den Gang zum Konkursrichter antreten. Die Sicherung dieser Werte liegt also im ureigensten Interesse der Geschäftsleitung.

3.3.3 Kriminelle aller Coleur

Da sich die elektronische Datenverarbeitung auf breiter Front überall durchgesetzt hat, ist der Einsatz des Computers als ein Werkzeug bei der Durchführung von Verbrechen nicht verwunderlich.

Fälle dieser Art gibt es zuhauf. Interessant ist, daß die Kriminellen manchmal den Computer bereits zur Erleichterung ihrer eigenen Verwaltung eingesetzt haben.

Fall 3.11 - Beweise frei Haus

Den Ermittlungsbehörden in Großbritannien fiel bei einer Hausdurchsuchung in einem Rauschgiftfall auch ein tragbarer Computer in die Hände. Die Speicherplatte des Computers enthielt umfangreiche Daten über Organisationspläne sowie Kunden und Lieferanten des Rauschgiftrings.

Zwar glaubten die Verbrecher, die Daten gelöscht zu haben. Den Spezialisten in der Polizeibehörde gelang es jedoch, durch die Anwendung entsprechender Programme die vermeintlich gelöschten Daten zu rekonstruieren.

So wendet sich das Glück. Manchmal ist der Computer also auch ein Beweismittel im Dienste der Strafverfolgungsbehörden.

3.3.4 Agenten und Spione

Obwohl Fälle wie diese sehr selten in die Öffentlichkeit kommen, gibt es sie sicherlich häufiger, als uns allen lieb sein kann. Große Unternehmen haben ebensowenig wie Banken ein Interesse daran, daß die Schwächen ihres Sicherungssystems bekannt werden. Auch Regierungsstellen hüllen sich über Pannen gern in Schweigen, obwohl hier die Presse oft legale Möglichkeiten der Einsichtnahme in Akten hat. Ein interessanter Fall aus den USA:

Fall 3.12 - Ein Zünder für wenig Geld

Im Jahr 1988 dringen zwei israelische Agenten mittels Datenfernübertragung in das Labor für Atomwaffen in Los Alamos im amerikanischen Bundesstaat New Mexiko ein.

Es gelingt diesen beiden Hackern, an Daten über einen für 13 Millionen Dollar entwickelten Zünder für Atomwaffen zu kommen. Sie kopierten diese Unterlagen. Die beiden Spione waren Mitarbeiter am israelischen Atomforschungsprogramm.

Der Vorfall zeigt, mit welcher Raffinesse und mit welchem technischen Können die atomaren Habenichtse versuchen, an die Atomtechnologie der Supermächte heranzukommen. Ich fürchte, das war nicht der einzige Versuch, und vermutlich gibt es eine hohe Dunkelziffer. Interessant an dem Fall ist auch, daß es sich bei den USA und Israel um Verbündete handelt. Doch auch unter Freunden herrscht eben nicht in jedem Fall volle Übereinstimmung der Standpunkte und Interessen.

3.3.5 Insider

Es läßt sich nicht leugnen: Ein nicht unwesentlicher Teil der Straftaten wird von *Insidern* verübt. Das gilt für viele Fälle im Bereich der Banken und auch bei der Industriespionage.

Angesichts der einem Außenstehenden nicht bekannten Betriebsabläufe, der Kontonummern und Paßworte ist das nicht verwunderlich. Auch bei der Industriespionage ist der Täter fast immer ein Angestellter des Unternehmens. Im Gegensatz zu den östlichen Geheimdiensten wird in dieser Branche selten langfristig geplant. Diese Tatsachen sollte man im Auge behalten, wenn man seine Computer und die darauf residierende Software wirksam schützen will.

3.4 Der Zielkonflikt zwischen Kommunikation und Sicherheit

Bevor wir uns den einzelnen Techniken zuwenden, müssen wir uns über ein ganz wesentliches Handicap im klaren sein: Die Datenverarbeitung lebt nun einmal von der Kommunikation.

Ohne Datenfernübertragung ist die Logistik eines bundesweit operierenden Kaufhauskonzerns aufgeschmissen. Ohne die Leitungen der Bundespost wären die Fahnder der Polizei ohne Informationen, und damit zum Mißerfolg verurteilt. Ohne neue Programme, die auf Disketten eingekauft werden, wird auch der Computer im eigenen Haus bald uninteressant.

Wir brauchen also die Kommunikation mit anderen Benutzern und mit deren Rechnern. Allerdings müssen wir uns über die Gefahren im klaren sein: Über Datenleitungen kommen nicht nur die gewünschten Informationen, auch die Hacker bedienen sich der Wählleitungen der Deutschen Bundespost.

Viren verbreiten sich über Disketten, und man sieht das dem Datenträger überhaupt nicht an.

Die Schlußfolgerung ist unausweichlich: Wollen wir ein Maximum an Sicherheit, dann müßten wir unsere Rechner vollkommen isolieren und alle Verbindungen zur Außenwelt ganz radikal kappen. Das ist weder praktikabel noch besonders sinnvoll.

3.5 Angriff mit konventionellen Mitteln

Mit konventionellen Mitteln meine ich nun keinesfalls, daß ein Bombenanschlag auf eine teure EDV-Anlage harmlos wäre. Es ist nur so, daß ein Anschlag dieser Art nichts Neues ist. Verbrechen dieser Art gegen Sachen gibt es seit der Erfindung des Schießpulvers, neu ist lediglich der Computer.

Bei den später behandelten Techniken ist zur Verübung der Tat ein Computer und Software unbedingt notwendig. Sie bedingen also das Vorhandensein von Computerprogrammen.

Wenden wir uns also zunächst den Techniken zu, die nun auch gegen EDV-Anlagen eingesetzt werden. Insofern könnte die Überschrift zu diesem Kapitel *alter Wein in neuen Schläuchen* lauten.

3.5.1 Sabotage

Einen Sprengstoffanschlag der italienischen Roten Brigaden haben wir bereits erwähnt. Auch in der Bundesrepublik Deutschland wurden schon Rechenzentren der Industrie und von Fluggesellschaften durch derartige Sabotageakte zerstört.

Nun wird die Zerstörung eines Satellitencomputers im Stadtbüro einer Fluglinie kaum dazu führen, daß das ganze System zusammenbricht. Dazu müßte der zentrale Rechner des Systems außer Gefecht gesetzt werden. Trotzdem führen derartige Anschläge immer zu Störungen des Betriebs und Beeinträchtigungen der Geschäfte. Eine Gefährdung von Menschen kann in keinem Fall ausgeschlossen werden.

Wir sollten jedoch unsere Abhängigkeit von der modernen Technik nicht unterschätzen. Es gibt eine Reihe von Bereichen, in denen die EDV langsam und graduell eingedrungen ist, die aber inzwischen von Computern und Software in großem Maße abhängen:

a) Das weltweit vernetzte Buchungssystem der Fluggesellschaften.

b) Die Flugsicherung in Europa und an den einzelnen Flughäfen.

c) Die Verkehrssteuerung in den großen Städten durch zentrale Leitrechner.

d) Die Verteilung der Last in den Stromnetzen unserer Städte.

e) Die Steuerung der Stromerzeugung in den Kraftwerken durch Prozeßrechner.

f) Die Verteilung der Energie im Stromverbund.

g) Die Steuerung und Regelung großer chemischer Komplexe, zum Beispiel Raffinerien und Kunststofferzeugung.

h) Der eng gekoppelte Produktfluß zwischen Montagewerk und Hunderten von Zulieferern, zum Beispiel in der Automobilindustrie.

Alle diese Anlagen stellen potentielle Ziele für Terroristen und Anarchisten dar. Noch dazu ist die Bundesrepublik Deutschland durch ihre Kleinräumigkeit und die enge Verzahnung der Bereiche Arbeit und Leben, der relativ hoch ausgelasteten Infrastruktur und des geringen Wachstumspotentials im Vergleich zu anderen Staaten nicht in der Lage, einen Ausfall eines größeren Teils dieser Systeme zu verkraften.

Vielmehr muß bei einem Ausfall eines wichtigen Systems mit Auswirkungen auf andere Systeme und mit einer Kettenreaktion gerechnet werden, mit all den negativen Folgen für unsere Bevölkerung und die Wirtschaft.

3.5.2 Diebstahl und Erpressung

Diese Straftaten sind seit langer Zeit bekannt. Man muß sich allerdings wundern, auf welche Einfälle die Straftäter im Zusammenhang mit Computern manchmal gekommen sind.

Fall 3.13 - Diebstahl von Magnetbändern [12]

Ein ehemaliger Angestellter eines Rechenzentrums bricht nachts in das Gebäude ein und entwendet Magnetbänder mit wertvollen Informationen. Die zweiundzwanzig Bänder enthalten vitale Daten zu der Marketingstrategie des Unternehmens für die kommenden Jahre.

Der Erpresser verlangt angeblich 400 000 DM für die Rückgabe der Magnetbänder.

Die Firma besitzt keinerlei Duplikate der auf den Bändern gespeicherten Daten, und die Rekonstruktion würde weit mehr als das geforderte Lösegeld kosten. Die Geschäftsleitung entschließt sich, zu zahlen.

Fall 3.14 - Geld gegen Informationen [17]

Im Jahr 1983 wird einem bundesweit tätigen Unternehmen des Einzelhandels eine EDV-Liste eines bedeutenden Wettbewerbers angeboten. Diese Aufstellung soll alle Lieferanten des Konkurrenten, Einkaufspreise, Vergütungen, Rabatte und Verkaufspreise enthalten. Außerdem werden Informationen über die geplanten Werbeaktionen der nächsten Monate angeboten.

> Insgesamt enthält die angebotene Liste 72 342 Artikel. Sie soll 375 000 DM kosten.
>
> Das angeschriebene Unternehmen geht nicht auf das Ansinnen ein und übergibt das Schreiben seinem Mitwettbewerber, lehnt allerdings jede weitere Zusammenarbeit in der Angelegenheit ab.
>
> Als Haupttäter wird schließlich ein Disponent in einer Filiale ermittelt, der Zugang zu den Daten hatte.

Fall 3.15 - Bitnapping

> Im Jahre 1977 entwendet ein Programmierer Sicherungskopien von dem britischen Chemiegiganten ICL. Insgesamt handelt es sich um nicht weniger als 540 Magnetbänder und 48 Magnetplatten, die illegal aus dem Archiv von ICL entnommen werden.
>
> Der Erpresser fordert, zusammen mit einem Komplizen, ein Lösegeld für die Daten auf den Bändern von 275 000 Pfund in kleinen, gebrauchten Scheinen. Die beiden Täter drohen, bei Nichterfüllung ihrer Forderung die Aufzeichnungen zu löschen.
>
> Scotland Yard faßt die Erpresser schließlich bei der Übergabe des Geldes in London. Die beiden Angeklagten werden 1978 zu Gefängnisstrafen von fünf bzw. sechs Jahren verurteilt.

Auch im Umfeld der eigentlichen EDV gibt es manche Datenträger, die für ihr Unternehmen bares Geld wert sind. Insofern sollte es sich lohnen, die Sicherheitsvorkehrungen zum Schutz von Datenträgern etwas genauer unter die Lupe zu nehmen.

3.5.3 Das Anzapfen von Leitungen (*wiretapping*)

Das Abhören von Telefongesprächen ist in der Bundesrepublik Deutschland grundsätzlich verboten. Ausnahmen sind nach dem sogenannten Abhörgesetz vom 13. August 1968 beim Vorliegen tatsächlicher Anhaltspunkte für bestimmte Straftatbestände durch die zuständigen Sicherheitsbehörden des Staates erlaubt. Die Kontrolle dieser Tätigkeit obliegt einem Ausschuß des Deutschen Bundestages.

Andererseits ist das Anzapfen von Leitungen und das Mithören von Telefongesprächen technisch nicht allzu schwierig. Es sollte einem technisch versierten Straftäter keine unüberwindlichen Schwierigkeiten bereiten.

Da die Deutsche Bundespost für viele ihrer Dienste im Bereich der Datenfernübertragung ganz normale Telefonleitungen einsetzt, ist es durchaus möglich, auf diesem Weg an bestimmte Informationen heranzukommen. Das Abhören wird für den potentiellen Täter umso schwieriger, je weiter er sich vom Sende- bzw. Zielort der Datenfernübertragung entfernt. In der Regel besitzen nur sehr große und spezialisierte Dienste die Möglichkeit, aus einer Vielzahl von Telefongesprächen für sie interessante Daten herauszufischen.

Daher bilden Schaltschränke und Verteilerkästen in den Unternehmen und angrenzende Anlagen der Deutschen Bundespost Ansatzpunkte für potentielle Täter. Sie sind daher in ein Sicherungskonzept einzubeziehen.

Noch leichter wird die Arbeit potentiellen Lauschern bei den neuen tragbaren Telephonen gemacht. Obwohl einige Frequenzen für die Übertragung der Signale zur Verfügung stehen, so ist es mit der entsprechenden Ausrüstung doch ein leichtes, die richtige Frequenz zu finden und das Gespräch mitzuhören.

3.5.4 *Leakage*

Bei dieser Methode werden nicht die eigentlichen Daten gestohlen oder kopiert, sondern der Täter kommt eher indirekt an die gewünschten Informationen.

Es kann sich um das leichtfertig weggeworfene Farbband der Schreibmaschine handeln, das es erlaubt, die gewünschten vertraulichen Informationen zu rekonstruieren. Daten können durch verschlüsselte Codeworte in ansonsten völlig normale Berichte eingestreut werden. Die Anzahl der Anschläge pro Zeile, die Zahl der Zeilen pro Seite und selbst die Tippfehler können bei einem ganz normalen Bericht dazu benutzt werden, Informationen auszutauschen.

Mag dies auch etwas exotisch klingen, die Technik wurde während des kalten Krieges in der Botschaft der USA in Moskau durchaus erfolgreich eingesetzt.

3.5.5 *Piggybacking*

Diese Technik besteht darin, sich an eine andere Person einfach "anzuhängen". In seiner einfachsten Form geht man schlicht mit jemanden durch die Tür zu einem gesicherten Bereich, zum Beispiel dem Rechenzentrum, obwohl man keine Zugangsberechtigung hat.

Es ist relativ einfach auch für Betriebsfremde, sich auf diese Weise Zugang zu Computern und Software zu verschaffen. Wer würde schon dem Techniker im blauen Arbeitsmantel, der noch dazu gerade beide Hände voll hat, nicht die Tür zum Rechnerraum öffnen? Unsere Höflichkeit und Hilfsbereitschaft hält uns manchmal davon ab, die Zugangsberechtigung jedes einzelnen Betriebsfremden wirklich zu überprüfen. Das wird von den potentiellen Tätern konsequent ausgenutzt.

Es gibt auch eine elektronische Komponente von *Piggybacking*. Dabei wird das Terminal eines Benutzers mit Zugriffsberechtigung und gültigem Paßwort, das mit einem zentralen Computer verbunden ist, durch ein anderes ersetzt. Das unberechtigt installierte Terminal wird benutzt, wenn der berechtigte Benutzer zwar noch eingeloggt ist, aber gerade mal Pause macht. Das Betriebssystem des Zentralcomputers kann in der Regel zwischen echten und falschen Terminals nicht unterscheiden.

Mißbrauch kann auch getrieben werden, wenn der Benutzer eines Terminals durch irgendeinen Grund, zum Beispiel einen Programmabsturz, sich nicht ordnungsgemäß ausloggt. Der zentrale Computer führt unter diesen Umständen das Terminal und den damit verbundenen Prozeß weiter. Das gibt einem Eindringling eine Chance, sich unter der Identität eines legitimen Benutzers in das System einzuschleichen.

3.5.6 *Impersonation*

Dieses Verfahren besteht einfach darin, sich als eine andere Person auszugeben. Das funktioniert bei Menschen oft nicht, gegenüber technischen Geräten ist das jedoch leicht möglich.

Der Zugriffsschutz bei den einfacheren Geräten wird oft lediglich durch den Besitz eines Schlüssels, einer Magnetkarte oder eines Paßworts verwirklicht. Fällt dieser Schlüssel in die falschen Hände, dann ist der Schutz des Computers oder der Software nicht mehr gewährleistet.

Einige Täter nutzen schamlos die Vertrauensseligkeit ihrer Mitmenschen aus. Es wird eine Scheckkarte gestohlen. Anschließend wird der Bestohlene zuhause angerufen. Der Dieb gibt sich als Kriminalkommissar aus und teilt dem Bürger mit, daß seine Scheckkarte bereits gefunden wurde.

Der Bestohlene ist natürlich hocherfreut über die Schnelligkeit der Polizei. Unter einem Vorwand fragt der Dieb dann nach der Geheimnummer des Bankkunden. In vielen Fällen funktioniert dieser Trick.

Mit einer ähnlichen Masche lassen sich oft auch in Unternehmen wertvolle Informationen gewinnen. Ein Anrufer gibt sich am Telefon etwa als Journalist oder Vertreter eines Amtes aus und fragt nach betrieblichen Dingen, die eigentlich nicht für die Öffentlichkeit bestimmt sind.

3.6 Die Bedrohung durch Software

Wir kommen nun zu den Techniken, die eigentlich erst durch die Einführung des Computers und der zugehörigen Software ermöglicht wurden. Einige dieser Methoden wie logische Bomben oder Trojanische Pferde sind immerhin schon ein paar Jahrzehnte bekannt. Viren und Würmer sind eine neue und ganz aktuelle Bedrohung der Sicherheit unserer Computersysteme.

Wer versuchen will, seine Software wirksam gegen Manipulation zu sichern, muß die Methoden der Täter kennen. Nur auf diese Weise kann er eine wirksame Strategie zur Abwehr solcher Attacken entwerfen.

3.6.1 *Data Diddling* oder Datenveränderung

Bereits ein Blick auf die aktuelle Kriminalitätsstatistik wird uns zeigen, daß der Großteil der Straftaten mit Computern selten die eigentliche Programmierung betrifft. Vielmehr werden Schwächen in den Arbeitsabläufen und eine weitverbreitete Computergläubigkeit ausgenutzt, um an Geld oder Informationen zu kommen.

Die Vorgehensweise der Täter entbehrt dabei oft nicht einer gewissen Kreativität, wie auch der folgende Fall zeigt.

Fall 3.16 - Überstunden

Ein Angestellter in der Lohnbuchhaltung ist dafür verantwortlich, die Arbeitsstunden von etwa dreihundert Arbeitern einer lokalen Eisenbahngesellschaft in den USA auf Datenträger zu bringen, die dann von der EDV weiter verarbeitet werden.

Er stellt dabei im Laufe der Zeit fest, daß die Eintragung auf dem Datenträger zwar Name des Arbeiters und Personalnummer beinhaltet, der Computer aber ganz offensichtlich nur die Personalnummer beachtet. Auch um die Adresse des Arbeiters in der Datenbank des Unternehmens zu finden, wird lediglich die Personalnummer verwendet. Außerhalb der EDV dagegen arbeitet kaum jemand mit dieser Kennziffer.

Der Angestellte macht sich nun die Schwäche des Systems zunutze. Er nimmt die Namen von Arbeitern her, die häufig Überstunden leisten, und macht dafür Einträge in der Lohnabrechnung für die EDV. Allerdings benutzt er dafür seine eigene Personalnummer.

Der Computer stellt ihm über Jahre hinweg prompt und zuverlässig Gehaltsschecks aus, die er einlöst. Der Betrug fliegt erst auf, als jemand das ungewöhnlich hohe Einkommen dieses Angestellten auf seiner Steuererklärung mißtrauisch macht.

Aber auch Banken sind durch diese relativ simple Masche schon um erkleckliche Summen ärmer geworden.

Fall 3.17 - Geld einsammeln

Der Täter eröffnet bei der Filiale einer bekannten Bank in den USA ein Girokonto. Er zahlt auch einige Tausend Dollar ein, um seine Kreditwürdigkeit zu demonstrieren.

Nach einigen Wochen bekommt er die Scheckformulare für sein Konto und auch eine Reihe Einzahlungsbelege für Schecks, mit denen er erhaltene Schecks bei seiner Bank einlösen kann.

Dazu muß man wissen, daß in den Vereinigten Staaten Überweisungen weit weniger häufig sind als in der Bundesrepublik. Das Gehalt wird meist durch einen Scheck (*pay cheque*) ausbezahlt.

Der neue Bankkunde weiß, daß die Bank die eingehenden Schecks zur Verrechnung auf die Konten der Kunden anhand der magnetischen Schriftzeichen am unteren Rand des Einreichungsformulars identifiziert. Zwar gibt es auch die Möglichkeit, handschriftlich Zahlen einzugeben, aber die große Masse der Schecks wird über diese magnetische Schrift verarbeitet.

Der Täter geht nun mit seinen neu erworbenen Einreichungsbelegen zu einem Drucker und läßt sich Vordrucke ohne Namenseindruck herstellen. Allerdings achtet er darauf, daß diese Vordrucke alle seine Kontonummer in Magnetschrift enthalten.

Mit diesen Einreichungsformularen macht er sich auf den Weg in die Bankfiliale. Dort hält die Bank für ihre Kunden, die den Einreichungsbeleg mit ihren Namenseintrag vergessen haben, an einem Stehpult neutrale Vordrucke bereit. Diese Vordrucke tauscht der Täter gegen die von ihm manipulierten Formulare aus.

So gut, so schön: Die Kunden der Bank bedienen sich der Formulare. Der Bankbeamte am Schalter wirft routinemäßig einen kurzen Blick darauf. Er achtet aber vor allem darauf, daß der Scheckbetrag und der Eintrag im Formular übereinstimmen. Dann nimmt eine alltägliche Prozedur ihren Lauf. Eine Maschine sortiert alle Belege mit Magnetschrift aus, und der Scheckbetrag wird dem Konto des Kunden gutgeschrieben.

Der Betrüger sammelt auf seinem Konto fleißig Geld ein, das gar nicht für ihn bestimmt war. Bis die betrogenen Kunden sich über die nicht verrechneten Schecks beschweren, vergehen einige Wochen. Inzwischen ist der Betrüger mit seiner Beute von über 100 000 Dollar längst untergetaucht.

Bei Computerbetrug handelt es sich also oft um so einfache Tricks, daß man es zunächst gar nicht glauben will. Trotzdem sind auf diese Weise hohe Beträge erschwindelt worden. Zu Lasten der ehrlichen Kunden, denn letztlich mindern solche Verluste die Erträge der Bank.

3.6.2 Zeitdiebstahl

Computer sind für ein Unternehmen eine Investition wie andere Maschinen auch. Insofern müssen sie abgeschrieben werden, und für ihre Benutzung wird eine bestimmte Summe in Rechnung gestellt. Dies geschieht bei großen Computerzentren meist auf der Basis der verbrauchten Rechenzeit. Andere Kosten, wie zum Beispiel Strom und das Gehalt des Operators, kann man ebenfalls auf die CPU-Zeit umlegen.

Hier nun ein Fall, der gar nicht so selten sein dürfte, obwohl es sich oftmals nur um Bagatellen handelt.

Fall 3.18 - Rechnen auf eigene Rechnung [17]

Die interne Revision eines Unternehmens widmet sich endlich auch der EDV, die den Ruf eines Staates im Staate genießt.

Es wird eine einfache Liste aufgestellt, in der der Umsatz pro Filiale und die verbrauchte CPU-Zeit der jeweiligen Rechenanlage eingetragen werden. In der vierten Spalte wird aus CPU-Zeit und Umsatz durch Division eine Kennzahl gebildet.

Zwei Außenstellen fallen ganz offensichtlich aus dem Rahmen. Bei der einen Filiale wird die CPU-Zeit nicht ordnungsgemäß ermittelt. Sie scheidet daher zunächst aus. Im zweiten Fall müssen weitergehende Ermittlungen durchgeführt werden. Schließlich stellt sich heraus, daß der Rechenzentrumsleiter der besagten Filiale für Fremdfirmen Datenverarbeitungsarbeiten beträchtlichen Umfangs auf dem Rechner des Unternehmens durchgeführt hat. Der Schaden beläuft sich auf 160 000 DM.

Natürlich ist auch das Eindringen von Hackern in Computer immer mit Zeitdiebstahl verbunden, denn schließlich sind die Hacker keine berechtigten Benutzer des Systems. Zeitdiebstahl ist aber, solange er nicht systematisch betrieben wird wie in dem geschilderten Fall, kaum mit Verlusten großen Ausmaßes für die Betreiber der EDV-Anlage verbunden.

3.6.3 Salamitaktik

We have met the enemy and he is us.
Pogo.

Dabei handelt es sich um das Beiseitebringen relativ kleiner Beträge, so daß die einzelne Tat kaum in Betracht fällt. Handelt es sich nur um Pfennigbeträge, oder gar um Bruchteile von Pfennigen, wird sich kaum ein Bürger in unserer Wohlstandsgesellschaft darüber aufregen. Über solch kleine Fehler, vielleicht sind es ja nur Rundungsfehler, sehen wir doch großzügig hinweg.

Trotzdem kann die systematische Anwendung der Methode zu ganz erklecklichen Summen führen. Zudem ist der Betrug sehr schwer zu entdecken und nachzuweisen. Dazu der folgende Fall aus dem Bankwesen:

Fall 3.19 - Es läppert sich so zusammen [12]

<table>
<tr><td>

Ein Programmierer bei einer Bank in den USA beschließt, den bei der Abrundung auf ganze Cents verbleibenden Rest bei den Zinsberechnungen bei Kundenkonten der Bank in die eigene Tasche zu stecken. Zu diesem Zweck richtet er ein Kundenkonto mit dem fiktiven Namen *Zwaine* ein, das als letztes Konto unter den Kundenkonten des Instituts erscheint. Darauf bucht er regelmäßig die Rundungsdifferenzen. Ab und zu transferiert er die aufgelaufenen Beträge auf sein eigenes Girokonto.

Der Schwindel fliegt auf, als die Marketingabteilung für Werbezwecke den ersten und letzten Kunden im Alphabet unter den Kunden der Bank einen Preis überreichen will. Leider war Mr. Zwaine nicht auffindbar. Über das Ausmaß der abgezweigten Gelder bewahrte die Bank Stillschweigen.

</td></tr>
</table>

Der Vorfall ist auch deswegen interessant, weil man natürlich fragen muß, wer die Rundungsdifferenz einsteckt, wenn alles mit rechten Dingen zugeht.

Eine andere Variante der Methode besteht darin, die Konten der Kunden einfach um kleine Beträge, zum Beispiel zehn oder zwanzig Pfennige, zu plündern. Der Täter spekuliert in diesem Fall einfach darauf, daß sich deswegen niemand beschweren wird.

Die Salamitaktik läßt sich nur äußerst schwer nachweisen, denn das Verschwinden derart kleiner Beträge ist auch mit doppelter Buchführung und anderen Kontrollen nur schwer nachzuweisen. Außerdem erschwert die Zahlendarstellung in digitalen Rechenmaschinen den Nachweis im Einzelfall, besonders beim *floating-point*-Format. Eine gewisse Ungenauigkeit der Rechnung ist bei allen Computern vorhanden, obwohl sich die wenigsten Benutzer dessen bewußt sind.

3.6.4 Trojanische Pferde

Equo ne credite, Teucri. Quidquid id est, timeo Danaos, et dona ferentis.
Virgil.

Diese geradezu klassisch zu nennende Methode der alten Griechen kommt in unserem Jahrtausend wieder zu neuen Ehren. Dabei wird in die Software Code eingefügt, der nicht genehmigte Funktionen ausführen soll. Dieser Code behindert das normale Arbeiten des Programms nicht, er wird unter Umständen auch lange Zeit gar nicht aktiviert.

Trojanische Pferde sind beim Betrug und der Sabotage mit Hilfe der Software eine häufig zu findende Methode. Wegen des Umfangs des Codes bei größeren Projekten sind Trojanische Pferde nur sehr schwer und mit erheblichem Aufwand zu finden. Sie können nicht nur in Applikationsprogrammen, sondern auch in Compilern und in *utilities* versteckt sein.

Besonders schlimm wird es, wenn ein Compiler selbst ein Trojanisches Pferd enthält. In diesem Fall besteht die Möglichkeit, alle mit diesem Compiler übersetzten Anwendungsprogramme zu verändern.

Ein in großen Umfang publizierter Fall ereignete sich vor einigen Jahren im US-Bundesstaat Texas. Da das Virusfieber in der Presse im Jahr 1988, drei Jahre nach der eigentlichen Tat, einen Höhepunkt erreicht hatte, genoß der Fall *Donald Gene Burleson* erhebliche Aufmerksamkeit. Jedoch aus den falschen Gründen: Es handelte sich nicht um einen Virus, sondern um ein Trojanisches Pferd, eine logische Bombe und auch Zeitdiebstahl.

Fall 3.20 - Ein Angestellter schlägt zurück [14]

Donald G. Burleson arbeitete im Jahr 1985 als Systemprogrammierer und Sicherheitsbeauftragter für eine Versicherungsagentur in Texas. Einige seiner Kollegen beschrieben ihn als einen brillianten Programmierer.

Offensichtlich war er ein Anhänger von Irwin Schiff. Dieser Mann wiederum glaubt, daß die Einkommensteuer in den USA nicht mit der Verfassung im Einklang steht und daher widerrechtlich einbehalten wird. Burlesons Arbeitgeber gewann nun im Laufe der Zeit die Überzeugung, daß sein Computer dazu benutzt wurde, um den Kreuzzug zur Abschaffung der Einkommensteuer zu fördern. Da die Benutzung des Computers für diesen Zweck nicht im Interesse des Unternehmens lag, wurde Donald Gene Burleson gekündigt.

Sein letzter Arbeitstag war der 18. September 1985, ein Donnerstag.

Am darauffolgenden Samstag, den 21. September 1985, hatten die Benutzer des Computers einige Schwierigkeiten. Routinefunktionen konnten nicht mehr aufgerufen werden, und die Privilegien verschiedener Benutzer waren geändert worden. Diese kleinen Ärgernisse eskalierten bald. Schließlich wurde entdeckt, daß 168 000 Sätze einer Kundendatei gelöscht worden waren.

Die Wiederherstellung der Kundendatei aus Sicherungskopien verschlang das gesamte Wochenende. Dabei wurde auch entdeckt, daß sich um drei Uhr morgens an diesem Samstagmorgen ein Unbekannter an dem IBM System/38 eingeloggt hatte. Die Angestellten waren darüber verwundert, denn das Gebäude war während der Nacht abgesperrt, und niemand hätte Zugang zu ihrem Rechner haben sollen.

Doch die Krise war noch nicht vorüber. Als sich am darauffolgenden Montag die ersten Benutzer in das System/38 einloggten, stürzte die Maschine nach etwa zehn Minuten Betriebszeit ab. Die Analyse des Vorfalls zeigte, daß Donald G. Burleson offensichtlich ein Programm geschrieben hatte, das die IBM/38 ausschaltete, wenn eine bestimmte Datei gelesen wurde. Dieses Programm trug das Datum vom 3. September 1985, also etwa drei Wochen vor dem Ausscheiden des Systemprogrammierers. Ein weiteres Programm mit demselben Erstellungsdatum las einen bestimmten Adreßbereich. Fand es nicht einen vorher bestimmten Wert, dann würde es nach einem Zufallsprinzip zwei Sektoren auf der Magnetplatte des Rechners löschen. Nach dieser zerstörerischen Tat würde das Programm seinen Namen ändern, um seine Anwesenheit zu verbergen, und sich einen Monat lang ruhig verhalten. Dann würde es erneut versuchen, Dateien zu löschen.

Dieses zweite Programm, eine Zeitbombe, war zum Glück noch nicht aktiv gewesen, als es entdeckt wurde.

Es kostete zwei weitere Tage, um diese Programme zu löschen und das Betriebssystem mit einer unverfälschten Kopie direkt von IBM neu zu generieren. Dann begann die Suche nach dem Schuldigen.

Alle Indizien deuteten auf Donald G. Burleson. Zwar hatte er versucht, seine Spuren zu verwischen. Da er jedoch Systemprogrammierer mit hohen Privilegien im Betriebssystem und gleichzeitig Sicherheitsbeauftragter gewesen war, konnte ihm der Zugang zum Gelände seines ehemaligen Arbeitgebers mit Hilfe eines Nachschlüssels nicht schwergefallen sein. Das *account* des entlassenen Angestellten war unmittelbar nach seinem Ausscheiden gelöscht worden. Dies konnte Donald Gene Burleson jedoch durch das Anlegen weiterer *accounts* unter fiktivem Namen leicht umgehen. Damit hatte er noch vor seinem letzten Arbeitstag alle Vorbereitungen getroffen, um sich an seiner ehemaligen Firma zu rächen.

Donald G. Burleson trug zu seinem eigenen Verderben bei, indem er die Firma USPA wegen nicht berechtigter Abzüge von seinem letzten Gehalt verklagte. Daraufhin erhob USPA Gegenklage und verlangte die Summe, nämlich 120 00 Dollar, die das Wiederherstellen der Funktionsfähigkeit ihres Computers verschlungen hatte.

Noch dazu hatte Texas gerade zu dieser Zeit die gesetzliche Grundlage zur Verfolgung von Straftaten mit Computern verbessert. Der Fall wurde zudem von einem jungen Staatsanwalt bearbeitet, dessen Gattin als Systemanalytikerin für General Dynamics arbeitete.

Donald Gene Burleson fand bei den Geschworenen wenig Sympathie. Er wurde zu einer Gefängnisstrafe von sieben Jahren auf Bewährung und einer Geldstrafe von 11 800 Dollar verurteilt.

Doch auch ganz harmlose Dienstprogramme können als Trojanische Pferde mißbraucht werden. Im Frühjahr 1991 wird so das *utility* CORET-EST.COM unfreiwillig zum Träger eines böswilligen Programms.

Das Programm verhält sich zunächst ganz normal: Es mißt die Geschwindigkeit der Festplatte. Der Benutzer hat also keinen Grund, mißtrauisch zu werden.

Unbemerkt davon läuft jedoch eine andere Aktion ab. Das Trojanische Pferd tauscht den *Master Boot Record* der Festplatte aus. Von nun an wird bei jedem Neustart des Systems der bösartige Kern des Programms in den Hauptspeicher des PCs geladen. Er führt dort zufallsbedingt zwölf Funktionen aus. Diese Eigenschaft gab dem Programm auch seinen Namen: *Twelve Tricks.*

Das Programm ist ein Trojanisches Pferd, kein Virenprogramm. Es vermehrt sich von alleine nicht. Vielmehr muß zur Verbreitung immer das Hilfsprogramm COMET-EST kopiert werden.

3.6.5 *Trapdoors*

Trapdoors sind zunächst einmal Hilfen für den Programmierer und Tester, um das Programm während der Entwicklung austesten zu können. Insoweit stellen sie zusätzliche Funktionen für Testzwecke dar. Dagegen ist nichts einzuwenden, denn nur ausgetestete Programme sind zuverlässig.

Nach der Testphase sollten diese Funktionen allerdings entfernt werden. Dies geschieht oft nicht.

Zum einen ist ein kommerzielles Programm nie so ganz fertig, was die vielen Versionen gängiger Software-Pakete beweisen. Zum anderen sind die Schöpfer der Programme daran interessiert, noch einen Eingang in ein freigegebenes Programm zu besitzen, und sei es ein Nebeneingang.

Trapdoors haben auch ein Equivalent auf der Hardware-Seite. Auch Mikroprozessoren besitzen manchmal Instruktionen, die in keinem Handbuch dokumentiert sind.

Solange das Wissen über diese Nebeneingänge zu den Programmen auf wenige Personen begrenzt ist, hält sich auch die Gefahr des Mißbrauchs in Grenzen. Leider verbreiten sich solche Nachrichten schnell, und damit ist auch dem Mißbrauch Tür und Tor geöffnet.

3.6.6 Zeitbomben (*logic bombs*)

Zeitbomben oder *logic bombs* sind Instruktionen in Computerprogrammen, die entweder periodisch oder zu einem bestimmten Zeitpunkt aktiviert werden, um dann ihr zerstörerisches Werk zu verrichten. Hier ein Beispiel:

Fall 3.21 - Eine Zeitbombe

Ein Programmierer, der von seinem Arbeitgeber entlassen wurde, baut in ein Programm eine Reihe von Befehlen ein, die das Datum abfragen. An einem bestimmten Tag, mehrere Jahre nach seinem Ausscheiden aus der Firma, zerstört sich das Programm dadurch selbst.

Durch diesen Racheakt wird das Großrechenzentrum des Unternehmens mit mehr als dreihundert Terminals für einige Tage lahmgelegt.

Auch Zeitbomben sind schwer zu entdecken, da sie die normale Funktion des Programms zunächst in keiner Weise beeinträchtigen. Werden sie erst aktiv, ist es für Gegenmaßnahmen meist zu spät.

3.6.7 *Asynchronous Attack*

Bei dieser Methode macht sich der Täter die Tatsache zunutze, daß viele Operationen des Betriebssystems eines Computers assynchron ablaufen. Eine Reihe von Benutzern will zum Beispiel eine bestimmte Liste ausdrucken lassen, es steht aber nur ein Systemdrucker zur Verfügung. Daher stellt das Betriebssystem diese Druckaufträge nach einem bestimmten Schema in eine Warteschlange und arbeitet sie der Reihe nach ab. Während der Wartezeit im Hauptspeicher des Computers besteht die Möglichkeit, diese Daten zu manipulieren. Obwohl das Betriebssystem auch die Aufgabe hat, die verschiedenen Benutzer und ihre Programme und Daten voneinander abzugrenzen und vor Übergriffen auf fremde Daten zu schützen, so erfordert die Kommunikation der einzelnen Prozesse oft doch gemeinsame Datenbereiche. Damit ist das Sicherheitskonzept bereits entscheidend geschwächt.

Lassen Sie uns das an einem Beispiel demonstrieren:

Fall 3.22 - Gehaltserhöhung

Frau Engelhardt ist Operator im zentralen Rechenzentrum der Firma. Dort werden unter anderem auch die Monatsgehälter für die Angestellten des Unternehmens berechnet.

Das Rechenzentrum arbeitet im Schichtbetrieb, um den IBM-Rechner des Unternehmens voll auszulasten. Gegen Ende April 1990 fährt Frau Engelhardt wieder einmal den Job zur Berechnung der Gehälter. Sie hat Spätschicht.

Kurz vor Ende ihrer Schicht überprüft sie die Ergebnisse. Die Summe der Bruttogehälter stimmt mit der Zahl überein, die sie von der Personalabteilung erhalten hat. Sie nickt zufrieden und gibt eine entsprechende Antwort in ihr Terminal ein.

Damit ist der Job allerdings noch nicht zu Ende. Ausgedruckt werden die Gehaltsabrechnungen erst dann, wenn auch die Geschäftsleitung ihre Zustimmung gegeben hat. Dazu muß der Leiter der Finanzabteilung auf dem Terminal in seinem Büro das Ergebnis der Berechnung genehmigen. Frau Engelhardt hält das zwar für eine reine Formsache, aber ausdrucken kann sie die Gehaltslisten in ihrer Schicht nicht mehr. Das wird der Kollege in der Frühschicht tun. In der Finanzabteilung beginnt die Arbeit am Morgen kaum vor acht Uhr.

Im August jedoch muß Frau Engelhardt wegen der Urlaubszeit auch einmal die Frühschicht übernehmen. Sie schaut sich einige der Gehaltszettel an, obwohl sie das eigentlich nicht soll. Einige der Mitarbeiter kennt sie persönlich. Da interessiert es sie schon, was diese Kollegen so verdienen.

Da fällt ihr auf, daß Herbert Groß fast siebentausend Mark überwiesen bekommt. Das ist ein Bruttogehalt von über zehntausend Mark. Sie pfeift leise vor sich hin.

Herbert Groß war bis vor einem Jahr in der EDV. Er muß auch einmal am Programm für die Gehaltsabrechnung herumgewerkelt haben, fällt ihr ein. Inzwischen ist er im Einkauf. Eine Gehaltserhöhung hat er bei der Versetzung sicher bekommen, überlegt sie. Aber gleich so viel?

Frau Engelhardt geht auf jeden Fall gleich zu ihrem Chef und verlangt eine Gehaltserhöhung. Wenn der Herbert Groß im Einkauf so ein Traumgehalt verdient, dann ist sie auf jeden Fall unterbezahlt.

Ihr Chef hört sich ihre Beschwerde aufmerksam an und läßt sich dann den Ausdruck zeigen. Er schüttelt den Kopf. "Soviel verdiene nicht mal ich", sagt er daraufhin und schüttelt erneut ratlos den Kopf. Er tätigt allerdings eilig ein paar Anrufe, nachdem Frau Engelhardt gegangen ist.

Die anschließende Untersuchung des Vorfalls zeigt, daß Herbert Groß vor seinem Ausscheiden aus der EDV das Programm zur Gehaltsabrechnung so manipuliert hat, daß er die Daten nach der eigentlichen Berechnung, aber vor dem Ausdrucken der Gehaltszettel noch verändern kann. Dazu hat er diese Daten in einen COMMON-Bereich gestellt. Diesen Datenbereich kann er auch von seinem Terminal im Einkauf aus ansprechen. Das macht er, bevor der Leiter der Finanzabteilung die Gehälter zur Auszahlung freigibt.

Die Firma handelt prompt. Herbert Groß wird fristlos entlassen.

Dieser Fall wurde nur durch Zufall aufgedeckt. Wäre die Operatorin nicht neugierig gewesen, hätte der Betrug noch lange andauern können.

Man muß sich darüber im klaren sein, daß manche Dateien in der kommerziellen Datenverarbeitung ziemlich groß sind. Ein deutsches Kaufhaus hat etwa 80 000

Artikel in seiner Lagerdatei. Die Kunden- und Lieferantendateien bedeutender Firmen dürften denselben Umfang besitzen. Ein einzelner falscher Datensatz fällt da kaum auf.

3.6.8 *Superzapping*

Das Verfahren bekam seinen Namen durch ein Systemprogramm von IBM, das es erlaubte, alle Sicherungen des Betriebssystems in Bezug auf die Veränderung von Daten und Programmen zu umgehen. Es ist durchaus üblich, während der Entwicklung eines umfangreichen Betriebssystems solch ein Werkzeug zu schaffen.

Da die Mechanismen zum Schutz der Datenbereiche der verschiedenen konkurrierenden Prozesse getestet werden müssen, und diese Tests auch vorbereitet sein wollen, ist solch ein Instrument durchaus sinnvoll.

Allerdings sollte solch ein Werkzeug niemals in die Hände von Anwendungsprogrammierern oder anderer Benutzer des Systems geraten. Kommt solch ein Systemprogramm in die falschen Hände, kann ganz erheblicher Schaden damit angerichtet werden.

Anders ausgedrückt, ist so ein Programm wie der Generalschlüssel zu einem Gebäudekomplex. Wer das Programm kennt, dem stehen alle Türen eines Systems offen.

Leider sind *tools* wie *Superzap* bei der Auslieferung des Betriebssystems oft noch vorhanden, und die Mitarbeiter der Computerhersteller im *support* wissen dies.

Gerade bei Banken sind durch die unberechtigte Anwendung von *superzap* erhebliche Schäden entstanden. Die Unterschlagung läßt sich zudem schwer nachweisen, da alle vorhandenen Sicherungen des Betriebssystems umgangen werden.

3.6.9 Viren

A virus ist a program that can order a computer to replicate itself.
Dallas Morning News.

Obwohl diese Behauptung der Dallas Morning Post sicherlich etwas übertrieben erscheint, die Angst vor Computerviren ist durchaus berechtigt. Ähnlich wie

Mikroorganismen im biologischen Bereich sind diese Programme imstande, sich zu vermehren und auf einer Vielzahl von Wirten, sprich Computern, zu verbreiten. Daher ist die Gefahr für Computersysteme und Software durch Viren nicht zu unterschätzen. Doch lassen sie uns dieses relativ neue Phänomen genauer untersuchen.

Die ersten Anfänge sind mit dem Namen John Conway verbunden. Er untersuchte das Konzept "lebender Software" im Zusammenhang mit dem Gebiet der Künstlichen Intelligenz in den sechziger Jahren. Bereits der Computerpionier John von Neumann hatte allerdings in den vierziger Jahren unseres Jahrhunderts über sich selbst vermehrende Programme spekuliert. Damals nahm das niemand ernst. Schließlich gab es noch nicht einmal leistungsfähige Computer, von Software ganz zu schweigen.

Diese Konzepte wurden in den Labors von AT&T, am Massachusetts Institute of Technology und bei Xerox in Palo Alto, Kalifornien, weiterentwickelt. In AT&T's *Bell Labs* fanden nach Feierabend regelrechte Schlachten (*core wars*) um den Besitz und die Kontrolle über den Computer statt. Ein oder mehrere Spieler versuchten dabei, die Kontrolle über das Programm und den Speicherplatz eines anderen Spielers zu gewinnen. Gelang dies, wurde das Programm des Gegners vernichtet.

Die Gefahr für andere Computer und Software war durch die Abgeschlossenheit des dabei verwendeten Computers relativ gering. Deswegen tolerierte das Management von AT&T diese Spiele. Lange Jahre waren die dabei verwendeten Techniken und Methoden ein gut gehütetes Geheimnis unter den beteiligten Programmierern.

Erst im Jahr 1983 erwähnte *Ken Thomson*, einer der Väter von UNIX, anläßlich einer Preisverleihung durch die *Association of Computing Machinery* (ACM) diese nächtlichen Spiele. Damit war der Geist aus der Flasche.

Die Zeitschrift *Scientific American* veröffentlichte in der Folgezeit einen Artikel über Viren, den jedermann für zwei Dollar käuflich erwerben konnte. Die Folgen ließen nicht lange auf sich warten, obwohl die ersten Viren harmlos waren. Das sogenannte *Cookie Monster* verbreitete sich an den Hochschulen Amerikas.

Dieser Virus brachte sporadisch eine Meldung auf den Bildschirm eines infizierten Computers, die lautete: "*I want a cookie!*"

Das Cookie Monster war durch die Eingabe des Wortes *cookie* über die Tastatur leicht zu befriedigen. Doch die Technik ließ sich auch für weniger harmlose Zwecke einsetzen. Sie war nun im Besitz vieler Studenten und Programmierer.

Doch lassen sie uns zunächst die Eigenschaften von biologischen und Computerviren miteinander vergleichen. Dazu eine kleine Tabelle:

Biologischer Virus	Computervirus
Attackiert bestimmte Körperzellen	Attackiert bestimmte Programme
Modifiziert den genetischen Inhalt der Zelle in nicht vorhergesehener Weise	Manipuliert ein legitimes Programm eines Anwenders oder das Betriebssystem
Neue Viren werden in der befallenen Zelle produziert	Das infizierte Programm erzeugt neue Virenprogramme
Eine infizierte Zelle wird durch einen Virus nur einmal infiziert	Die meisten Viren greifen bereits infizierte Computer nicht erneut an
Ein infizierter Organismus zeigt manchmal für lange Zeit kein Anzeichen der Krankheit	Das infizierte Computersystem arbeitet unter Umständen lange Zeit fehlerfrei
Nicht alle Körperzellen werden durch den Virus angegriffen	Programme können gegen den Angriff durch bestimmte Viren geschützt werden (Schutzimpfung)
Viren können Mutationen bilden und sind daher schwer zu identifizieren	Manche Virenprogramme verändern sich nach der Infektion

Tabelle 3.5 Vergleich zwischen biologischen und Computerviren

Aus den Eigenschaften der Viren können Sie schließen, welches zerstörerisches Potential solche Programme besitzen. Lassen Sie uns also zu einer Definition von Viren schreiten. Ein Virusprogramm muß die folgenden Fähigkeiten besitzen:

a) Modifikation anderer Programme durch die Technik, sich an diese Programme zu binden

b) Fähigkeit, Modifikationen an einer Reihe anderer Programme durchzuführen

c) Fähigkeit, bereits früher modifizierte, darunter auch infizierte, Software zu erkennen

d)   Fähigkeit, bereits infizierte Programme nicht erneut anzugreifen

e)   Fähigkeit, die oben beschriebenen Fähigkeiten auch zu vererben.

Erfüllt ein Computerprogramm diese Forderungen nicht, dann ist es im strikten Sinn kein Virus. Wir sollten uns jedoch darüber im klaren sein, daß die Begriffe oft durcheinandergeworfen werden, und manchmal wird ein Wurmprogramm auch als ein Virenprogramm bezeichnet. Das ist angesichts der noch nicht bis ins letzte Detail festgelegten Definitionen gar nicht anders zu erwarten.

3.6.9.1 Die Virenplage

Wie zeigt sich ein Virus nun im konkreten Fall? Lassen Sie uns dazu eine Jounalistin zu Wort kommen. TIME MAGAZINE veröffentlichte in seiner Ausgabe vom 26. September 1988 unter der Schlagzeile *Invasion of the Data Snatchers* den folgenden Beitrag:

"Joselow arbeitete gerade an den letzten Sätzen eines größeren Artikels, als der unsichtbare Angreifer zuschlug. Sie war für die Wirtschaftsredaktion der Tageszeitung *Journal-Bulletin* in Providence, Rhode Island, tätig. Sie hatte sorgfältig eine Diskette mit den Recherchen, Notizen, Interviews und Artikeln von mehr als sechs Monaten harter Arbeit in das Diskettenlaufwerk eines PCs in der Redaktion der Zeitung eingeführt. Das gewohnte leise Brummen des Laufwerks wurde plötzlich durch einen hohen Pfeifton unterbrochen. So oft sie auch versuchte, eine Datei auf der Diskette anzusprechen, ihr Computer brachte nur noch die Fehlermeldung: DISK ERROR."

Es war, als wäre der Inhalt der Diskette vollkommen verschwunden. "Ich hatte ein Gefühl von Panik," erinnerte sich Joselow später. "All die Ergebnisse meiner Arbeit waren auf dieser einen Diskette!"

Jeder, der schon einmal umfangreiche Datenbestände verloren hat, kann sich wohl in die Lage von Joselow versetzen. Die Arbeit mehrerer Monate war unwiederbringlich dahin.

Selbstverständlich hätte die Journalistin Datensicherung betreiben sollen. Dann wäre der Schaden vielleicht etwas geringer ausgefallen. Doch das ändert nichts an dem zerstörerischen Werk dieses Virus.

Lassen sie uns nun die bekanntesten Viren der Reihe nach betrachten. Am berühmtesten wurde der *Pakistani Brain Virus.*

Dieses Programm wurde von zwei Brüdern, Amjad Farooq Alvi und Basit Farooq Alvi, in Lahore, Pakistan, geschaffen. Sie machten sich gar keine Mühe, die Herkunft dieses Virus geheimzuhalten. Ihre Adresse und Telefonnummer ist in jeder Kopie des Programms enthalten, wenngleich in verschlüsselter Form. Noch heute gilt dieser Virus unter Fachleuten als eine sehr gekonnte Arbeit.

Die etwas verworrene Logik dieser Brüder aus Pakistan war wie folgt: In einem Land der Dritten Welt, eben ihrer Heimat Pakistan, gilt für Computerprogramme kein Urheberschutz und kein Copyright. Ganz anders in den USA. Dort sind illegale Kopien von Programmen strikt verboten, und Verletzungen des Copyright werden verfolgt. Unter den Kunden der beiden Brüder waren auch viele Amerikaner. An diese Besucher Pakistans verkauften sie Raubkopien solch populärer Programme wie Lotus 1-2-3, Wordstar und WordPerfect.

Es versteht sich, daß die Preise entsprechend niedrig waren, und die beiden Unternehmer machten ein gutes Geschäft mit ihren Kunden aus den Vereinigten Staaten. So ganz gönnten die Pakistani den amerikanischen Studenten die billige Software allerdings wohl nicht. Die Disketten waren mit dem Virus verseucht.

Anders dagegen war die Behandlung der örtlichen Kundschaft aus Lahore. Sie bekamen zwar auch Raubkopien, allerdings ohne den Virus.

Da die Software bei den beiden Brüdern so billig zu haben war, sprach sich die Adresse bei den Amerikanern in Lahore bald herum, und das Geschäft blühte. Die Folgen sollten sich zeigen.

Zurück in ihrer Heimat machten die amerikanischen Kunden der beiden cleveren Brüder in Pakistan weitere Raubkopien ihrer ohnehin sehr billig erworbenen Software und gaben diese Disketten an ihre Freunde weiter. Bald waren viele PCs infiziert. Der Virus befand sich sogar in einem *Bulletin Board.* Allein in der oben erwähnten Zeitungsredaktion des Journal-Bulletin in Rhode Island wurden mehr als dreihundert PCs lahmgelegt. An der Universität von Delaware mußten etwa 3000 Disketten untersucht werden, um festzustellen, ob sie durch den Virus verseucht waren.

Niemand vermutete jedoch zunächst einen Virus als Ausfallursache für die Laufwerke der betroffenen Computer.

Erst als sich ein begabter Programmierer, Peter Scheidler, daran machte, die mysteriösen Vorfälle zu untersuchen, kam Licht ins Dunkel. Zwar übersah auch er zunächst ein auffallendes Merkmal des Virus, die geänderte Copyright-Notiz, auf der Diskette. Dieser Eintrag lautet bei den infizierten Disketten nämlich *(c) Brain*. Aber solche Einträge überliest man nach einiger Zeit aus lauter Routine.

Das Virusprogramm verändert den *boot sector*, also die Spur Null der Systemdiskette. Es kopiert das eigentlich für das Hochfahren des Computers benötigte Programm auf einen anderen freien Sektor und okkupiert den Sektor Null selbst. Damit bekommt das Virenprogramm beim Einschalten des Computers und Starten des Betriebssystems zunächst einmal die Kontrolle über die Maschine.

Da das normale Boot-Programm etwas später trotzdem ausgeführt wird, bleibt das Vorhandensein des Virus dem Anwender verborgen. Noch dazu verbargen die beiden Brüder aus Pakistan Teile ihres Programms auf Sektoren, die sie als zerstört kennzeichneten. Solche Sektoren werden vom Betriebssystem nach dem Formatieren niemals mehr verwendet. Nur durch Neuformatieren kann ein dort gespeichertes Programm überschrieben werden.

Der Virus hatte also die Kontrolle über das Betriebssystem, und er war gut verborgen und fast nicht aufzufinden.

Da der *Brain-* oder *Pakistani-Virus* seine Ausbreitung und Vermehrung mittels des *boot sectors* von Systemdisketten durchführt, werden solche Viren auch als Systemviren bezeichnet. Dies steht im Gegensatz zu Programmviren, die zu ihrer Verbreitung ausführbare Programme benötigen.

Ein weiterer bekannter Virus ist der Lehigh-Virus. Er wurde im November 1987 an der *Lehigh-Universität* in Bethlehem im amerikanischen Bundesstaat Pennsylvania entdeckt. Dieser Virus war besonders destruktiv. Er kopierte sich selbst bis zu vier Mal und zerstörte dann den Inhalt der Diskette, die gerade benutzt wurde.

Die Universität von Bethlehem setzte einige Hundert PCs des Fabrikats Zenith ein. Sie waren alle durch den Virus betroffen. Im Februar 1989 tauchte der Virus an derselben Universität erneut auf. Diesmal wurden allerdings nur zehn bis fünfzehn PCs in Mitleidenschaft gezogen.

Ein weiterer Virus kam aus Israel. Er trat zunächst im Jahr 1987 an der hebräischen Universität von Jerusalem auf. Er verbreitete sich sehr schnell. Dazu benutzte er Anwenderprogramme auf der Diskette.

Der Programmierer des Virus hatte allerdings noch ein paar Extras eingebaut. Das Virusprogramm fragte das Systemdatum ab. Handelte es sich um ein Jahr nach 1987, dann brachte das Virusprogramm den PC nach etwa dreißig Minuten dazu, seine Arbeit beträchtlich zu verlangsamen. Sollte es sich bei dem Systemdatum um einen Freitag, den dreizehnten, handeln, dann zerstörte das Virusprogramm alle Programme auf der Diskette.

Diese Eigenschaft des Programms gab dem Virus seinen Spitznamen. Noch heute werden manche EDV-Chefs nervös, wenn ein Freitag auf den dreizehnten des Monats fällt.

Es dauerte ungefähr einen Monat, bevor die Universität von Jerusalem die Krise gemeistert hatte und alle Operationen mit ihren PCs wieder normal liefen.

Eine Variante dieses Virus hat inzwischen auch den Weg in Netzwerkbetriebssysteme gefunden. Im September 1990 wurde berichtet, daß in Novelles Netware-Betriebssystem Schäden durch diesen Virus eingetreten sind.

Der Virus benutzt die *Interrupts* 21hex und 08hex. Er greift auf Dateien zu, die für Anwender eigentlich gesperrt sein sollten. Das bösartige Programm verändert das Datum und die Zeit bei Dateiinformationen. Es befällt *.com- und *exe-Dateien. Getriggert wird der Virus, wie bekannt, wenn der Freitag auf einen dreizehnten des Monats fällt.

Auch Länder, die man bisher in der EDV eher als Entwicklungsland eingestuft hatte, machen von sich reden. Auf der SYSTEMS '89 in München wurde ein Virus verbreitet, der angeblich aus Bulgarien stammt. *Dark Avenger* ist der Name dieses heimtückischen Programms. Es zerstört Dateien auf der Platte eines PC.

Auch Datenbanken bleiben durch die Virenplage nicht verschont. Der *dbase-Virus* verändert die Daten in dieser weitverbreiteten und beliebten Datenbank. Dabei werden nach einem Zufallsprinzip bei einer Schreiboperation zwei benachbarte *bytes* vertauscht. Das kann auch dazu führen, daß die Stelle des Dezimalpunkts bei einer Zahl um eine Stelle nach links verschoben wird. Die Daten der Manipulation durch den Virus werden in eine verborgene Datei geschrieben, die bei weiteren Abfragen dazu benutzt wird, die bereits verfälschte Datenbasis für den Benutzer als richtig darzustellen.

Wird die Datenbank allerdings mit einer nicht verseuchten Version von dbase weiterverarbeitet, dann werden die verfälschten Daten übernommen. Neunzig

Tage nach der Infektion löscht dieser Virus das Dateiverzeichnis und die Tabellenstrukturen von dbase.

Das Vorhandensein dieses Virus wird oft erst dann offenbar, wenn der Schaden bereits eingetreten ist und die Datenbank hoffnungslos korrumpiert ist.

Obwohl wir bisher meist über PCs und Universitäten als die Opfer der Viren berichteten, auch *Big Blue* blieb nicht ganz verschont. IBM wurde kurz vor Weihnachten 1987 das Opfer eines Viruses. Eine kleine Graphik in der Form eines Christbaums erschien auf den Bildschirmen von Kunden, die IBM's *Professional Office System* (PROF) benutzten.

Die Benutzer des Systems erhielten die Aufforderung, "*Just type CHRISTMAS*" einzugeben. Das Virusprogramm las dann die Adressen in einer Datei, die zu *e-mail* gehört. Das führte dazu, das sich der Virus weiter verbreitete. Es wurde einfach eine Kopie des Programms zu den Adressen in der gelesenen Datei geschickt.

Obwohl der Virus nicht eigentlich bösartig war, führte das Kopieren des Programms zu anderen Rechnern bald dazu, daß die Leitungen völlig überlastet waren. Die verwendeten Computer waren für Stunden nicht zu gebrauchen.

Auch kommerziell vertriebene Software wird zunehmend durch Viren in Mitleidenschaft gezogen. Hier stellt sich die Frage, ob der Hersteller oder Vertreiber dieser Programme nach dem Produkthaftungsgesetz für Folgeschäden haftbar gemacht werden kann. Dazu ein Fall aus Deutschland:

Fall 3.23 - Ein Virus für den Apfel [18]

Im März 1990 berichtet das PC Magazin über einen Virus, der in zwei Betrieben des graphischen Gewerbes in Berlin und Tirol aufgetreten ist.

Der Virus kommt auf den Disketten von Compugraph, einer Tochterfirma von Agfa, die Schriftfonts für Druckereien vertreibt. Neben der Schädigung von Daten und der Zerstörung von Zeichenfonts soll sich der Virus angeblich auch in der Laufwerksteuerung der Apple-Computer festsetzen. Dem Hersteller ist das unverständlich, da sich in der Laufwerksteuerung kein beschreibbarer Speicher befindet, in dem sich das Virus einnisten könnte. Beide geschädigten Betriebe haben dieses Verhalten des Virus angeblich beobachtet. Der Berliner Betrieb zieht daraus Konsequenzen: Es werden neue Geräte im Wert von 500 000 DM angeschafft.

Der Vertreiber der Software, *Compugraph*, bestreitet nicht, daß ein Virus mit der verkauften Software ausgeliefert wurde. Es soll sich dabei allerdings um den harmlosen n-Virus vom Typ B handeln. Die eingetretenen Schäden führt Compugraph auf ein weiteres bösartiges Virus zurück, für das die Firma nicht verantwortlich sei.

Der Berliner Betrieb reichte Klage gegen Compugraph ein.

Eine Haftung der Agfa-Tochter Compugraph nach dem Produkthaftungsgesetz kann nicht ausgeschlossen werden. Ob der Kläger seine Behauptungen allerdings beweisen kann, ist noch offen.

Nun ist man als Außenstehender zunächst skeptisch, wenn über Geräteschaden durch einen Virus berichtet wird. Wieso sollte ein Programm in der Lage sein, Hardware zu zerstören?

So ein Schaden kann jedoch nicht vollkommen ausgeschlossen werden. Es sind Controller für Laufwerke auf den Markt, die so angesteuert werden können, daß die Schreib/Leseköpfe über die Spur Null der Festplatte hinausfahren. Dann knallen sie natürlich mit voller Wucht auf die Spindel, also die Achse, um die sich die Festplatte dreht. Daß dabei die Hardware beschädigt wird, ist leicht einzusehen.

Auch Japan blieb von Viren nicht verschont. Als der erste Virus im japanischen Inselreich auftauchte, handelte MITI, eine Behörde des Handelsministeriums, schnell. Laut einem Bericht von Datamation in der Ausgabe vom 15. November 1988 wurde ein Preis von 250 000 Dollar ausgeschrieben für denjenigen, der zuerst mit einem Programm zur Bekämpfung des Virus aufwarten konnte.

Die Japaner betrachten ihre Computer und die Software eben als nationale Ressourcen, für deren Schutz es zu sorgen gilt.

Ein besonders heimtückischer Virus wurde im Frühjahr des Jahres 1990 erstmals in den USA gesichtet. Nach einem Bericht in CHIP 6/90 [19] zeigt dieser Virus das folgende Verhalten:

Er benutzt zwei raffiniert ausgedachte Techniken, um sich in infizierten Computersystemen zu verbergen. Zum einen verwendet er eine nicht dokumentierte Funktion des Betriebssystems MS-DOS, um sich die Adresse des Interrupt-Vektors 21hex bei PCs zu besorgen. Hat er diese Adresse ermittelt, umgeht er die Benutzung der damit verbundenen Routine des *interrupt handlers*. Das heißt, daß alle Aufrufe des *Interrupts 21hex*, der bei allen Plattenzugriffen gebraucht wird, unter der Kontrolle des Virenprogramms ablaufen. Damit ist es möglich, alle ausführbaren Programme zu infizieren.

Die zweite Technik des Virenprogramms besteht darin, den Schutz durch Quersummenbildung, den viele Antivirenprogramme vornehmen, zu umgehen. Das Virenprogramm prüft nämlich, ob eine .COM oder .EXE-Datei gerade gelesen wird. Ist dies der Fall, werden alle Manipulationen am Code durch den Virus wieder entfernt.

Solch ein ausgeklügeltes Programm hat seinen Preis: Mit 4096 Bytes Codelänge ist dieser Virus eines der längsten bisher entdeckten Virenprogramme.

Auch Malta, die sonnige Insel im Mittelmeer, sonst eher als Zentrum des Tourismus bekannt, taucht nun in den Statistiken der Virenforscher auf. Am 15. Januar 1991 wurden eine ganze Reihe von Computerinstallationen angegriffen. Der Virus verändert die *File Allocation Table* (FAT) von PCs. Dann erscheint die folgende Meldung auf dem Bildschirm des Rechners:

```
DISK DESTROYER * A SOUVENIR OF MALTA
I have just DESTROYED your
FAT on your Disk !!
However, I have a copy in RAM, and
I'm giving you a last chance
to restore your precious data.
WARNING: IF YOU RESET NOW,
ALL YOUR DATA WILL BE LOST -
FOREVER !!
Your data depends on a game
of JACKPOT.

CASINO DE MALTA JACKPOT
$$$ = Your Disk
??? = My Phone No
ANY KEY TO PLAY
```

Der Virenschreiber gibt also anscheinend dem Besitzer des angegriffenen PCs noch eine Chance, seine Daten zu retten, obwohl die FAT auf der Spur Null bereits infiziert ist. Falls der Spieler vor dem PC tatsächlich gewinnt, bringt das Virenprogramm eine entsprechende Meldung.

Bisher wurden von dem Virus hauptsächlich die Universität Malta und eine Reihe der öffentlichen Institutionen der Inselrepublik betroffen.

Insgesamt soll es bisher bereits mehrere Hundert Viren geben. Da allerdings ein Teil dieser Viren zu derselben Familie gehören, ist die tatsächliche Anzahl geringer. Man kann für das Jahr 1990 von etwa 30 bekannten Virenstämmen ausgehen. Hier eine Auflistung bekannter Viren:

Bezeichnung (Aliasname)	Erstes Auftreten	Ort
Alabama	Oktober 1989	Hebrew University, Israel
Alameda	1987	Merritt College, Alameda, Kalifornien
Autumn (Herbstlaub, 1704,Blackjack, Cascade-A-Virus)	September 1988	Universität Konstanz, Bundesrepublik Deutschland
Brain (Pakistani, Lahore)	Januar 1989	USA
Chaos	Dezember 1989	Kent, England
Datacrime (1165)	Sommer 1989	Deutschland
dbase	März 1989	Deutschland
EDV	Januar 1990	-
Icelandic (disk eating virus, Saratoga Virus)	Juni 1989	Island
Jerusalem (Freitag 13., Israeli)	Dezember 1987	Israel
Joker	Dezember 1989	Polen
Malta	Januar 1991	Republik Malta
MIX/1	22. August 1989	Israel
Oropax (Music)	1989	Deutschland
Perfume (4711, 765)	Dezember 1989	Deutschland, Polen
Ping Pong (Bouncing Ball)	März 1988	Deutschland
Saratoga (642, One in Two)	Juli 1989	Kalifornien
Stoned (Hawaii, Marijuana, New Zealand, San Diego, Smithsonian)	1. Halbjahr 1988	Wellington, Neuseeland
Taiwan	Januar 1990	Taiwan
Traceback (3066)	5. Dezember 1988	-
Vienna (Austrian, Unesco, DOS-62, DOS-68, 1-in-8, 648)	April 1988	Moskau
Zero Bug (Palette, 1536)	September 1989	Niederlande
4096-Virus	Frühjahr 1990	USA

Tabelle 3.6 Einige bekannte Viren

Diese keineswegs vollständige Aufzählung sollte lediglich zeigen, daß niemand mehr gegen die Angriffe von Viren gefeit ist. Eine ausführliche Liste bekannter Viren findet sich in Anhang F.

Auch beim Golfkrieg machten Virenprogramme von sich reden: Tausende von PCs der amerikanischen Armee und der Air Force wurden verseucht. Vermutlich gelangten die Virenprogramme über Spielprogramme in die Rechner.

Gerade der Laptop erfreut sich wegen seiner Handlichkeit und Mobilität bei den Offizieren nicht nur der USA großer Beliebtheit. Dabei wird oft vergessen, daß nahezu alle Vorkehrungen zum Schutz der oft geheimen Daten auf dem Rechner fehlen.

Viren werden gelegentlich auch eingesetzt, um säumige Kunden zum Zahlen zu bringen. Eine Firma mit Anschrift in Warschau in Polen vertreibt Raubkopien, die weniger als ein Zehntel des regulären Preises kosten. Mit der Raubkopie installiert der nichtsahnende Kunde auch den Virus. Trifft dann nicht innerhalb eines Monats der Scheck in Polen ein, zerstört das Virenprogramm die Software auf dem Rechner des säumigen Zahlers. Nicht gerade die feine englische Art, aber wer kann schon klagen, wenn er selbst das Gesetz gebrochen hat?

Wie sind diese bösartigen Programme nun in der Lage, ihr zerstörerisches Werk zu vollbringen?

3.6.9.2 Die Techniken der Virenschreiber

Die Technik der Schreiber von Virusprogrammen ist nicht einheitlich, doch es lassen sich einige Trends identifizieren. Der Pakistani-Brain-Virus benutzte den *boot sector* von Systemdisketten, um die Kontrolle über den PC zu gewinnen. Diese heimtückische Vorgehensweise profitiert von der Tatsache, daß MS-DOS beim Laden zunächst immer abfragt, ob sich eine Diskette im Laufwerk A befindet. Die Vorgehensweise ist in grafischer Form in Abbildung 3.1 dargestellt.

Andere Schreiber von Viren-Software nehmen sich Applikationsprogramme oder Teile des Betriebssystems vor, an die sie ihre Virenprogramme in der ein oder anderen Weise zu binden versuchen.

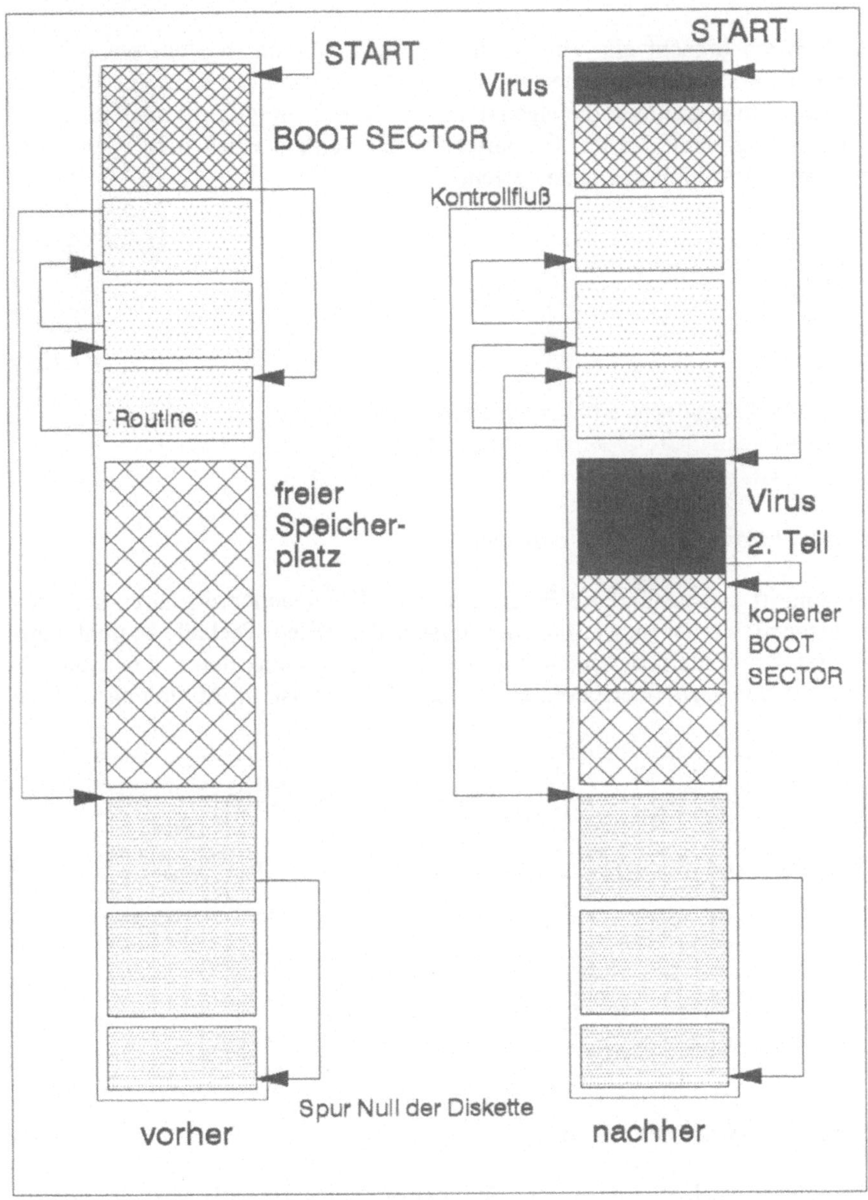

Abb. 3.1: Infektion durch einen Boot-Virus

Grundsätzlich braucht ein Virenprogramm einen Markierungsteil, um infizierte Programme im System erkennen zu kennen. Dazu kommt der Kern des Virus und ein Manipulationsteil, der die eigentliche Arbeit beim Angriff auf noch nicht infizierte Programme leistet. Graphisch ist der Aufbau eines derartigen Virenprogramms in Abbildung 3.2 dargestellt:

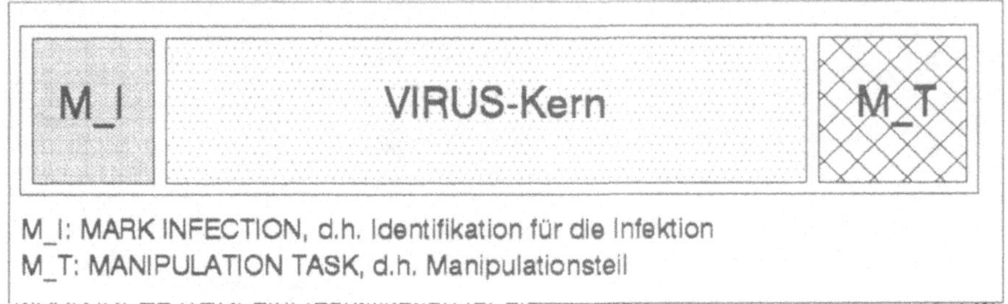

Abb. 3.2: Struktur eines Virusprogramms

Beim Angriff auf ausführbare Programme oder Kommandoprozeduren sind zwei verschiedene Vorgehensweisen zu unterscheiden: Eine Technik besteht darin, Teile des Anwenderprogramms oder des Betriebssystems durch den Code des Virenprogramms zu überschreiben. Diese Methode ist in Abbildung 3.3 dargestellt.

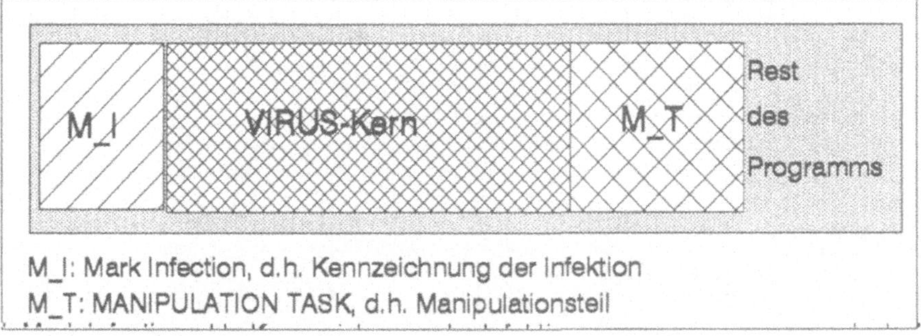

Abb. 3.3 Überschreibender Virus

Da mit dieser Technik ein Teil des Funktionsumfangs des infizierten Programms verlorengeht, und sich dies in der Regel durch ein verändertes Verhalten des betroffenen Programms zeigt, ist diese Art von Virusprogramm relativ sicher zu identifizieren.

Eine zweite Technik besteht darin, das infizierte Programm so umzustrukturieren, daß seine Funktion nicht beeinträchtigt wird. Ein solcher Virus ist daher viel schwerer zu entdecken.

Die Markierung als infiziertes Programm muß immer am Anfang dieses Programms stehen. Daher muß ein neu zu infizierendes Programm umstrukturiert werden. Dazu ist eine weitere Routine notwendig. Sie kopiert den ersten Teil des zu infizierenden Programms an das Ende des Programms und fügt an dieser Stelle den Code des Virusprogramms ein. Diese *Move*-Routine kopiert sich daraufhin selbst wiederum an das Ende des manipulierten Programms.

Es ist klar, das ein mit dieser Methode verändertes Programm länger sein wird als das ursprüngliche Programm. Abbildung 3.4 zeigt die Struktur eines derartigen Virusprogramms.

Abb. 3.4: Nicht-überschreibender Virus

Bei aller Raffiniertheit der Schreiber von Virenprogrammen muß man doch sagen, daß Viren-Software nur solche Dateien eines Computers angreift, die ausführbaren Code enthalten. Das sind in der Regel Dateien mit diesen Endungen:

- *.exe
- *.prg
- *.com
- *.bat

Diese Methode liegt allerdings ganz im Sinne des Virus. Wie ein lebender Organismus will er ja überleben. Reine Daten können aber gelöscht werden, und das würde auch den Virus zerstören. Insofern wird ein Virusprogramm diese Art von Dateien lieber meiden.

Selbst wenn Viren einige Schwachstellen bieten, sie stellen doch die bisher größte Gefahr für die Sicherheit von Software dar. Wie bei einer biologischen Virusinfektion können immer wieder neue Mutationen von Viren auftauchen, und durch ihre massenhafte Verbreitung und ihre Fähigkeit zum Überleben ist ihnen nur sehr schwer beizukommen. Es gibt bereits Viren, die so programmiert wurden, daß sie ihr zerstörerisches Werk erst am 1. Januar des nächsten Jahrtausends beginnen werden. Schlafende Zeitbomben also!

Betroffen von Viren war bisher vor allem der PC-Bereich, in dem das Tauschen von Programmen, darunter viele Raubkopien, durchaus üblich ist. Heimcomputer der Marken AMIGA und ATARI waren weniger stark betroffen, was wohl auch an der geringeren Marktpenetration liegen mag.

Die Computer der Firma Apple, deren Rechner wegen der ausgezeichneten Fähigkeiten im graphischen Bereich oft auch im kommerziellen Bereich eingesetzt werden, ist zwar nicht durch eine Vielzahl von Viren bedroht, die einzelnen Schadensfälle können wegen des Einsatzes in der Produktion jedoch teuer werden.

Zwar liegt der Schwerpunkt der bisher bekannten Schadensfälle im Bereich des PC und der Heimcomputer. Das sollte uns jedoch nicht in der Hoffnung wiegen, daß andere Rechner nicht infiziert werden können.

3.6.10 Würmer

Würmer haben im Gegensatz zu Viren nicht die Fähigkeit, sich selbst zu reproduzieren. Obwohl der Morris-Wurm manchmal auch als Virus bezeichnet wird, trifft diese Bezeichnung nicht ganz zu. Wesentliche Teile des Programms wurden auf dem infizierten Rechner mit Hilfe eines *Compilers* erst erzeugt. Das war eine Schwäche dieses Wurms. Andererseits war der Morris-Wurm in der Lage, auf den Rechnern verschiedener Hersteller und Betriebssysteme zu überleben. Das können die meisten der bisher entdeckten Viren nicht.

Ein Wurmprogramm ist also Software, die so gestaltet wurde, daß Segmente dieser Software auf verschiedenen Rechnern eines Netzwerks residieren und als Einzelstücke überlebens- und ablauffähig sind. Auch hier gibt es eine Analogie in der Biologie: Die Segmente eines Regenwurms sind durchaus ohne die übrigen Teile des Lebewesens zum Überleben fähig.

Die Möglichkeiten der Wurmprogramme wurden zuerst am bekannten Forschungszentrum *Palo Alto Research Center* von XEROX in Kalifornien erprobt. Sie können dazu dienen, daß sich neu an ein Netz angeschlossene Rechner selbst identifizieren. Da eine Neukonfiguration eines Netzes bei veränderter Umgebung oft eine langwierige und zeitraubende Angelegenheit sein kann, versprach diese Technik durchaus einen kommerziellen Nutzen.

Leider können Würmer auch zu weniger segensreichen Zwecken eingesetzt werden, wie wir inzwischen wissen.

3.6.11 *Scavenging*

Der Ausdruck bezeichnet ursprünglich einen Strandraub. In alten Zeiten war es durchaus üblich, daß die Küstenbewohner die Schätze eines auf ein Riff geratenen Schiffes, die an Land geschwemmt worden waren, einfach einsammelten. Nicht viel anders gehen die Täter beim "Strandraub" in unserer Zeit vor.

Auf einem Computersystem befinden sich fast immer Daten, die zwar im Prinzip nur temporärer Natur sind, allerdings doch relativ lange im Haupt- oder Massenspeicher bleiben. Dazu gehören zum Beispiel Daten in Warteschlangen für die Drucker, in Puffern aller Art und für das Löschen freigegebene, aber noch nicht gelöschte Programme.

Auch auf der Platte eines Systems finden sich in der Regel viele Daten, die eigentlich gelöscht werden könnten, etwa temporäre Dateien. Gerade zum Sortieren oder Mischen legt man oft solche Dateien an. Sie bleiben solange erhalten, bis das Programmpaket erneut aufgerufen wird. Erst zu diesem Zeitpunkt wird der Inhalt überschrieben. Derartige Dateien bilden daher einen Ansatzpunkt für alle Eindringlinge in Computersysteme, deren Ziel das Kopieren von Daten ist.

Scavenging hat allerdings auch eine physikalische Komponente. Es ist auch möglich, Programmlisten oder Ausdrucke mit Daten aus der EDV einfach durch das Durchsuchen des Mülls zu finden. Auf diese Weise lassen sich manchmal auf recht billige Art und Weise wertvolle Erkenntnisse gewinnen.

3.6.12 Simulation und Modellbildung

Any sufficiently advanced technology is indistinguishable from magic.
Aus Murphy's Computer Law.

Obwohl man bei Simulation zunächst gar nicht an eine mißbräuchliche Verwendung denkt, eignet sich die Methode bei näherer Betrachtung vorzüglich.

Wie kann denn der Benutzer am Terminal eines größeren Computersystems jemals sicher sein, daß die vom Rechner auf seine Eingaben hin gelieferten Ergebnisse wirklich richtig sind?

Im Grunde kann er oder sie das nicht, denn der Rechengang des Computers läßt sich für den einzelnen Endbenutzer gar nicht nachvollziehen. Solange die Ergebnisse plausibel erscheinen, wird der Benutzer sie wohl als richtig betrachten.

Hier liegt die Gefahr. Die vom Rechner dargestellten Ergebnisse können nämlich durchaus auch simuliert sein. Markus Hess, der Hacker aus Hannover, hat sich der Simulation bedient, um an unverschlüsselte Paßworte zu kommen. Im Betrugsfall *Equity Funding* wurde die Technik im großen Stil eingesetzt, um nicht vorhandene Versicherungsverträge vorzutäuschen.

Das Potential zum Mißbrauch des sehr nützlichen Werkzeugs Simulation ist also durchaus vorhanden.

3.7 Software im Einsatz

Gefährdet im Sinne einer Manipulation sind nicht nur Computerprogramme, sondern auch die von ihnen bearbeiteten Daten. Diesem Gebiet wollen wir uns nun zuwenden.

3.7.1 Die Richtigkeit der Daten

Nature always sides with the hidden flaw.
Aus Murphy's Law.

Daß Programme nicht immer vollständig richtig sind, wenn sie eingesetzt werden, ist leider eine Tatsache. Dem kann zwar durch intensives Testen bis zu einem gewissen Grade abgeholfen werden, aber die vollständige Richtigkeit des Programms läßt sich auch damit nicht beweisen.

Eine andere Frage ist die Richtigkeit der mit einem Computerprogramm bearbeiteten Daten. Das ist der Rohstoff, mit dem ein oder mehrere Programme arbeiten. Der Umfang der Daten ist oft beträchtlich. Dateien mit über hunderttausend Einträgen sind keine Seltenheit. Datenbanken erlauben es, solche Datenbestände effektiv zu organisieren und rasch darauf zuzugreifen. Man muß sich natürlich nun fragen, ob diese gespeicherten Daten immer richtig sind.

Dazu der folgende Fall aus der Praxis:

Fall 3.24 - Kredit verweigert

In einem Gespräch zwischen einem Bauunternehmer und seiner Hausbank legt der Bankbeamte plötzlich die Auskunft einer bekannten Kreditagentur auf den Tisch. Diese Nachricht besagt, daß der um Kredit nachsuchende Unternehmer sich vor kurzem zahlungsunfähig erklärt habe.

Selbstverständlich bekommt er an diesem Tag von seiner Bank keinen Kredit.

Die Auskunft der Kreditagentur ist in der Tat falsch. Nicht der Bauunternehmer, sondern einer seiner Angestellten hatte sich für zahlungsunfähig erklärt.

Bevor die Fakten jedoch vollständig auf dem Tisch waren, hatte sich die Sache zu einem Präzendenzfall im amerikanischen Recht entwickelt. Der Unternehmer klagt, und das zuständige Gericht verurteilt das Kreditbüro wegen Verleumdung.

Lassen Sie uns die Sache systematisch angehen. Nach dem Grundsatz der Produkthaftung läßt sich die folgende Aussage treffen: *Der Urheber eines Mangels haftet für Schäden, die als Folge eines mangelhaften Produkts oder einer Leistung eintreten.*

Ursprünglich mußte der Kläger nachweisen, daß der Hersteller für das fehlerhafte Produkt oder die Leistung verantwortlich war. Das fiel dem Kunden und Verbraucher in der Regel sehr schwer. Nunmehr wurde die Beweislast umgedreht. Die Verbesserungen in der Produkthaftung für den Verbraucher ergeben sich auch aus einer EG-Richtlinie, die in nationales Recht umgesetzt werden muß.

Diese Vorschrift enthält die folgenden Punkte:

a)   Einführung des Prinzips der verschuldensunabhängigen Haftung

b)   Ein Produkt gilt als fehlerhaft, wenn es nicht die Sicherheit bietet, die der
     Kunde oder Verbraucher vernünftigerweise erwarten kann

c)   Es besteht die Vermutung, daß ein Fehler im Produkt oder der Leistung seine
     Ursache im Bereich des Herstellers hat. Gegebenenfalls muß der Verkäufer
     oder Hersteller das widerlegen.

d)   Bagatellschäden bis zu 500 ECU werden nicht behandelt.

Wenn wir davon ausgehen, daß das Produkt gerade bei einer Auskunftei die
Daten sind, dann ist der Hersteller dieser Daten für deren Richtigkeit und Voll-
ständigkeit verantwortlich. Das bedeutet einerseits, daß er seinen Betrieb so
organisieren muß, daß die Eingabe falscher Daten verhindert wird. Es bedeutet
meiner Ansicht nach auch, daß er diese Daten gegen unberechtigten Zugriff und
Veränderung sichern muß. Gerade der Fall Mitnick hat gezeigt, daß das
Verändern solcher Daten nicht ausgeschlossen werden kann.

Daher werden in Zukunft erhöhte Anstrengungen zur Sicherung von Datenbeständen unternommen werden müssen.

3.8 Die Verwundbarkeit der Netze

Bei allen unseren Überlegungen zur Sicherheit der Software und der Computer-
anlagen sollten wir nicht aus den Augen verlieren, daß die Masse der Anlagen
durch Datenfernübertragung an öffentlichen Netzen hängt. Weltweit operierende
Konzerne benutzen oft nicht weniger als 65 000 Terminals, die über Netzwerke
verschiedenster Art miteinander kommunizieren können. Das schafft ein nicht zu
unterschätzendes Gefahrenpotential für den Mißbrauch.

Wir haben auch bereits gesehen, daß diese Netze nicht im erforderlichen Maß
gegen unberechtigte Benutzung und Mißbrauch gesichert sind. Daher müssen die
Verbindungen unserer Computer zu solchen Netzen und die Abhängigkeit von der
Datenübertragung in solchen Netzen in unsere Überlegungen zur Sicherheit
unserer Computersysteme einbezogen werden.

Teil IV

Die Möglichkeiten

zum

Schutz unserer Ressourcen

4.1 Einleitung

For every action, there is an equal and opposite reaction.

Sir Isaac Newton.

Nachdem uns nunmehr das Potential der Bedrohung unserer wertvollen Ressourcen bekannt ist, sollten wir über wirksame und noch bezahlbare Gegenmaßnahmen nachdenken. Alle möglichen vorstellbaren und vielleicht in der Zukunft auch auftretenden Gefahren für unsere Computer, die Software und die Datenbestände werden wir wahrscheinlich nicht abwehren können, jedenfalls nicht im Rahmen begrenzter Mittel.

Einige der uns zur Verfügung stehenden Techniken und Methoden sind technischer Natur. Andere bedürfen der Ausarbeitung von Verfahren und Arbeitsanweisungen und sind daher im Bereich der Organisation anzusiedeln. Schließlich wollen wir gleich an dieser Stelle betonen, daß auch bei Anwendung aller bekannten Methoden und Techniken immer ein Restrisiko bleiben wird. Dies zu beurteilen und gegebenenfalls mitzutragen, ist eine Aufgabe der Geschäftsleitung. Es kann nicht delegiert werden.

Überhaupt muß betont werden, daß Computer und Software nun einmal von ihren Brückenköpfen im Rechnungswesen in den sechziger Jahren heute in alle Bereiche eines modernen Unternehmens vorgedrungen sind. Gerade der beispiellose Siegeszug des PC hat die Datenverarbeitung in alle Gliederungen der Organisation getragen.

Die damit dort angesammelte Menge an Daten, Programmen, Informationen und Know-how entzieht sich bisher weitgehend der Kontrolle des Managements und der Geschäftsleitung. Erst recht ist oft kein einheitliches Sicherungskonzept vorhanden.

Die im vorhergehenden Abschnitt aufgezeigten Fälle haben jedoch deutlich gemacht, daß die Informationen eines Unternehmens in vielen Fällen nicht sicher vor Diebstahl und Manipulation sind. Da das Wissen und die gespeicherten Daten einer Firma jedoch mehr und mehr das eigentliche arbeitende Kapital darstellen, ist der Schutz dieses Vermögens eine unternehmerische Aufgabe.

Insofern sind alle Maßnahmen zur Sicherung dieser Ressourcen von der Unternehmensleitung zu initialisieren, zu steuern und zu überwachen. Das liegt im wohlverstandenen Interesse des *Top Managements*. Fragen Sie sich doch einmal, wie lange ihr Unternehmen ohne EDV funktionsfähig bleiben könnte.

Sind Sie zu einem Ergebnis gekommen?

Bei den meisten Unternehmen liegt der Wert bei etwa fünf Tagen, bei Banken muß man mit drei Tagen rechnen. Das sind sehr kurze Zeitspannen, und die Fixkosten deutscher Unternehmen sind hoch. Auch Mitarbeiter ohne funktionsfähigen Computer wollen bezahlt werden. Noch dazu bringen Konzepte wie die "verlängerte Werkbank" und *delivery just on time*, die aus logistischer Sicht sicherlich zu begrüßen sind, eine Abhängigkeit und Verflechtung der beteiligten Organisationen, die auch unter dem Gesichtspunkt der Sicherheit betrachtet werden muß.

Neue Techniken wie *Computer Aided Engineering* (CAE) und *Computer Aided Manufactoring* (CAM) werden dazu beitragen, den Computer und die dazugehörige Software auch im großen Maße in die Fertigung zu integrieren. Das verspricht zwar ein Potential an Rationalisierung, Flexibilität, höhere Qualität und auch Humanisierung der Arbeitswelt, es bedeutet allerdings auch eine Abhängigkeit vom Computer und der Software. Damit wird sich auch in diesen Bereichen die Frage der Sicherheit stellen.

Doch wenden wir uns jetzt im Detail den uns zur Verfügung stehenden Möglichkeiten zu.

4.2 Herkömmliche Maßnahmen

Der Schutz von Computern verlangt Maßnahmen zur Sicherung unserer Investitionen, die mit Anforderungen zum Schutz anderer hochwertiger Einrichtungen, etwa Forschungslabors, durchaus vergleichbar sind. Allerdings müssen die Maßnahmen immer auf das zu schützende Gut und seine Eigenschaften hin abgestimmt werden.

Die Eigentümer und Betreiber von EDV-Anlagen sind zunächst für deren Schutz verantwortlich. Das ist ein Teil des unternehmerischen Risikos. Es sind deshalb bereits bei der Planung für eine EDV-Anlage entsprechende Überlegungen anzustellen.

4.2.1 Lage und Ausstattung der EDV-Räume

Die Lage der Gebäude und Räume, in denen unsere teueren Computer und die darauf residierenden Programme installiert werden, muß sorgfältig bedacht und geplant werden. Das gilt in zweierlei Hinsicht:

- Für die Standortplanung

- Für die Raumplanung.

Die Standortplanung befaßt sich mit der Frage, wo unser Rechenzentrum in der Bundesrepublik oder in Europa errichtet werden soll. Bei multinationalen Unternehmen können diese Überlegungen allerdings auch so entfernte Orte wie die USA, Japan, Indien, Hawai und die Bermudas einbeziehen.

Software-Erstellung in Schwellenländern wie Indien und Brasilien ist durchaus eine Untersuchung wert, wenn die Größe des Unternehmens solche Projekte zuläßt. Der Markt für Standardprogramme ist so international wie kaum ein anderes Gebiet, und ihr Absatzgebiet ist oft der Weltmarkt.

Einige Fluggesellschaften sind dazu übergegangen, ihre entwerteten Flugscheine von Datentypistinnen in so schönen Gegenden wie auf den Bermudas erfassen zu lassen. Der Standort ist wegen der dort gebotenen niedrigen Löhne attraktiv. Die Vorgehensweise bringt die Arbeit zu den Arbeitnehmern, und ein Gastarbeiterproblem wird auf diese Art und Weise vermieden. Die Übertragung zum zentralen Rechner der Fluggesellschaft auf dem amerikanischen Festland ist technisch kein Problem.

Doch wenden wir uns der Frage zu, was unser Rechenzentrum bedrohen könnte. Da wären zu nennen:

- Ein Kernkraftwerk in unmittelbarer Nähe.

- Eine Anlage der Großchemie oder eine Erdölraffinerie.

- Ein Verkehrsflughafen.

- Ein Startplatz für Raketen oder Raumfähren.

- Ein Erdbeben.

• Der Bruch eines Staudamms oder Kanals.

Unfälle wie in Tschernobyl und *Three Miles Island* haben gezeigt, daß die Technik der Kernkraftwerke noch nicht vollkommen beherrscht wird. Da uns ein radioaktiv verseuchtes Rechenzentrum wenig nützen wird, sollten wir solche Standorte vermeiden. Ähnliche Gefahren können von Raffinerien und chemischen Anlagen ausgehen. Eine Explosion oder ein Brand in einer Raffinerie kann auch angrenzende Gebäude und Anlagen zerstören. Deswegen sollte unser geplantes Rechenzentrum in weiterer Entfernung von einer solchen gefahrgeneigten Produktion errichtet werden.

Auch der Damm des Rhein-Main-Donau-Kanals ist vor einigen Jahren bei Schwabach in Mittelfranken schon einmal gebrochen. Viele Häuser mit ihren technischen Einrichtungen wurden zerstört, und die Katastrophe forderte nicht zuletzt Menschenleben. Für den Bruch von Staudämmen ist mit ähnlichen Auswirkungen zu rechnen. Bei der Planung eines Rechenzentrums sind daher die Standorte auf solche möglichen Katastrophenfälle hin zu untersuchen.

Erdbebengefährdete Gebiete sind ebenfalls zu vermeiden. Ist das nicht möglich, dann sind Vorkehrungen für den Fall der Fälle bei den Gebäuden und EDV-Räumen zu berücksichtigen.

Die Firmen der amerikanischen Elektronikindustrie im Silicon Valley in Kalifornien haben zum Beispiel eine sogenannte *Doomsday Box* installiert. Dieses Gerät erkennt Erdbeben und schaltet die Computer in der Fertigung und Entwicklung gegebenenfalls gezielt und planmäßig ab. Daß solche Einrichtungen durchaus nützlich und wertvoll sind, hat sich bei dem größeren Erdbeben im Frühjahr 1990 in Kalifornien erneut gezeigt.

Im Bereich der Einflugschneisen von Großflugplätzen herrscht einfach ein erhöhtes Risiko, denn Start und Landung eines Flugzeugs sind die gefährlichsten Phasen des Fluges. Deswegen sollten solche Standorte für ein Rechenzentrum vermieden werden.

Ähnliche Argumente gelten für Cap Canaveral in Florida, Edwards Air Force Base in Kalifornien und Kourou in Guayana.

Lassen sich gefährdete Standorte nicht vermeiden, ganz einfach weil ihr Geschäft nun einmal die Produktion von Benzin oder das Starten der Raumfähre ist, dann sollten wir uns an einen Satz aus der Hackerszene erinnern: *Dezentralisierung ist gut.*

Wenn ihr Unternehmen nun einmal direkt am Rhein liegt, weil das ihr traditioneller Standort ist, weil sie das Kühlwasser brauchen und noch dazu ein Versorgungsunternehmen direkt neben ihrer chemischen Fabrik ein Kernkraftwerk gebaut hat, dann werden sie ihr gewachsenes Rechenzentrum vermutlich nicht verlegen wollen. Es muß ja nichts passieren, es kann nur etwas passieren.

In einem so gelagerten Fall wäre zu überlegen, ob Sie ihr Rechenzentrum nicht allein für die Produktion bereits fertig gestellter und im Einsatz befindlicher Computerprogramme nutzen wollen und die gesamte Programmentwicklung einfach auslagern.

Sie würden dann eine zweite, genau gleich ausgestattete und konfigurierte EDV-Anlage anschaffen, natürlich auch mit demselben Betriebssystem. Diese Anlage nutzen sie zur Entwicklung.

Tritt wirklich eine Katastrophe ein, dann können Sie mit den gesicherten Programmen und Daten ihre zweite Anlage ziemlich schnell hochfahren. Eine längere, kostspielige Unterbrechung ihres Geschäftes wird vermieden.

Natürlich wird ihre zweite Anlage für die bloße Programmentwicklung vielleicht etwas überdimensioniert sein. Das wird sich allerdings bald geben. Die Zahl der EDV-Anwendungen nimmt ständig zu.

Aus personalpolitischer Sicht kann sich eine zweite Anlage in einer weniger dicht besiedelten Gegend Deutschlands durchaus als Vorteil erweisen. Hochqualifizierte Spezialisten sind eher in reizvolle Gegenden zu locken, und vielleicht winkt sogar ein Steuervorteil.

Eine manchmal vorgeschlagene Alternative ist ein gemeinsam mit anderen Unternehmen betriebenes zweites Rechenzentrum, das im Notfall für ein Reihe von Firmen zur Verfügung stehen soll.

So verlockend der Vorschlag wegen der geringeren Kosten zunächst klingt, in der Praxis funktioniert das kaum. Die Rechnerkonfigurationen sind meist unterschiedlich, und die Anforderungen der beteiligten Unternehmen sind kaum unter einen Hut zu bringen. Am ehesten entspricht ihre Anlage vielleicht der Installation ihres unmittelbaren Konkurrenten, und da ist die Zusammenarbeit wegen der möglichen Preisgabe von Firmengeheimnissen wenig wünschenswert.

Als Standorte bedenken sollte man nicht nur feste Installationen, sondern auch temporäre Einrichtungen auf Messen und Ausstellungen. Oft stellen Anbieter ihre Computer und die Software in engem zeitlichen Zusammenhang mit Kongressen und Tagungen aus, meist in den Lobbies von Hotels. Bei dieser Gelegenheit bemüht sich natürlich jede Firma, ihr bestes und neuestes Produkt den potentiellen Kunden vorzustellen.

Für weniger wohlmeinende Besucher bietet sich hier eine ausgezeichnete Gelegenheit, schnelle Computer, leistungsfähige Workstations und die neueste Software zum Nulltarif zu erwerben. Den Dieben wird es in Hotels oft leichtgemacht: Ein Hintereingang zum Abtransport der Hardware findet sich leicht, und in vielen Fällen sind die betroffenen Unternehmen nicht einmal versichert.

Befassen wir uns nun mit der **Raumplanung**: Auch hier sollte der Gedanke der Sicherung der Anlagen unser oberster Grundsatz sein.

Das schließt Räume unmittelbar an einer Hauptverkehrsstraße, und besonders im Erdgeschoß aus. Bei einem Rechenzentrum in solch exponierter Lage ist ein Bombenanschlag zu leicht möglich. Bereits ein schwerer Lastwagen kann die Außenmauern ohne große Mühe durchbrechen. Bei den Anschlägen auf amerikanische Installationen im Libanon wurde diese Technik von den Terroristen benutzt, und durchaus mit Erfolg.

Besser sind EDV-Räume in Innenhöfen von Gebäudekomplexen, die für Betriebsfremde nicht zugänglich sind. Bei der Frage der Benutzung von Kellerräumen ist man zunächst intuitiv geneigt, sie für geeignet zu halten. Doch hier lauern Gefahren anderer Art:

Fall 4.1 - Wolkenbruch

Friedrich Unger arbeitet während seines Studiums nebenbei im Rechenzentrum der Technischen Fachhochschule Berlin. In Abwesenheit des hauptamtlichen Betreuers ist er dabei für den Rechner der TFH, eine Zuse Z25, verantwortlich.

Eines Nachmittags nun, es geht bereits auf vier Uhr zu, kommt ein Kollege aus dem Labor herein und berichtet, daß draußen ein Wolkenbruch niedergeht. Friedrich Unger hätte das gar nicht bemerkt. Das Rechenzentrum liegt im Keller des Gebäudes und hat weder Fenster noch einen direkten Eingang von draußen. In dieser isolierten Lage bekommt er das Wetter immer erst dann mit, wenn er abends nach Hause geht.

Nach einer Viertelstunde öffnet er aber doch die Tür des Notausgangs an der Rückseite des Rechenzentrums und schaut nach draußen.

Der Regen ist so dicht, daß man kaum zwanzig Meter weit schauen kann. Es prasselt nur so hernieder. Doch was schlimmer ist: Das Abfallrohr von der Dachrinne führt wenige Meter am Notausgang vorbei. Es ist nicht ganz dicht, und ständig läuft Wasser aus. Es sammelt sich am Eingang zum Rechenzentrum. Noch drei Zentimeter, und der Pegel wird das Niveau der Schwelle erreicht haben. Dann läuft das Wasser in das Rechenzentrum. Das kann der alten Zuse doch sicherlich nicht gut tun.

Was nun?

Kellerräume sollte man also immer vermeiden, wenn eine Überflutung nicht ausgeschlossen werden kann. In einem Notfall sind oft auch Abwasserhebeanlagen und ihre Pumpen wegen eines Stromausfalles außer Betrieb, und Hilfe herbeizurufen ist oftmals schwierig.

Noch dazu sind eben Kellerräume ohne Tageslicht als Arbeitsräume für Menschen ungeeignet.

Auf den zweiten Blick scheiden also Kellerräume in vielen Fällen bald aus. Besser sind EDV-Räume im Parterre, da sie für die Installation größerer Computer auch ohne Aufzug leicht zugänglich sind. Berücksichtigt man die vorher gemachten Einschränkungen, spricht nichts gegen eine solche Lage des Rechenzentrums.

Es darf jedoch nicht nur der Rechner selbst, sondern es muß immer auch die gesamte Peripherie mit betrachtet werden. Will man kein lokales Netz (LAN) für den Anschluß der Terminals oder Workstations einsetzen, darf die Leitungslänge in der Regel 20 bis 25 Meter nicht überschreiten.

Die Plattenlaufwerke und Bandmaschinen müssen aus technischen Gründen unmittelbar neben dem Rechner stehen. Die Drucker sollten wegen des Papierstaubs und der damit verbundenen Brandgefahr in einem abgetrennten Raum neben dem eigentlichen Rechnerraum plaziert werden.

Der Rechnerraum und die Räume für die Peripherie sollten mit Doppelböden zum Verlegen der elektrischen Leitungen und für die Kanäle der Klimaanlage ausgestattet werden. Antistatischer Bodenbelag ist ebenfalls vorzuschreiben, um eine Beschädigung der Elektronik und einen Ausfall der Geräte zu vermeiden.

Die Wände der EDV-Räume müssen aus brandhemmendem Material bestehen, das auch schallschluckend sein sollte. Das Innere der Räume sollte von außen nicht einsehbar sein, und die Fensterscheiben dürfen bei einer Explosion nicht zersplittern.

Weiterhin sind die folgenden Punkte zu beachten:

- Klimatisierung

- Stromversorgung

- Brandschutz

Alle größeren Rechner benötigen weiterhin Klimaanlagen. Die weitaus meisten Computer sind dabei luftgekühlt, Wasserkühlung ist eher die Ausnahme.

Die Klimaanlage ist so auszulegen, daß diese Werte erreicht werden können:

- Raumtemperatur 20 bis 26 Grad Celsius

- Relative Luftfeuchte zwischen 40 und 60 Prozent

Lassen Sie uns mit den eher traditionellen Maßnahmen beginnen. Verschließbare Räume für die EDV-Anlagen sind in den Rechenzentren oft bereits eingeführt. Zugang zum Rechner selbst ist in der Regel nur für den Operator der Anlage und das Wartungspersonal notwendig.

Zum Drucker müssen alle Benutzer des Computers Zugang haben. Da der Drucker allerdings sowieso in einem separaten Raum stehen soll, läßt sich diese Forderung relativ leicht erfüllen, ohne daß Zugang zum Rechner selbst gewährt werden muß. Der Papierstaub der Drucker kann für die Magnetplatten und die Schreib-Leseköpfe der Laufwerke tödlich sein.

Die Klimaanlage sollte im Rechnerraum gegenüber den umgebenden Räumen einen leichten Überdruck erzeugen. Dadurch können Stäube, zum Beispiel aus dem Druckerraum, nicht in den eigentlichen Rechnerraum gelangen. Bei Ausfall der Klimaanlage ist ein Alarm zu erzeugen. Diese Meldung sollte nicht nur lokal erfolgen, sondern auch im Wachraum des Werkschutzes.

Läuft die EDV-Anlage nachts ohne Beaufsichtigung durch, dann ist unter Umständen ein gezieltes Abschalten beim Ausfall der Klimaanlage sinnvoll. Diese Maßnahme muß von Fall zu Fall betriebsspezifisch geklärt werden.

Die Stromversorgung ist in Deutschland zwar relativ gut und stabil, dennoch sind gelegentliche Ausfälle vorgekommen. Hier kommt es auf den Verwendungszweck des Rechners an.

Handelt es sich um Echtzeitanwendungen, zum Beispiel in der Medizin, dann muß eine unterbrechungsfreie Stromversorgung gewährleistet werden. Ähnliche Forderungen sind bei Computern zur Prozeßsteuerung in der Industrie oder bei Verkehrsleitrechnern in Kommunen zu stellen.

Während sich ein totaler Stromausfall leicht feststellen läßt, sind Spannungseinbrüche und kurzzeitige Stromspitzen oft nicht nachweisbar. Sie bringen jedoch manchmal den Computer zum Absturz (*crash*) oder verfälschen ein Ergebnis.

In der gemischten Installation eines Bürogebäudes oder eines Industriebetriebes treten solche Fälle gelegentlich auf, wenn ein Aufzugmotor anläuft oder eine große Pumpe an das Netz geht. Die Ursache im konkreten Einzelfall zu finden ist oft Detektivarbeit.

Abhilfe kann oft durch eine andere elektrische Verschaltung des Rechneranschlusses getroffen werden. Auf jeden Fall sollte das Rechenzentrum einen eigenen Anschluß an das lokale Stromnetz mit einem zentralen und abschließbaren Sicherungskasten besitzen.

Treten über längere Zeit hinweg Probleme durch Netzschwankungen auf, ist die Installation eines eigenen Generators, der wiederum durch einen Elektromotor betrieben wird, in Erwägung zu ziehen. Die Kombination Elektromotor-Generator ist durch die schwingenden Massen in der Lage, kurzzeitige Spannungseinbrüche aufzufangen.

Eine ähnliche Forderung wie für den Stromanschluß gilt für den Anschluß an die Kommunikationsnetze der Post, zum Beispiel das DATEX-P-Netz. Wer vor lauter Kabelsalat nicht weiß, ob er nun einen DATEX-P oder DATEX-L-Anschluß besitzt, ob es sich um eine Wähl- oder eine Standleitung handelt, dem wird man auch nicht zutrauen, Hackern den Zugriff auf seine Rechenanlage streitig zu machen.

Alle diese externen Anschlüsse sollten zentral über nur einen Anschlußkasten in das Rechenzentrum geführt werden. Dieser Anschlußkasten muß verschließbar sein, und die Leitungen und Anschlüsse müssen dauerhaft beschriftet werden.

Für die Anschlüsse der Terminals hat es sich bewährt, einen Anschlußkasten ähnlich den alten Handvermittlungen der Post zu bauen. Man führt dann alle Terminalanschlüsse von der CPU zunächst zu diesem Verteiler. Ebenso werden alle Leitungen von den Terminals zu diesem Schrank verlegt. Die eigentliche Verbindung wird im Schaltschrank durch ein kurzes Kabel hergestellt.

Dieses Verfahren hat den Vorteil einer größeren Flexibilität beim Einsatz der Terminals der Benutzer in den Abteilungen. Zudem muß man bei Änderungen nichts am Rechner selbst umstecken. Die Stecker an den Leiterplatten sind manchmal häufigem Umstecken nicht gewachsen. Außerdem, wer will schon dauernd bei schlechter Beleuchtung hinter dem Rechner herumkriechen?

Dem Schutz vor Feuer ist durch geeignete vorbeugende Maßnahmen des Brandschutzes Rechnung zu tragen. Es gilt, die folgenden Forderungen zu beachten:

a) Die EDV-Räume sind von anderen Gebäudeteilen abzuschotten. Dazu können feuersichere Stahltüren dienen, die sich bei Rauchentwicklung automatisch schließen.

b) Innenwände sollen aus nicht brennbaren oder zumindest schwer entflammbaren Materialien bestehen. Die Maßnahmen sind auf Hohlböden, abgehängte Decken und Mauerdurchbrüche auszudehnen.

c) Speichermedien, soweit nicht auslagerbar, sind in feuersicheren Schränken aufzubewahren.

d) Die Klimaanlage sollte Brandschutzklappen enthalten.

e) Der Druckerraum und ein eventuell vorhandenes Papierlager muß in das Brandschutzkonzept einbezogen werden.

Die Erfahrung zeigt, daß bei Bränden oft nicht das Feuer die Elektronik des Computers zerstört hat, sondern das Löschwasser. Deswegen ist vorbeugender Brandschutz besonders wichtig. Dabei ist im Bereich der EDV unbedingt darauf zu achten, daß nicht die in anderen Abteilungen oft ausreichenden Feuerlöscher mit Löschpulver, sondern nur CO_2-Löscher zum Einsatz kommen.

Das Löschpulver ist für die elektronischen Schaltungen eines Rechners genauso tödlich wie Löschwasser. Kohlendioxid dagegen entzieht dem Brandherd den notwendigen Sauerstoff, und es ist als Gas für die Elektronik nicht schädlich. Auch Halon-Löscher sind für die EDV geeignet, wegen der Verwendung von Fluorkohlenwasserstoffen aus Gründen des Umweltschutzes allerdings abzulehnen.

Es schadet auch nicht, wenn die Werksfeuerwehr oder der Werkschutz einmal im Jahr die Mitarbeiter der EDV über die Handhabung der Feuerlöscher unterrichtet. Wer im Ernstfall erst die Gebrauchsanweisung des Feuerlöschers lesen muß, kommt zum Löschen vielleicht zu spät!

Weitere Gefahren für das ordnungsgemäße Arbeiten der EDV-Anlage können durch Blitzschläge oder starke RADAR-Anlagen entstehen. Blitzschlag führt gerade im Sommer oft zum Ausfall des Rechners. Das Problem dabei ist, den Einschlag des Blitzes rechtzeitig zu erkennen, um durch ein Gerät zum Schutz des Computers überhaupt reagieren zu können. Mir ist bisher keine befriedigende Lösung des Problems bekannt.

Die Forderung lautet nämlich: Reaktion innerhalb von fünf Picosekunden oder weniger. Wenn man sich vergegenwärtigt, daß selbst schnelle Speicher (SRAMs) Zugriffszeiten von wenigen Nanosekunden brauchen, kann man sich vorstellen, wie schwer diese Forderung technisch zu erfüllen ist.

Starke Strahlung kann das Arbeiten des Computers beeinträchtigen. Allerdings werden durch solche Anlagen keine gespeicherten Daten gelöscht. Abhilfe schafft in der Regel Aluminiumfolie, mit der die gefährdeten Leitungen abgeschirmt werden.

Keinen Schutz gibt es zur Zeit gegen eine Atombombenexplosion in einer Höhe von 100 bis 300 Kilometern über der Erde. Durch den dadurch erzeugten elektromagnetischen Puls (EMP) würden alle elektrischen Leiter, also die Kabel aus Kupfer, unbrauchbar.

Abhilfe kann hier nur die Schirmung der Kabel und der durchgängige Einsatz von Lichtwellenleitern schaffen. Damit ist in naher Zukunft nicht zu rechnen.

Bei allen unseren Überlegungen zum physikalischen Schutz unserer Computer gegen Zerstörung und Manipulation sollten wir mögliche Erweiterungen der EDV berücksichtigen und entsprechend ausgestattete Reserveflächen und -räume vorhalten.

4.2.2 Zugangskontrolle

Neben den gebräuchlichen Mitteln wie Schlössern werden auf diesem Gebiet inzwischen auch Verfahren angeboten, die eher aus einem James-Bond-Streifen zu stammen scheinen. Für Filmliebhaber: *Sag niemals nie!* Doch die Realität hat die Phantasie der Drehbuchschreiber inzwischen längst eingeholt.

Lassen Sie uns mit den eher traditionellen Verfahren beginnen. Verschließbare Räume für die Installationen im Rechenzentrum sollten eine Selbstverständlichkeit sein. Dabei ist der Zugang zum Rechner selbst im normalen Betrieb nur für den Operator notwendig. Der oder die Drucker sollten in einem separaten Raum in der Nähe des Rechnerraums stehen.

Gefährdet im Sinne einer Manipulation, der Zerstörung des Computers und des Diebstahls von Datenträgern sind allerdings nicht nur die Rechenzentren der Firmen. Mit dem Vordringen des PC sind auch beträchtliche Datenmengen in die Fachabteilungen gewandert. Die Massenspeicher der PC erreichen bereits mehr als 500 Megabytes. Damit müssen diese Rechner in ein Sicherungskonzept einbezogen werden.

Der Bildschirm, die Tastatur, die Festplatte und die Zentraleinheit eines PC lassen sich schnell auf einen Wagen packen und sind in wenigen Minuten in ein bereitstehendes Fahrzeug verladen. Drucker bereiten den Dieben kaum weniger Mühe.

In den wenigsten Büros wird ein Dieb im Arbeitsmantel, ausgerüstet mit einer gehörigen Portion Frechheit, sofort Verdacht erregen. Die Computer sind auch nicht dauernd in Betrieb, und manches Büro steht leer, besonders während der Mittagspause.

Dem Diebstahl von PCs kann durch eine Reihe von Maßnahmen vorgebeugt werden:

a) Befestigen des Rechners am Schreibtisch.

b) Kennzeichnung des PC, des Bildschirms und der Tastatur als Eigentum der eigenen Firma.

c) Anbringen der Kennzeichnung auch im Inneren des Gehäuses, zum Beispiel auf den Leiterplatten.

d) Aufschreiben der auf den Leiterplatten eingeprägten Fertigungsnummern.

e) Photos der Geräte anfertigen, einschließlich der Leiterplatten.

f) Schlüsselschalter am PC selbst.

g) Verschließen der Büroräume bei Abwesenheit der Mitarbeiter.

Ohne Frage kommt ein Fremder nicht in allen Unternehmen so ohne weiteres auf das Betriebsgelände. Bei vielen Firmen läßt der Werkschutz Betriebsfremde nur mit einem Ausweis in den Betrieb, der farblich anders als die Ausweise der Mitarbeiter gestaltet ist. Auch eine generelle Begleitung für Besucher durch die eigenen Mitarbeiter kann in Erwägung gezogen werden.

Doch nicht alle Firmen können oder wollen sich einen eigenen Werkschutz leisten, und der Zutritt zu deren Werksgelände bereitet daher keine große Mühe.

Lassen Sie uns nun zum altbewährten Schlüssel kommen. Trotz einer langen Tradition und moderner Sicherheitsschlösser können - und werden - Schlüssel gestohlen, und auch nachgemacht. Im Grunde gewährt ein Schloß an einer Tür demjenigen Zutritt, der einen passenden Schlüssel hat. Eine Überprüfung der Identität findet nicht statt.

Plastikkarten mit Magnetstreifen in der einfachen Ausführung sind zwar etwas besser, doch auch hier sind schon Fälschungen berichtet worden. Das Auslesen der Information auf dem Magnetstreifen einer Plastikkarte bereitet einem Techniker mit der entsprechenden Ausrüstung kaum Probleme. Auf diese Weise wurden bereits einige Bankautomaten im deutsch-holländischen Grenzgebiet ausgeraubt.

Besser als Schlüssel und Plastikkarten sind Systeme, bei denen weder ein Schlüssel noch eine Plastikkarte ausgegeben werden muß. Zahlenkombinatsschlösser sind ein gutes Beispiel. Dabei muß sich der Kreis der Benutzer eine bestimmte Zahlenkombination, etwa 2547, merken. Beim Eintippen dieser Kombination in der richtigen Reihenfolge läßt sich die Tür öffnen.

Wie beim Paßwort und der Geheimzahl beim Bankautomaten muß sich jeder Benutzer die Zahl merken, und er darf sie keinesfalls aufschreiben. Wird die Ziffernfolge erst bekannt, ist der Schutz gegen unberechtigtes Eindringen nicht mehr gegeben. Dem läßt sich durch ein Ändern der Kombination vorbeugen.

Moderne Verfahren der Zutrittskontrolle (*biometric devices*) arbeiten mit unverwechselbaren persönlichen Kennzeichen. Hier wären zu nennen:

a) Prüfen der Identität durch Photographieren und Vergleichen der Fingerlinien.

b) Überprüfen der Identität durch Vermessen der Geometrie der Handoberfläche.

Ähnlich wie bei dem bekannten Verfahren der Fingerabdrücke können die Fingerlinien eines Menschen auch direkt als unverkennbares persönliches Merkmal zur Identifikation verwendet werden. Wie die Oberfläche der Finger weist auch die Handinnenseite unverwechselbare Kennzeichen auf, die gespeichert und zur späteren Identifikation herangezogen werden können.

c) Überprüfung der Identität mit Hilfe der Stimmfrequenz.

Auch die menschliche Stimme weist unverwechselbare Merkmale auf, die nur einer Person zuzuordnen sind. Obwohl es einer gewissen Lernphase bedarf, bis das verwendete Zugangssystem einen berechtigten Benutzer des Rechenzentrums eindeutig erkennt, ist dies ein geeignetes und praktikables Verfahren.

d) Überprüfung der Identität durch eine Schriftprobe.

Die menschliche Schrift, und die mit dem Schreibvorgang verbundene Haltung des Kugelschreibers, der aufgebrachte Druck auf der Oberfläche und die Bewegungen des Schreibgeräts erzeugen unverkennbare persönliche Merkmale, die zu einer Identifikation benutzt werden können.

e) Überprüfung der Identität durch Vermessung der Retina des menschlichen Auges.

Dieses Verfahren wurde in einem James-Bond-Film publikumswirksam vorgeführt. Es handelt sich aber nicht nur um einen Gag der Filmemacher. Das Verfahren wird bei hochsensiblen Anlagen in den USA tatsächlich eingesetzt.

f) Überprüfen der Identität durch Überwachung der Tippfrequenz.

Die Art und Weise, wie ein bestimmter Benutzer eines Terminals den Text eintippt, ist unverwechselbar und immer an nur einen einzigen Menschen gebunden. Daher läßt sich die Frequenz der Anschläge an einer Tastatur als Identifizierungsmerkmal benutzen. Ein Vorteil der Methode ist es auch, daß sie ohne Wissen des

Benutzers angewandt werden kann. Es läßt sich also feststellen, wenn jemand an einem fremden Terminal oder unter der ID eines anderen Benutzers arbeitet.

g) *Smart Card.*

Plastikkarten mit gespeicherten Informationen zur Zugangskontrolle sind dann sinnvoll, wenn die Karte nicht nur lediglich einen Magnetstreifen enthält, sondern einen elektronischen Baustein mit Speichermöglichkeit, etwa ein EEPROM. Es ist dann möglich, persönliche Daten in verschlüsselter Form auf der Karte zu speichern. Versucht jemand, mit der Karte einen gesicherten Bereich zu betreten, entwickelt sich ein Dialog zwischen dem Besitzer der Karte und dem Kontrollsystem. Da nur der rechtmäßige Besitzer der Karte seine persönlichen Daten wissen kann, ist das Stehlen der Karte sinnlos, und der Zugang für Nichtberechtigte kann wirksam vermieden werden.

Da intelligente und weniger intelligente Chipkarten rein äußerlich durchaus gleich aussehen können, eröffnet sich mit der *smart card* auch die Möglichkeit zum stillen Alarm. Die Karte kann auch dazu benutzt werden, den Zeitpunkt des Betretens gesicherter Räume zu speichern.

Das sogenannte *Piggybacking*, also das Betreten gesicherter Räume durch Unbefugte nach oder mit einem befugten Mitarbeiter, kann zum einen durch einen Wachmann am Eingang zu dem gesicherten Bereich verhindert werden. Wem das zu aufwendig ist, der kann auch eine Drehtür installieren, die immer nur eine Person gleichzeitig einläßt.

Besondere Vorkehrungen sind zu treffen, wenn außerhalb der üblichen Arbeitszeiten gearbeitet werden muß. Es sollten eine regelmäßige betriebliche Arbeitszeit, zum Beispiel von sechs Uhr morgens bis sechs Uhr abends, vereinbart werden. Bei Ausnutzung der Gleitzeiten für die Mitarbeiter sind während dieser Zeiten die Büros, Fabrikationsstätten und Lagerhallen für die berechtigten Mitarbeiter zugänglich.

Arbeiten außerhalb dieser Zeiten müssen neben der Anmeldung der Überstunden auch eine Meldung beim Werkschutz nach sich ziehen. Diese Maßnahme erfordert kaum Aufwand, erlaubt es aber, außergewöhnliche Arbeitszeiten zu erfassen und zu dokumentieren.

Gilt dieser Grundsatz für die eigenen Mitarbeiter, so gilt er für Fremdfirmen umso mehr. Manche Arbeiten, etwa die Verstärkung des Stromnetzes oder das Verlegen neuer Wasserleitungen, bedingen eine Abschaltung der Versorgung. Daher werden solche Arbeiten nach dem Ende der regulären Arbeitszeit oder an den Wochenenden durchgeführt, um einen Produktionsausfall zu vermeiden.

Da auch das betriebliche Rechenzentrum oder Büros mit PCs von derartigen Arbeiten betroffen sein können, ist im Einzelfall die Sicherung der Computer zwischen Fachabteilung und Werkschutz abzuklären. Gegebenenfalls ist während der Ausführung der Arbeiten ein Wachmann zur Beaufsichtigung der betriebsfremden Monteure abzustellen.

4.2.3 Ständige Überwachung und Kontrolle

Neben den Fachleuten des Werkschutzes bieten sich moderne technische Methoden zur Überwachung des Werksgeländes und der EDV-Räume an. Hier wären zu nennen:

- Videokameras, auch in Verbindung mit Aufzeichnungsgeräten

- Infrarotmelder

- Lichtschranken.

Natürlich wird der Einsatz von Lichtschranken und Infrarotmeldern auf die Nachtstunden beschränkt bleiben, wenn in den Räumen der EDV kein menschliches Wesen zugange ist.

Neben dem Alarm durch eine Sirene kann auch ein stiller Alarm ausgelöst werden, der in der Zentrale des Werkschutzes oder auch in einer Dienststelle der Polizei oder eines privaten Wachdienstes angezeigt wird. Hat ein Eindringling erst die äußeren Sperren des Betriebsgeländes überwunden und ist in das Rechenzentrum vorgedrungen, dann muß davon ausgegangen werden, daß es sich um einen professionellen Dieb oder einen Attentäter handelt.

In diesem Stadium ist es weniger interessant, den Täter zu vertreiben, als ihn zu fassen. Ein lauter Alarm könnte auch zu Panikreaktionen und möglicherweise zu Vandalismus führen. Dies sollte vermieden werden.

4.3 Hilfe durch die Behörden

Schließlich sind den deutschen Unternehmen finanzielle und gesetzliche Grenzen gesetzt. Die Verfolgung von Straftaten ist die Sache der zuständigen Behörden.

Durch die Ergänzung des Strafgesetzbuches wurden die folgenden Straftatbestände in Zusammenhang mit Computern und Software neu aufgenommen:

- Ausspähen von Daten

- Computerbetrug

- Datenveränderung

- Computersabotage.

Daneben gilt es bei allen verdächtigen Vorfällen im Zusammenhang mit Computern und Software zu bedenken, daß es sich bei den Tätern auch um Spione oder deren Helfershelfer handeln kann.

Insofern kommen die Vorschriften des Strafgesetzbuches in Bezug auf Spionage oder Landesverrat zur Anwendung. Hier der Wortlaut der einschlägigen Paragraphen des Strafgesetzbuches:

§94 - Landesverrat - lautet: Wer ein Staatsgeheimnis

1. einer fremden Macht oder einem ihrer Mittelsmänner mitteilt oder

2. sonst an einen Unbefugten gelangen läßt oder öffentlich bekanntmacht, um die Bundesrepublik Deutschland zu benachteiligen oder eine fremde Macht zu begünstigen,

und dadurch die Gefahr eines schweren Nachteils für die äußere Sicherheit der Bundesrepublik Deutschland herbeiführt, wird mit Freiheitsstrafe nicht unter einem Jahr bestraft.

(2) In besonders schweren Fällen ist die Strafe lebenslange Freiheitsstrafe oder Freiheitsstrafe nicht unter fünf Jahren.

Ein besonders schwerer Fall liegt in der Regel vor, wenn der Täter

1. eine verantwortliche Stellung mißbraucht, die ihn zur Wahrung von Staatsgeheimnissen besonders verpflichtet, oder

2. durch die Tat die Gefahr eines besonders schweren Nachteils für die äußere Sicherheit der Bundesrepublik Deutschland herbeiführt.

§98 - Landesverräterische Agententätigkeit lautet:

Wer

1. für eine fremde Macht eine Tätigkeit ausübt, die auf die Erlangung oder Mitteilung von Staatsgeheimnissen gerichtet ist, oder

2. gegenüber einer fremden Macht oder einem ihrer Mittelsmänner sich zu einer solchen Tätigkeit bereit erklärt,

wird mit Freiheitsstrafe bis zu fünf Jahren oder mit Geldstrafe bestraft, wenn die Tat nicht in §94 oder §96 Absatz 1 mit Strafe bedroht ist. In besonders schweren Fällen ist die Strafe Freiheitsstrafe von einem Jahr bis zu zehn Jahren; §94 Absatz 2 Satz 2 Nummer 1 gilt entsprechend.

(2) Das Gericht kann die Strafe nach seinem Ermessen mildern (§49 Absatz 2) oder von einer Bestrafung nach diesen Vorschriften absehen, wenn der Täter freiwillig sein Verhalten aufgibt und sein Wissen einer Dienststelle offenbart. Ist der Täter in den Fällen des Absatzes 1 Satz 1 von der fremden Macht oder einem ihrer Mittelsmänner zu seinem Verhalten gedrängt worden, so wird er nach dieser Vorschrift nicht bestraft, wenn er freiwillig sein Verhalten aufgibt und sein Wissen unverzüglich einer Dienststelle offenbart.

§99 - Geheimdienstliche Agententätigkeit lautet:

(1) Wer

1. für den Geheimdienst einer fremden Macht eine geheimdienstliche Tätigkeit gegen die Bundesrepublik Deutschland ausübt, die auf die Mitteilung oder Lieferung von Tatsachen, Gegenständen oder Erkenntnissen gerichtet ist, oder

2. gegenüber dem Geheimdienst einer fremden Macht oder einem seiner Mittelsmänner sich zu einer solchen Tätigkeit bereit erklärt, wird mit Freiheitsstrafe bis zu fünf Jahren oder mit Geldstrafe bestraft, wenn die Tat nicht in §94 oder §96

Absatz 1, in §97a oder in §97b in Verbindung mit §94 oder §96 Absatz 1 mit Strafe bedroht ist.

(2) In besonders schweren Fällen ist die Strafe Freiheitsstrafe von einem bis zu zehn Jahren. Ein besonders schwerer Fall liegt in der Regel vor, wenn der Täter Tatsachen, Gegenstände oder Erkenntnisse, die von einer amtlichen Stelle oder auf deren Veranlassung geheimgehalten werden, mitteilt oder liefert und wenn er

1. eine verantwortliche Stellung mißbraucht, die ihn zur Wahrung solcher Geheimnisse besonders verpflichtet, oder

2. durch die Tat die Gefahr eines schweren Nachteils für die Bundesrepublik Deutschland herbeiführt.

(3) §98 Absatz 2 gilt entsprechend.

Die zuständigen Behörden, sei es nun der Verfassungsschutz, die Polizeibehörden der Bundesländer oder das Bundeskriminalamt, haben in der Regel Fachleute, die sich auf Verbrechen mit Computern und Software spezialisiert haben. Zwar ist in der Öffentlichkeit manchmal Kritik an der Speicherung von Daten über Bürger in den Datenbanken der Polizeibehörden und des Verfassungsschutzes laut geworden. Dies mag im Einzelfall durchaus berechtigt sein. Es darf allerdings auch nicht verkannt werden, daß der Computer bei der Verbrechensbekämpfung wertvolle Dienst leistet. Das nutzt allen Bürgern.

Gerade bei der Bekämpfung des Terrorismus und beim Aufspüren von Spionen des Ostblocks konnte mit Hilfe von Computerprogrammen wirksame Abhilfe geschaffen werden. Nur der Computer war in der Lage, aus den riesigen Datenmengen die für Terroristen oder Agenten typischen Kennzeichen zu extrahieren und miteinander zu korrelieren. Erst damit waren die Ermittlungsbehörden in der Lage, die verbleibenden verdächtigen Personen gezielt zu überprüfen.

Daher sollten sich betroffene Unternehmen rechtzeitig an die zuständigen Behörden wenden. Eine erfolgversprechende Anklage in einem Rechtsstaat wie Deutschland setzt Beweise voraus, und gerade dazu braucht eine Firma die Hilfe der Spezialisten bei der Polizei und im Verfassungsschutz.

4.4 Die Rechner

Die Architekturen der Computer bieten gerade in jüngerer Zeit vermehrt Möglichkeiten an, die sich unter dem Gesichtspunkt der Sicherheit als relevant erweisen. Deshalb sollte bei der Auswahl eines Rechners, sei es nun eine Erweiterung der bestehenden Anlage oder ein neues System, diese Investition auch unter sicherheitstechnischen Gesichtspunkten untersucht werden.

4.4.1 Architekturen

Die Zeiten, als Rechnerarchitekturen im wesentlichen aus nicht mehr als einer Zentraleinheit und etwas Speicher bestanden, sind eindeutig vorbei.

Mehrere CPUs, stufenweise Leistungssteigerung unter Schutz der einmal getätigten Investition, offene Architekturen und ausfallsichere Systeme werden zunehmend angeboten und auch verkauft.

4.4.2 Ausfallsichere und fehlertolerante Systeme

Ein wesentlicher Beitrag zur Sicherheit eines Systems kann durch die Architektur eines Computersystems und die installierte Software geleistet werden.

Obwohl dies nicht in erster Linie das Thema dieses Werks sein kann, muß man doch bedenken, daß ausfallsichere Rechner auch gegen böswillige Zerstörung einen gewissen Schutz bieten. Ein ähnliches Argument gilt für die Computerprogramme.

Lassen Sie uns also einen kurzen Blick auf dieses Gebiet werfen.

Das technische Stichwort dabei ist Redundanz, also das zwei- oder mehrmalige Vorhandensein wichtiger Komponenten des Systems. Im einfachsten Falle bedeutet dies für ein Rechenzentrum, daß zwei Systeme in der genau gleichen Konfiguration und Ausstattung angeschafft werden.

Ob dies organisatorisch und technisch immer die beste Lösung ist, soll hier nicht erörtert werden. Das kommt auf die Umstände des Einzelfalls an. Es ist allerdings oftmals eine einfache und billige Lösung.

Das Verwenden mehrmals vorhandener Komponenten ist eine im Maschinenbau bereits seit mehreren Jahrzehnten angewandte Methode. Wegen der Kosten und der relativ hohen Zuverlässigkeit elektronischer Bauteile hat sich das Verfahren bei Computern kommerziell bisher nur in sehr beschränktem Maße durchsetzen können. Es wären hier als Ausnahmen die folgenden Gebiete zu nennen:

- Die Raumfahrt

- Moderne Verkehrsflugzeuge

- Kernkraftwerke.

Ein bekanntes Beispiel für den Einsatz redundanter Computersysteme ist sicherlich die amerikanische Raumfähre, das *Space Shuttle*. Es besitzt ein vierfach vorhandenes Computersystem und einen zusätzlichen fünften Rechner. Dieser Computer muß von der Besatzung eingesetzt werden, wenn die vier Rechner des Primärsystems ausfallen oder sich nicht einig werden können.

Immerhin ist es bei mehrfach vorhandenen Komponenten so wie in der Politik. Bei einer geraden Zahl der Stimmen ist das Ergebnis einer Abstimmung nicht in allen Fällen klar, und es kann eine Pattsituation eintreten. Daher sind ungerade Zahlen vorzuziehen.

Ein mehrfach redundantes Computersystem ist nebenstehend skizziert. Ein Prozeß auf einem der nachgeordneten Prozessoren fragt also bei dieser Konfiguration in regelmäßigen Abständen nach, ob der Hauptprozessor (*master*) noch läuft. Kommt keine Meldung zurück, wird der nachgeordnete Prozessor (*slave*) sich selbst als Hauptprozessor betrachten, eine Meldung über den Ausfall des benachbarten Prozessors ausgeben und alle wesentlichen Kontrollfunktionen des Betriebssystems auf diesem Prozessor ausführen.

Der überwachende Teil des Betriebssystems wird schließlich auch einen neuen Monitor zur Überwachung der eigenen Arbeit kreieren, um das Gesamtsystem gegen Ausfall zu sichern.

Von der Leistung des Rechners her gesehen wird durch den Ausfall einer CPU zwar die Leistung etwas sinken, aber das System als solches bleibt betriebsfähig. Dieses Verhalten bezeichnet man im amerikanischen Sprachraum mit *graceful degradation*.

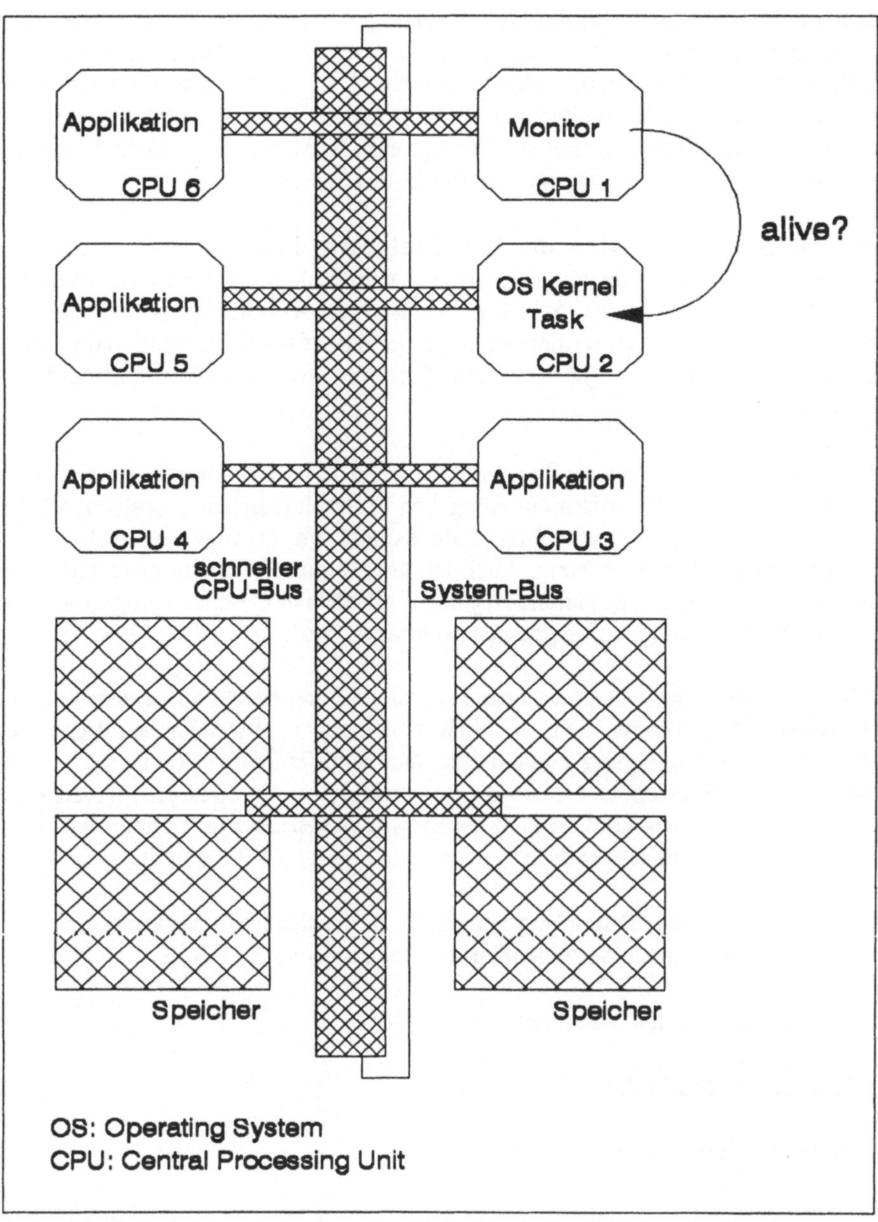

Abb. 4.1: Architektur eines ausfallsicheren Computersystems

Man sollte auch vermeiden, die Hardwarekomponenten eines Systems alleine zu sehen. Der Ausfall eines Teils der Hardware kann in der Regel nur durch eine Routine des Betriebssystems erkannt werden. Dies wird durch Abbildung 4.1 verdeutlicht. Bei dieser weitgehend ausfallsicheren Rechnerarchitektur erkennt das Betriebssystem den Ausfall von Prozessoren. Es verwendet andere, lauffähige Prozessoren und teilt den Ausfall dem Bedienungspersonal mit.

Während bei der Hardware die Ausfallsicherheit durch das mehrfache Vorhandensein wichtiger Komponenten erreicht werden kann, wird die Situation bei der Software komplizierter. Schließlich würde ein Kernkraftwerk mit dreifach vorhandenem Rechner wenig nützen, wenn die darauf installierte Software Fehler enthält. Diese Aussage gilt gleichermaßen für das Betriebssystem und die Applikationen.

Abhilfe kann hier nur geschaffen werden, wenn die Computerprogramme auch vom Entwurf und der Programmierung her unterschiedlichen Ansätzen folgen. Das ist technisch nicht schwierig, denn es gibt oft mehrere unterschiedliche Lösungsansätze für ein Problem. Auch ich könnte dieses Kapitel in vielerlei Art und Weise schreiben. Das gleiche Argument gilt für ein Computerprogramm, das in einer höheren Programmiersprache geschrieben wird.

Es ist allerdings beim Design und der Programmierung darauf zu achten, daß die unterschiedlichen Teams auch wirklich voneinander abweichende Wege beschreiten. Diese Bedingung kann durch räumliche Trennung sowie durch verschiedenes Management der Teilprojekte erreicht werden. Das eine Team muß von der Existenz eines konkurrierenden Entwicklungsteams im Grunde gar nicht einmal wissen. Graphisch ist dieser Ansatz in Abbildung 4.2 darstellt.

Neben dem bereits erwähnten Systemmonitor zur Realisierung der Software-Fehlertoleranz sind noch die folgenden Ansätze zu nennen:

- Programmierung in n Versionen

- Rücksetzblocktechnik (*recovery blocks*)

- Zeitüberwachung (*deadline monitoring*)

Die zuerst genannten Verfahren sind sehr ähnlich. Es werden in der Entwicklung unterschiedliche Software-Module kreiert, die nichtsdestoweniger das gleiche oder ähnliche Ergebnisse erzeugen sollen. Bevor nach der Abarbeitung eines Moduls im Programmablauf fortgefahren wird, muß zunächst eine Entscheidung über die Richtigkeit der von den Modulen gelieferten Ergebnisse getroffen werden.

Bei der Programmierung in n-Versionen geschieht dies durch Vergleich der Ergebnisse und eine Mehrheitsentscheidung. Bei der Rücksetzblocktechnik durchläuft das Ergebnis der Rechnung einen internen Akzeptanztest, der vorher programmiert wurde.

Besteht das Modul diesen Test nicht, wird der Prozeß in seiner Abarbeitung an die Stelle im Programm zurückgesetzt, die er vor der Ausführung des gerade durchlaufenen Moduls passiert hatte. Nunmehr wird ein anderes, in einer alternativen Weise realisiertes Modul eingesetzt, und die Rechnung wird erneut begonnen.

Bei der Zeitüberwachung geht man davon aus, daß für eine bestimmte Aufgabe einer Applikation oder einer Funktion des Betriebssystems eine gewisse endliche Zeit anzusetzen ist. Wird die Aufgabe des Prozesses nicht innerhalb dieses Zeitraums erledigt, muß man davon ausgehen, daß ein Fehler eingetreten ist.

Obwohl der Ansatz durchaus Vorteile hat, die Ermittlung der einem Prozeß zugeordneten Zeit zur Erledigung einer Aufgabe ist in der Praxis schwierig. Bei *multiuser-multitasking*-Betriebssystemen wird die Zeitspanne von der Belastung des Systems zu einem gegebenen Zeitpunkt abhängen. Auch die zu verarbeitende Datenmenge wird einen nicht zu unterschätzenden Einfluß auf die Rechenzeit haben.

Berücksichtigt man dies alles und wählt konsequenterweise einen ziemlich hohen Wert für den Zeitraum, nachdem sich ein Prozeß zurückmelden muß, dann wird der Ausfall einer wichtigen Systemkomponente im Normalfall vielleicht zu spät erkannt. Die Anwendung der Zeitüberwachung erweist sich also bei Systemen mit wechselnder Last, wie sie in vielen Fällen des praktischen Einsatzes vorliegen, als problematisch.

Bei Anwendungen mit vorhersehbarer Belastung hingegen kann die Technik durchaus mit Aussicht auf Erfolg eingesetzt werden.

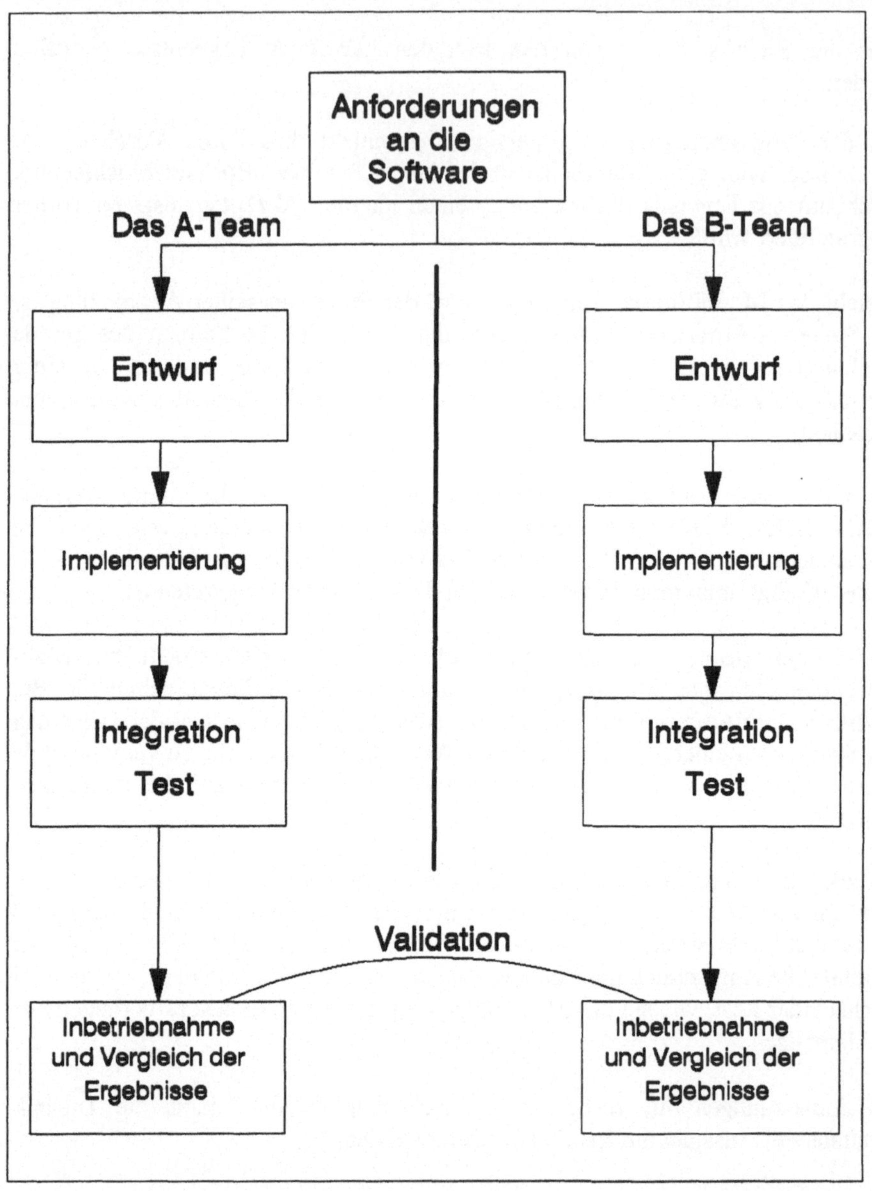

Abb. 4.2: Parallele Entwicklung einer Applikation

Obwohl wir gesehen haben, daß nicht alle Ansätze für alle Applikationen gleichermaßen geeignet sind, sollte sich für eine spezifische Anwendung eine geeignete Lösung finden lassen. Wir können davon ausgehen, daß es wirksame und preiswerte Techniken gibt, um durch Redundanz die Zuverlässigkeit von Hardware und Software zu steigern. Solche Computersysteme werden auch am Markt angeboten.

Ist Ihre Anwendung also so kritisch, daß sie einen Ausfall von Tagen oder Stunden nicht verkraften können, dann sollte ein derartiger Rechner und die entsprechende Software in Erwägung gezogen werden.

4.4.3 *Cluster*

Dabei handelt es sich um ein Konzept von Digital Equipment. Anstatt eines VAX-Rechners sind derer zwei vorhanden. Bis auf wenige Ausnahmen, zum Beispiel die Systemuhr, sind beide Rechner vollkommen gleich. Die Plattenlaufwerke sind ebenfalls vom gleichen Typ und doppelt vorhanden. Für jede auf die Systemplatte geschriebene Datei wird eine zweite Datei angelegt, eine sogenannte *shadow-file*.

Das Cluster-Konzept ist in seinen Grundzügen in Abbildung 4.3 dargestellt.

Bei Ausfall eines Laufwerks steht immer noch das zweite zur Verfügung, und dasselbe Argument gilt für den Rechner. Zwar wird die Rechenleistung bei Ausfall einer CPU sinken, aber das ist kurzzeitig vertretbar.

Für den Benutzer stellt sich ein Cluster wie eine einzige VAX dar. Er oder sie wird im Regelfall gar nicht wissen, auf welcher CPU er im konkreten Einzelfall rechnet. Das System versucht, eine gleichmäßige Lastverteilung zu erreichen und ordnet die Benutzer entsprechend einer bestimmten CPU zu. Auch das Beschreiben der *shadow-files* geschieht ohne Eingreifen des Benutzers. Es hat zwar niedere Priorität, wird allerdings vom Betriebssystem innerhalb kürzester Frist erledigt.

Nun wird sich zwar nicht jeder Betreiber gleich eine solche Anlage kaufen wollen. Bei einer Vergrößerung der EDV, und das kommt unweigerlich, ist ein Cluster aber eine interessante Alternative. Anstatt einer größeren VAX wird eben ein Cluster installiert. Damit wird sowohl die geforderte höhere Leistung des Rechners realisiert, als auch eine höhere Sicherheit gegen einen Ausfall des Systems erreicht.

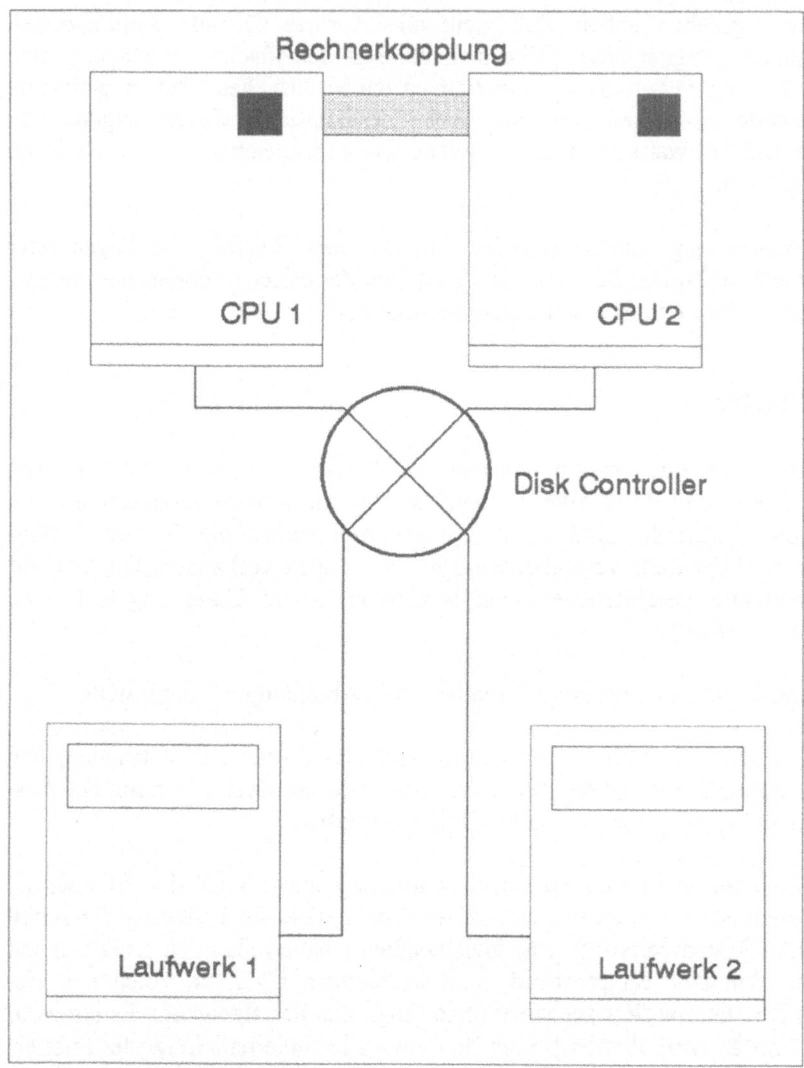

Abb. 4.3: CLUSTER-Rechner

Das Cluster-Konzept kann auch in Verbindung mit einem Ausweichrechenzentrum realisiert werden. Dabei stellt sich das System für den Benutzer weiterhin wie ein einziger Computer dar. Das Ausweichrechenzentrum im Cluster-Verbund wird durch ein Glasfaserkabel mit dem ersten Rechenzentrum verbunden. Die Geschwindigkeit der Datenübertragung liegt bei 100 MB/s. Die beiden Computerzentren können räumlich bis zu vierzig Kilometer voneinander entfernt liegen. Diese Entfernung bietet einen Schutz auch bei größeren Katastrophen, etwa Flugzeugabstürzen.

4.5 Datensicherung und *Back-up*

Wenden wir uns einem seit langem bekannten Thema zu. Die Datensicherung war immer wichtig, doch oft hat sich dies in der betrieblichen Wirklichkeit noch nicht überall weit genug herumgesprochen.

4.5.1 Datensicherung

Die Sicherung der Daten auf dem Rechner ist in den Rechenzentrum der Unternehmen ein eingeführtes Verfahren, und es ist weitgehend Routine geworden. Bei den PCs bestehen oftmals noch Zweifel, ob der verantwortliche Benutzer des Rechners die Datensicherung auch wirklich durchführt.

Nur wer ein fehlertolerantes System besitzt, kann es sich leisten, das Thema zu vergessen. In diesem Fall werden nämlich vom Betriebssystem alle Daten doppelt auf verschiedenen Massenspeichern gehalten. Für alle anderen Benutzer von Computern ist das Thema, gerade auch wegen der Gefahr durch Viren, aktueller denn je.

Daß die Datensicherung auch für Organisationen, die den Blick bereits auf ferne Welten gerichtet haben, durchaus ein ernstzunehmendes Thema ist, zeigt der folgende Vorfall:

Fall 4.2 Datenflut [20]

> Einem Bericht von *Aviation Week & Space Technology* vom April 1990 zufolge sind der amerikanischen Raumfahrtbehörde NASA wertvolle und nicht reproduzierbare Daten, die durch Raumsonden übermittelt wurden, verlorengegangen.

"Die NASA trifft keine ausreichenden Vorkehrungen, um die Daten von bisherigen Raumfahrtmissionen zu schützen," klagt das GAO, eine Behörde des US-Kongresses.

Die Ermittler des GOA besuchten zehn Lagerstätten, an denen insgesamt 1,2 Millionen Magnetbänder mit wissenschaftlichen Daten gespeichert werden. Das entspricht einem Volumen von 90 Milliarden bedruckter Seiten Papier.

Zwar bestritt ein Sprecher der NASA, daß man die in dem Bericht der Beamten der GOA gemachten Aussagen verallgemeinern könne. In dem Artikel der Zeitschrift Aviation Week & Space Technology befindet sich allerdings ein Foto, das eine Reihe von Magnetbändern zeigt, die teilweise unter Wasser stehen.

Es darf bezweifelt werden, ob sich die auf den Bändern befindlichen Daten noch auslesen lassen.

Man sieht, auch die NASA wird gelegentlich von der irdischen Wirklichkeit eingeholt.

Bei größeren Rechnern, die *multi-user-*, *multi-tasking*-Eigenschaften besitzen, wird die Datensicherung während des laufenden Betriebes oder in der Nacht durchgeführt und beeinträchtigt die Arbeit der Benutzer nicht. Beim PC beansprucht die Sicherung der Daten die volle Rechnerleistung, und daher steht er in dieser Zeit nicht zur Verfügung. Solange die Datensicherung allerdings ohne Benutzereingriffe geschehen kann und nicht länger als 30 bis 45 Minuten dauert, kann man sie während der Mittagspause durchführen.

Die folgenden Techniken werden insbesonders für den PC verwandt:

- Datensicherung auf Disketten

Dieses Verfahren ist preisgünstig, da man keine weiteren Geräte benötigt. Es müssen, je nach Speicherdichte der Disketten, 10 bis 30 formatierte Disketten bereitgehalten werden, um nur eine 10MB Festplatte zu sichern. Zudem muß zum Auswechseln der Disketten jemand in der Nähe des PC bleiben.

- Verwendung eines Bandlaufwerks (*Streamer*)

Diese Bandlaufwerke sind speziell für kleinere Rechner entwickelte Geräte zur Datensicherung. Die Kapazität des Magnetbands ist ausreichend, um auch größere Festplatten auf einem Magnetband zu sichern. Der Zeitbedarf ist gering, und der Sicherungsvorgang kann ohne Benutzereingriffe ablaufen.

- Video- oder DAT-Recorder

Wer eine Adapterkarte besitzt, kann unter Umständen einen bereits vorhandenen Videorecorder zur Datensicherung eines PC mitbenutzen. Die Speicherung sehr großer Datenmengen ist ohne Probleme und relativ preisgünstig möglich.

- Wechselplatten

Dieses Verfahren verwendet auswechselbare Magnetplatten zur Datensicherung. Auch optische Speichermedien werden zunehmend eingesetzt. Sie haben eine hohe Speicherkapazität, sind allerdings noch relativ teuer.

Bei den größeren EDV-Anlagen geschieht die Datensicherung entweder auf Magnetband oder Magnetplatten. Magnetplatten bieten in vielen Fällen den Vorteil, daß ihre Kapazität und interne Organisation genau der Kapazität einer installierten Festplatte entspricht. In diesem Fall ist ein physikalisches Kopieren des Inhalts der Festplatte auf die Wechselplatte schnell möglich. Überhaupt sollte man sich bei einem Rechenzentrum vor der Anschaffung der Anlage auch überlegen, inwieweit die geplante Rechnerkonfiguration auch die Datensicherung unterstützt.

Zur Häufigkeit der Datensicherung läßt sich schwer eine generelle Aussage machen. Als ein Mindestmaß für die Sicherung der Daten hat sich wohl eine Woche eingebürgert. Allerdings sollte bei starkem Datenanfall auch die Frequenz der Datensicherung erhöht werden.

Läuft ein Rechner in einem abgesperrten Raum während der Nacht durch, dann ist tägliche Datensicherung durch das Starten des Kopiervorgangs als die letzte Tätigkeit vor dem Feierabend auch kein Problem. Es kostet nur sehr wenig Zeit, und im Notfall ist man schnell wieder auf dem vorherigen Stand.

Als Verfahren hat sich die sogenannte Großvater-Vater-Enkel-Methode bewährt. Sie ist in der nachfolgenden Grafik dargestellt.

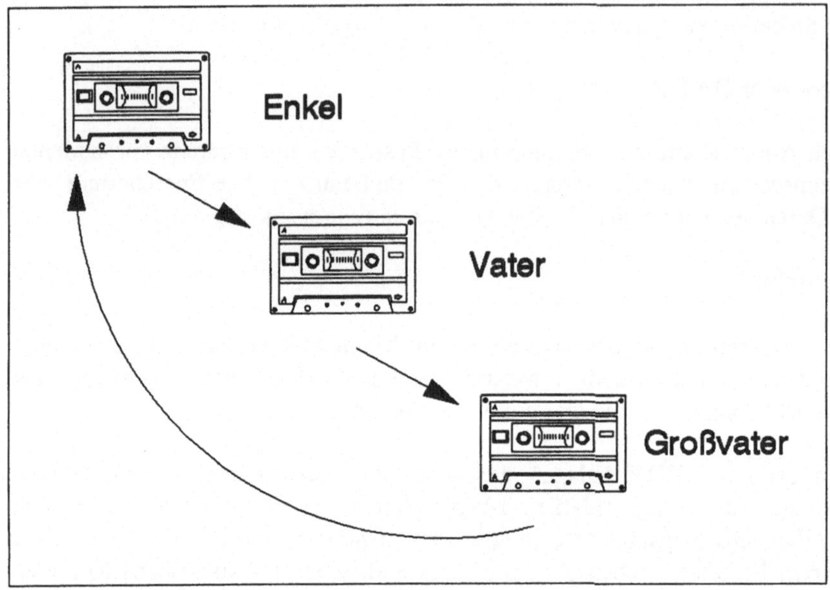

Abb. 4.4: Großvater-Vater-Enkel-Prinzip

Man verwendet also jeweils einen Satz von Magnetbändern, -platten oder
Disketten. Der zunächst angelegte Satz Datenträger wird vom Enkel zum Vater,
und schließlich zum Großvater. Bei der nächsten Datensicherung beginnt der
Kreislauf von neuem, und der als Großvater bezeichnete Datenträger wird erneut
der Enkel.

Wichtig bei der Anwendung des Verfahrens ist es, die Datenträger der drei
Generationen keinesfalls gleichzeitig im Rechenzentrum zu halten. Bei einem
Brand oder einer anderen Katastrophe könnten alle drei Sätze von Datenträgern
zerstört werden, und damit wäre der ganze Aufwand für die Datensicherung un-
nütz gewesen.

Es sollte niemals mehr als eine Generation der Datenträger im Rechenzentrum
selbst aufbewahrt werden. Die nächst ältere Generation kann sich auf dem Betriebsgelände befinden, allerdings in einem anderen Gebäude. Das gibt einen gewissen Schutz gegen Feuer und mögliche terroristische Anschläge.

Die dritte Generation schließlich sollte sich auf einem anderen Gelände befinden,
das zumindest einige Kilometer weit vom Rechenzentrum entfernt ist. Auf diese

Weise sichert man sich auch gegen Katastrophen wie Großbrände und Flugzeug-abstürze ab.

Als Aufbewahrungsorte kommen die EDV-Räume von Tochterfirmen und die Tresore von Banken in Betracht. Eine in jüngerer Zeit bekannt gewordene Möglichkeit zur Aufbewahrung der Sicherungskopien sind sogenannte *data vaults*. Dabei handelt es sich um kommerziell betriebene Lagerräume für Daten-träger. Diese Anlagen sind speziell dafür gebaut worden, um die Datenträger der Kunden des Unternehmens sicher zu lagern. Der Zugang ist gesichert, und die Räume sind klimatisiert.

Wer mit drei Sätzen von Datenträgern nicht auskommt, sollte sich nicht scheuen, eine weitere Generation hinzuzunehmen. Die Investition für einen Satz Daten-träger ist gegenüber dem Mehr an Sicherheit eine vergleichsweise geringe Investition.

Im Hinblick auf die Verseuchung eines PCs durch Viren sollte man daran denken, eine Generation herauszunehmen und für längere Zeit dem Kreislauf der Daten-sicherung zu entziehen.

Stellen Sie sich den folgenden Fall vor: Ihr Rechner ist verseucht, Sie merken das allerdings erst nach einigen Wochen. Sie haben zwar immer Sicherungskopien ge-macht, aber diese Datenträger sind nun ebenfalls infiziert. Auf die geretteten Daten können Sie nun auch nicht mehr vertrauen!

Sie können einem solchen Fall eben vorbeugen, indem sie einen Satz Datenträger über längere Zeit hinweg aufheben, etwa ein halbes Jahr. Erst dann sollte diese Sicherungskopie wieder in den normalen Kreislauf der Sicherungskopien zurück-fließen.

4.5.2 Das Vorhalten zusätzlicher Ressourcen

Während nun die Datensicherung für das Eintreten einer katastrophalen Situation wie eines Feuers, einer Überflutung oder eines Sabotageakts eine geradezu not-wendige Voraussetzung ist, ohne einsatzbereiten Rechner ist unsere kopierte Software nutzlos. Hier zeigt sich wieder die Symbiose zwischen Hardware und Software.

Wer nicht von vornherein die Rechnerkapazität seiner Anlagen so zwischen Zentrale und Filialen aufgeteilt hat, daß im Notfall eine benachbarte Filiale für einen ausgefallenen Computer der Zentrale einspringen kann, der wird sich Gedanken über ein Ausweichrechenzentrum machen müssen. Im deutschsprachigen Raum wurde diese Notwendigkeit bei einem Brand im Hause Bertelsmann im Jahr 1979 vielen Managern erst so richtig bewußt.

Am 25. November 1979 brach in einem über dem Rechenzentrum gelegenen Lagerraum ein Brand aus. Die Feuerwehr mußte mit großen Wassermengen löschen, um den Brand unter Kontrolle zu bringen. Zunächst hoffte man, daß der Rechnerraum und die Computer unversehrt bleiben würden.

Diese Hoffnung trog. Das Löschwasser drang massiv in den Rechnerraum ein. Die Computer wurden zerstört.

Es ist leicht einsichtig, daß Bertelsmann mit seinen Millionen von Kunden in den Leseringen und einer Vielzahl vom Umsatz her relativ niedriger Bestellungen auf eine funktionsfähige EDV dringend angewiesen ist. Ein tagelanger oder gar wochenlanger Ausfall der Computer hätte das Geschäft zum Erliegen gebracht.

Bertelsmann hatte in diesem Fall Glück im Unglück. Noch während die Löscharbeiten andauerten, konnten die Plattenlaufwerke mit den Magnetplatten in Sicherheit gebracht werden. Damit waren die Datenbestände, die sonst mühsam hätten rekonstruiert werden müssen, gerettet. Von einem kommunalen Versorgungsunternehmen wurde während der Nachtstunden auf einem kompatiblen Computer Rechenzeit zur Verfügung gestellt. Die Bertelsmann-Kantine wurde als Notrechenzentrum genutzt.

Der Fall Bertelsmann zeigt deutlich, daß niemand vor einem Feuer sicher ist. Daher muß vorher geplant werden, was beim Eintreten einer solchen Katastrophe zu tun ist.

Als Möglichkeiten bieten sich an:

a)   *Hot backup*

Es wird ein zusätzliches Rechenzentrum bereitgehalten, das voll operationsfähig ist, mit dem Computer, dem Betriebssystem und den installierten Applikationen kompatibel ist und beim Eintreten des Notfalls innerhalb von Stunden die Arbeit des ausgefallenen Rechenzentrums voll übernehmen kann.

b)   ***Warm backup***

Es wird ein weiteres Rechenzentrum bereitgehalten, das beim Eintreten des Notfalls innerhalb von Stunden oder eines Tages die Funktion des ausgefallenen Rechenzentrums übernehmen kann.

c)   ***Split Site***

Das eigene Rechenzentrum wird von vornherein so geplant, daß die Arbeiten an zwei geographisch voneinander genügend weit entfernten Orten durchgeführt werden. Bei Zerstörung des einen Teils des Rechenzentrums muß die zweite Anlage in der Lage sein, den Betrieb aufrecht zu erhalten.

d)   ***Cold backup***

Dabei handelt es sich im wesentlichen um ein Gebäude, das alle Installationen eines Rechenzentrums ohne die Rechner und die Software aufweist. Es müssen also die Klimaanlage, die elektrischen Anschlüsse und auch die Betriebsmittel vorhanden sein.

e)   ***Mutual backup*** oder ***gegenseitige Hilfe***

Dabei handelt es sich um eine Vereinbarung zweier Unternehmen zum Beistand im Katastrophenfall. Die beiden Rechenzentren müssen gleiche oder sehr ähnliche Konfigurationen besitzen, wenn solch eine Zusammenarbeit geplant ist und Erfolg haben soll.

f)   ***Pooling***

Dabei unterhalten mehrere Firmen mit gleicher oder ähnlicher Ausrüstung gemeinsam ein Ausweichrechenzentrum. Es kann immer voll funktionsfähig gehalten werden (*hot backup*), oder auch erst relativ kurzfristig innerhalb von Stunden hochfahren, wenn ein Notfall tatsächlich eintritt.

Die skizzierten Vorschläge haben eine Reihe von Vor- und Nachteilen, und es muß im konkreten Einzelfall für jedes Unternehmen unter Berücksichtigung der jeweiligen Vor- und Nachteile abgewogen werden, welche Lösung in einer gegebenen Situation anzustreben ist. Dabei sind die folgenden Kriterien nützlich:

a)   Länge des Zeitraums, nach dem das Rechenzentrum nach dem Eintritt der Katastrophe wieder betriebsbereit sein muß.

b)   Erkunden der Möglichkeiten der Zusammenarbeit mit anderen Benutzern in einem gegebenen Gebiet.

c)   Konkurrenzsituation in der Branche

d)   Abklopfen der Möglichkeiten der Gerätehersteller zum Liefern oder Bereitstellen von Rechnern innerhalb sehr kurzer Zeit.

e)   Einsatz mobiler Rechner in Lastkraftwagen.

f)   Abwägen der Umsatz- bzw. Gewinneinbußen gegenüber den Kosten für das Bereitstellen zusätzlicher Ressourcen.

Diese Überlegungen werden von Betrieb zu Betrieb sehr unterschiedlich ausfallen, und die Lösungen müssen individuell gefunden werden. Eines ist jedoch in jedem Fall notwendig: Das Üben des Notfalls. So wie die Feuerwehr regelmäßige Übungen abhält, muß auch die Notfallprozedur geübt werden. Keine Unternehmensleitung sollte erwarten, daß nach einer Katastrophe schon alles richtig laufen wird.

Lassen Sie mich dazu John P. Murray, einen amerikanischen Experten für Computersicherheit [21] zitieren:

"Es ist gar nicht zu erwarten, daß der erste Versuch gut laufen wird. Aber wir machen den Test ja, um die Schwachstellen zu finden. Im ersten Jahr brachten wir zwar das Betriebssystem auf dem Computer des Ausweichrechenzentrums zum Laufen, aber kein einziges Anwenderprogramm funktionierte."

"Im zweiten Jahr hatten wir einige gute Testläufe mit Anwendungen, allerdings funktionierte unser Kommunikationssystem nicht. Im dritten Jahr schließlich war endlich alles in Ordnung."

Es dauert also, bis alle Mitarbeiter des Unternehmens so weit geschult sind, daß der Betrieb ohne Probleme wieder aufgenommen werden kann. Deswegen sind neben den notwendigen Investitionen in die Computer auch immer Fragen der Organisation, der Mitarbeiterschulung und des Trainings zu klären. Das gesamte Verfahren für den Notfall sollte in einem Plan dokumentiert werden. Ein regelmäßiges Durchspielen des Verfahrens, etwa einmal im Jahr, ist unumgänglich.

4.6 Die vorhandenen Schutzmechanismen des Betriebssystems

Die Entwickler von Betriebssystemen haben bisher Forderungen an die Sicherheit der Programme und Daten eher stiefmütterlich behandelt. Dennoch gibt es einige Eigenschaften von Betriebssystemen, die bei richtiger Anwendung zur Erhöhung der Sicherheit beitragen können.

Die Aufgabe des Betriebssystems ist es, die Ressourcen des Computers für die Benutzer nutzbar zu machen. Zu den Aufgaben des Betriebssystems gehören die folgenden Funktionen:

a) Zuteilung von Rechenzeit für die Prozesse (*scheduler, dispatcher*)

b) Kommunikation mit den peripheren Geräten und Vergeben von Aufträgen für diese Einheiten

c) Verwaltung des Speichers (RAM)

d) Verwaltung des Massenspeichers

e) Verwaltung eines Dateisystems

f) Kommunikation zwischen verschiedenen Prozessen

g) Führen von Aufzeichnungen über die Benutzung von Geräten und der CPU

h) Bereitstellen einer benutzerfreundlichen Schnittstelle für den menschlichen Benutzer eines Computersystems, also etwa eine Kommandosprache, Menüführung und Steuerung durch eine Maus.

Nun muß man ganz klar sehen, daß der Hauptzweck eines Betriebssystems wenig mit Sicherheit zu tun hat. Die Geschwindigkeit der Operationen war immer vordringliches Entwurfsziel, und dies widerspricht manchmal den Erfordernissen der Sicherheit der Programme und Daten. Es gibt jedoch auch Funktionen unter den Aufgaben eines Betriebssystems, die zur Erhöhung der Sicherheit beitragen. Dies sind:

a) Die Isolation von Prozessen und ihrer Daten voneinander

b)   Benutzeridentifikation

c)   Zugriffskontrolle

d)   Führen von Aufzeichnungen über den Zugriff auf bestimmte Dateien oder
     Geräte und deren Benutzung.

Nun sind die oben genannten Funktionen zwar in vielen gebräuchlichen Betriebssystemen vorhanden, sie sind aber kaum ausreichend, um ein Betriebssystem im
engeren Sinne "sicher" zu machen. Das liegt einfach daran, daß Sicherheit gegen
Manipulation der Daten und Programme bisher kaum ein wichtiges Ziel beim Entwurf der meisten Betriebssysteme war. Beim Kampf um Marktanteile werden
sich wenige Hersteller primär der Sicherheit eines Betriebssystems verschreiben,
wenn dies von einer Vielzahl von Kunden gar nicht verlangt wird und solche
Eigenschaften andere Entwurfsziele in negativer Weise beeinträchtigen würden.

Lassen Sie mich das an einem Beispiel darstellen. Jedem Benutzer eines
Computers ist das Anlegen und Löschen von Dateien geläufig. Weniger bekannt
ist, daß ein Löschbefehl (*delete*) in den wenigsten Fällen unmittelbar und sofort
das Löschen einer Datei bewirkt.

Nehmen wir einmal an, wir hätten in einem Dateiverzeichnis (*directory*) fünf
Dateien mit Text angelegt, nämlich

*   sybex.doc

*   sz.doc

*   cw.doc

*   sybex2.doc

*   ad2.asc

Etwas vereinfacht dargestellt sieht das in einer Grafik so aus:

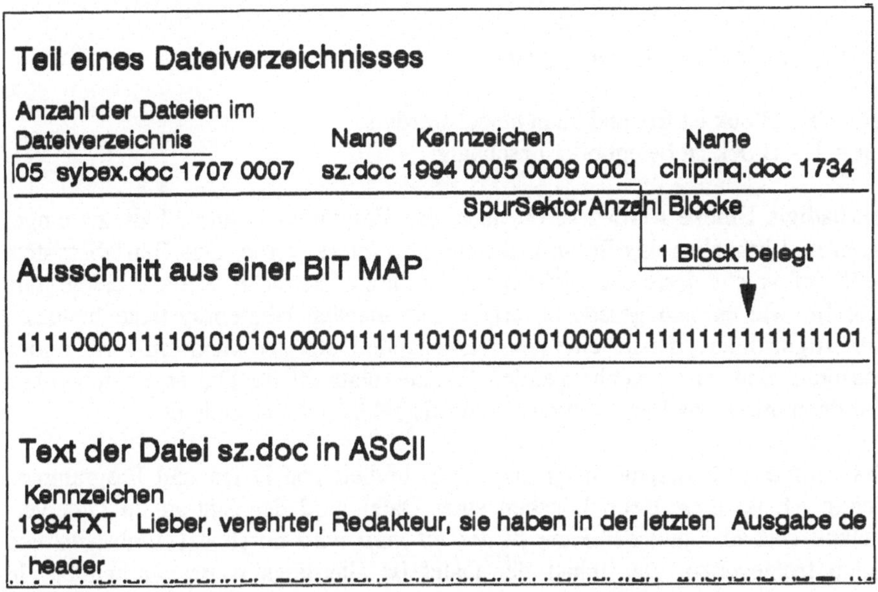

Teil eines Dateiverzeichnisses

Anzahl der Dateien im
Dateiverzeichnis   Name   Kennzeichen   Name

05   sybex.doc 1707 0007   sz.doc 1994 0005 0009 0001   chipinq.doc 1734

Spur Sektor Anzahl Blöcke

1 Block belegt

Ausschnitt aus einer BIT MAP

11110000111101010101000011111101010101010000011111111111111101

Text der Datei sz.doc in ASCII

Kennzeichen
1994TXT   Lieber, verehrter, Redakteur, sie haben in der letzten   Ausgabe de

header

Abb. 4.5 Die Verwaltung von Dateien durch das Betriebssystem

Jede der Dateien besitzt also einen Eintrag im Dateiverzeichnis, um das Wiederauffinden zu ermöglichen. Dazu gehört neben dem Namen der Datei und einer
internen Kennung auch die Spur auf der Festplatte, auf der die abgespeicherten
Daten liegen, der Sektor und die Anzahl der durch die Datei belegten Blöcke. Ein
Block ist in der Regel ein Vielfaches von 128 Bytes, also 256, 512 oder 1024
Bytes. Dies hängt im Einzelfall von der Größe des Systems und dem verwendeten
Massenspeicher ab. Lassen Sie uns einmal annehmen, ein Block wäre in unserem
Fall einfach 512 Bytes lang.

Für jeden Block wird nun in einer weiteren Datei, der sogenannten *bit map*, ein
ganzes Bit reserviert. Die *bit map* ist einfach eine Liste, die mit einem Eintrag für
den ersten Sektor auf der ersten Spur beginnt und mit dem letzten Sektor auf der
letzten Spur der Platte endet. Die Beziehung zwischen dem Eintrag in der Liste
und der Spur und dem Sektor auf der Platte läßt sich durch einen relativ unkomplizierten Algorithmus festlegen.

Für Einträge in die Liste gilt folgendes:

- bit = 0 - Block ist frei und kann belegt werden
- bit = 1 - Block ist belegt oder beschädigt

Beschädigte Blöcke werden sofort nach dem Formatieren eines Mediums eingetragen und brauchen uns fortan nicht mehr zu interessieren. Das Betriebssystem
greift auf solche Bereiche nicht mehr zu. Freie Bereiche werden belegt und
gelöscht, wie es sich gerade so ergibt. Die meisten Betriebssysteme benutzen
einen Algorithmus, der für eine neu anzulegende Datei den kleinsten gerade noch
passenden und zusammenhängenden Speicherplatz sucht. Dieser Speicherplatz
wird dann durch das Eintragen einer Eins als belegt gekennzeichnet.

Was gerade im Zusammenhang mit der Sicherheit von Daten und Programmen
wichtig ist, ist dies: Beim Löschen einer Datei wird der Eintrag im Dateiverzeichnis gelöscht, und der Platz in der *bit map* wird durch das Eintragen von
Nullen freigegeben. Der Inhalt der Datei ist allerdings weiter vorhanden. In
unserem Beispiel sähe das so aus:

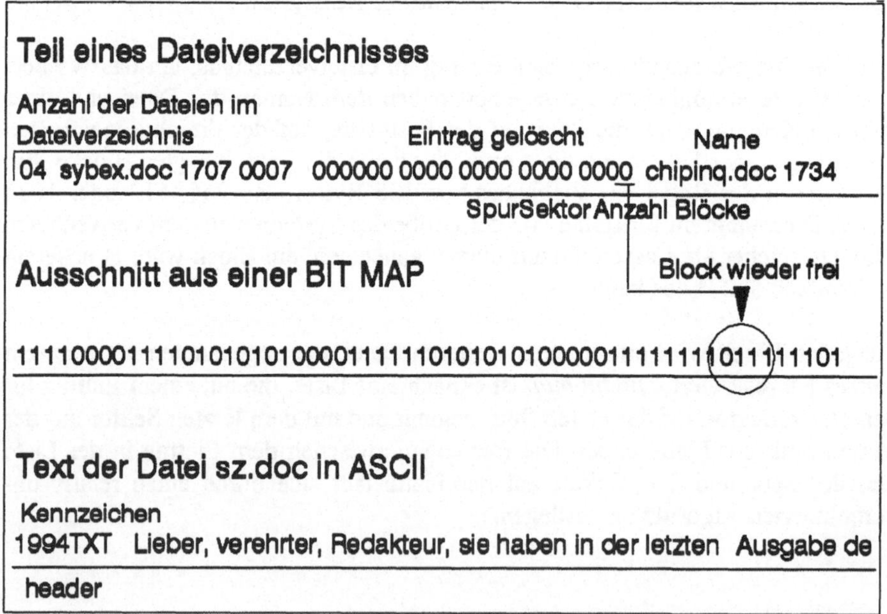

Abb. 4.6: Das Verzeichnis nach dem Löschen einer Datei

Der Text der gelöschten Datei ist also zunächst durchaus noch vorhanden. Es wurde lediglich der Eintrag im Dateiverzeichnis gelöscht, die Anzahl der Dateien im Verzeichnis wurde um eins vermindert, und in der *bit map* wurde der zugehörige Block als frei markiert. Wann der Platz wieder belegt wird, also der Text der Datei tatsächlich überschrieben wird, ist eher zufällig und hängt von der Benutzung des Systems ab.

Es kann in der Minute nach dem Löschen der Datei geschehen, oder der Text kann noch Wochen oder Monate auf der Platte erhalten bleiben. Tatsache bleibt jedoch, daß ein physikalisches Löschen zunächst nicht erfolgt. In diesem Sinne haben die gebräuchlichen Betriebssysteme erhebliche Schwächen, wenn wir die Forderungen der Sicherheit berücksichtigen.

Es wäre technisch durchaus kein Problem, den Speicherplatz für den Text auch physikalisch zu löschen. Diese Forderung würde allerdings die Anzahl der Speicherzugriffe beim Löschen einer Datei um ein Vielfaches erhöhen. Das wiederum würde als Konsequenz das Betriebssystem sehr viel langsamer machen. Hier wurde also das vielleicht vorhandene Entwurfsziel Sicherheit zugunsten des höherwertigen Ziels Geschwindigkeit geopfert.

Die Tatsache, daß gelöschte Dateien kaum jemals sofort gelöscht werden, machen sich manche Organisationen zunutze. Viele der für den PC vertriebenen Werkzeuge können gelöschte Dateien wieder restaurieren. Sie machen sich den oben geschilderten Sachverhalt nutzbar und stellen die Verbindung zwischen Text einer Datei und deren Verwaltungsinformation wieder her.

Auch der Polizei und den Sicherheitsbehörden der Staaten ist der Sachverhalt in der Regel bekannt. Dieses Wissen verhalf Scotland Yard in einem der in Abschnitt III geschilderten Fälle dazu, umfangreiches Beweismaterial über Rauschgifthändler sicherzustellen.

Auch im *Irangate*-Skandal in den USA glaubte Oliver North, einer der Angeklagten, durch das Löschen von Dateien auf seinem PC Belastungsmaterial vernichtet zu haben. Dem war nicht so, wie er zu seiner Überraschung feststellen mußte. Dem FBI gelang es, die Dateien auf dem Rechner zu rekonstruieren.

Betriebssysteme stellen also einige Funktionen zur Verfügung, die sicherheitsrelevante Forderungen unterstützen, aber sie tun dies keinesfalls in extensiver Art und Weise. Doch lassen Sie uns weiter in die Materie eindringen.

4.6.1 Identifikation und Zugangskontrolle

Will ein potentieller Benutzer mit einem Rechner arbeiten und sich einloggen, dann müssen zwei Aufgaben erledigt werden:

- Der Benutzer muß sich identifizieren

- Der Benutzer muß beweisen, daß er derjenige ist, für den er sich ausgibt.

Die Identifizierung des Benutzers geschieht in aller Regel durch das Eintippen des Namens. Da dies eine öffentliche Information ist, beweist es unter dem Aspekt der Sicherheit für das Betriebssystem eines Rechners gar nichts. Das Betriebssystem kann allenfalls prüfen, ob unter dem angegebenen Namen ein *account* existiert.

Da den Namen des Benutzers ein potentieller Eindringling in ein Computersystem ohne große Mühe erfahren kann, bleibt für den Zugangsschutz also nur das Paß-wort. Wir werden uns also mit diesem Konzept ausführlich auseinandersetzen müssen.

4.6.2 Paßworte

Sesam, öffne dich!
        Ali Baba.

Für das Kreieren, die Verteilung und das Ändern von Paßworten gibt es eine Reihe von Verfahren, die wir nun behandeln wollen.

Paßwörter sind ein einfaches Verfahren, um die Berechtigung eines Benutzers zu überprüfen. Sie werden nicht nur in der EDV, sondern zum Beispiel auch bei Bankautomaten in der Form einer Kennzahl eingesetzt.

Bei Bankautomaten gibt das Bankinstitut eine Kennzahl vor. Der Kunde der Bank hat darauf keinen Einfluß. Diese Möglichkeit gibt es auch bei vielen gebräuch-lichen Betriebssystemen. Bei diesem Verfahren bekommt der Benutzer dann sein Paßwort vom Systemverwalter vorgegeben und mitgeteilt. Der Vorteil dabei ist, daß der Systemverwalter ein Paßwort auswählen kann, das relativ sicher ist, etwa eine Zeichenkette, die durch einen Zufallsgenerator erzeugt wurde.

Der Nachteil ist natürlich, daß sich der Benutzer solch ein Paßwort selten merken kann und es sich aufschreiben wird. Dadurch wird das Paßwort sehr leicht auch anderen bekannt, und die unbedingt notwendige Geheimhaltung ist nicht mehr gegeben.

Aus diesem Grund halte ich es für besser, wenn sich der Benutzer ein geeignetes Paßwort selber wählen kann.

Beim Einloggen eines Benutzers wird vor der Abfrage nach dem Paßwort zunächst die Identität oder kurz ID des Benutzers eingelesen. Die ID ist in diesem Land in aller Regel der Nachnahme des Benutzers. Er dient bei den meisten Rechnern auch als Kennzeichnung für das *account* des Benutzers.

ID und Paßwort werden vom Betriebssystem immer zusammen abgefragt. Die ID des Benutzers ist nicht verschlüsselt und für die legitimen Benutzer des Rechners zugänglich. Da der Datenaustausch auf einem Rechner einen wesentlichen Vorteil gegenüber Insellösungen darstellt, ist es sinnvoll, die ID eines Benutzers offen zugänglich zu halten.

Mißtrauisch sollte man natürlich dann werden, wenn es zu einer ID kein zugewiesenes *account* gibt.

4.6.3 Anforderungen an Paßworte

Man muß zunächst bedenken, daß Paßworte so gewählt werden müssen, daß ein möglicher Eindringling in ein System sie nicht erraten kann. Hier zunächst ein paar Beispiele für schlecht gewählte Paßworte:

Elfriede	-- leicht zu ratender Vorname
Zelturlaub	-- steht im Wörterbuch
Henkelmann	-- schon etwas besser
HEINZMUELLER	-- geradezu phantasielos

Gut sind alle Paßwörter, die ein möglicher Hacker eben nicht oder nur sehr schwer erraten kann. Hier ein paar wenige Beispiele:

CLUB_LISSABON_0:6	-- Wer weiß das schon noch?
Sieglinde_925889	-- Gut, wenn es sich nicht um eine 　Telefonnummer handelt

Fips,der_Zauberdrache   -- schwer zu raten
Iten_des_mars   -- absichtlich falsch geschrieben
444_issus_keilerei   -- falsches Datum, aber ein gutes Paßwort

Sie verstehen schon: Das Paßwort sollte für den Benutzer eine Bedeutung haben, damit er sich daran erinnern kann. Dieser Bezug sollte allerdings für einen Fremden nicht nachvollziehbar sein.

Dazu noch die folgende kleine Anekdote aus der Praxis:

Fall 3.3 - Urlaubszeit

Franz Weck, ein Abteilungsleiter in der Software-Entwicklung, ist in den wohl-verdienten Urlaub in die Toskana gefahren. Nach zwei Wochen benötigen seine Mitarbeiter unbedingt ein paar Module aus seinem *account*, um mit ihrer Arbeit fortfahren zu können. Sie kommen da aber leider nicht ran.

Niemand weiß sein Paßwort, und es wird noch weitere zwei Wochen dauern, bevor er zurückkommt. Schließlich ruft ihn ein Kollege im Urlaubsort an und bittet darum, ihm das Paßwort zu sagen. Franz Weck ist etwas verlegen, sagt ihm aber schließlich sein Paßwort.

Es lautet: Verdammte_Sch____firma.

Die Arbeitskollegen grinsen und sind sich einig: Darauf wären wir nie ge-kommen!

Doch lassen Sie uns systematisch alle Anforderungen an gute Paßworte und ihre Verwaltung zusammenstellen:

1. Leere Paßworte (blank) sind verboten.
2. Paßworte wie GAST oder *guest* sind unzulässig, wenn Sie ihr System nicht absichtlich für Gäste offen halten wollen.
3. Das Paßwort darf nicht zu kurz sein, zum Beispiel muß es mehr als sieben Zeichen enthalten.
4. Das Paßwort sollte klein und groß geschriebene Buchstaben, Ziffern und Sonderzeichen enthalten.
5. Das Paßwort darf keinesfalls in einem Wörterbuch stehen.
6. Das Paßwort darf in unverschlüsselter Form nicht in Listen erscheinen, auch nicht in Dateien des verwendeten Rechners.

7. Das Paßwort darf niemals ausgedruckt werden. Es darf auch nicht am Terminal erscheinen. Das muß auch gelten, wenn das Gerät nach dem Einloggen plötzlich ausgeschaltet wird.

8. Das Paßwort darf nicht in Kontrollisten erscheinen, etwa einer Log-file des Betriebssystems.

9. Auch unvollständige oder falsch eingetippte Paßworte dürfen nicht in Login-files erscheinen. Aus dem vertippten Paßwort könnte leicht auf das richtige Paßwort geschlossen werden.

10. Der eigene Name, der der Ehefrau oder Freundin ist tabu. Er darf keinesfalls als Paßwort verwendet werden.

11. Auch der Name des Freundes oder Gatten ist als Paßwort nicht zulässig.

12. Das eigene Geburtsdatum, das von Kindern oder eines Ehegatten als Paßwort ist verboten.

13. Ein Paßwort pro Benutzer. Das heißt auch, daß niemand mit einem fremden Paßwort arbeiten darf.

14. Das Paßwort darf nur für kurze Zeit, zum Beispiel drei Monate lang, gültig bleiben. Dann erzwingt das Betriebssystem ein Ändern des Paßwortes.

15. Der Benutzer bekommt nur eine begrenzte Anzahl von Versuchen zum Einloggen, etwa drei. Schafft er es nicht mit drei Versuchen, muß er sich an den Systemverwalter wenden.

16. Der Benutzer bekommt nur eine begrenzte Zeitspanne für das Einloggen in das System zur Verfügung gestellt.

17. Der Benutzer bekommt beim Einloggen mitgeteilt, wann er sich das letzte Mal eingeloggt hatte, und zwar interaktiv und im Batch-Mode. Dadurch kann der autorisierte Benutzer erkennen, ob sich jemand mit seinem Paßwort unbefugt eingeloggt hatte.

18. Alte Paßworte, die vor Monaten einmal benutzt wurden, dürfen nicht wieder verwendet werden.

19. Gleiche Paßworte auf verschiedenen Rechnern sollten vermieden werden.

Wendet man als Systemverwalter alle diese Vorsichtsmaßnahmen an, dann ist die Verwendung eines Paßworts eine durchaus wirksame Methode der Zugangskontrolle. Bei höheren Anforderungen an die Sicherheit eines Systems erlauben manche Betriebssysteme, zum Beispiel VAX/VMS von Digital Equipment, auch die Angabe eines zweiten Paßworts.

Das Paßwort ist deswegen so wichtig, weil es bei über neunzig Prozent der im Einsatz befindlichen Computer die einzige angewandte Methode der Benutzeridentifikation und Verifizierung ist. Umso mehr muß sich der Benutzer bemühen, sich ein gutes Paßwort auszudenken.

Ein Konzept bedarf im Zusammenhang mit Paßworten sicherlich der Erwähnung: *Dedicated Applications*. Dabei handelt es sich um Anwendungen, die auf einen abgrenzbaren Kreis von Benutzern oder ein bestimmtes Anwendungsgebiet zielen. Das Argument ist daher, daß in diesem Fall kein Paßwort notwendig sei.

Stellen Sie sich vor, die Anzeigetafeln im Frankfurter Flughafen würden angesichts des steigenden Fluggastaufkommens nicht mehr ausreichen, und diese Funktion sollte über bedienbare Terminals verwirklicht werden.

Ein Paßwort würde sich in diesem Fall selbst ad absurdum führen, denn Sie müßten es sowieso jedem Fluggast mitteilen, der sich Informationen über Abflugzeiten oder Flugsteige mit Hilfe des Informationssystems holen will.

Die Gefahr bei solchen Systemen liegt darin, daß auch ein ausgetestetes Computerprogramm im Fehlerfall meist ein unerwartetes Verhalten zeigt. Ein Fluggast könnte sich dann unversehens mitten im Computersystem des Frankfurter Flughafens befinden, und er wäre in der Lage, die Kommandos des Betriebssystems zu benutzen.

Unter Millionen von Fluggästen findet sich bestimmt einer, der genug EDV-Kenntnisse besitzt, um sich erst einmal umzusehen. Irgendwann wird die Lücke des Systems in Fachkreisen auch bekannt, und der Mißbrauch kann beginnen.

Sofern ein Paßwort wie in dem geschilderten Fall wirklich keinen Sinn macht, kann wirksame Abhilfe eigentlich nur geschaffen werden, wenn die Applikation auf einem isolierten Rechner gefahren wird. Die Argumentation mit dem begrenzten Kreis der Benutzer muß also im Regelfall hinterfragt werden.

4.6.4 Die Ausweitung des Konzepts

Natürlich lassen sich Paßworte nicht nur für den Zugangsschutz zum Betriebssystem eines Computers, sondern auch für viele andere Zwecke einsetzen. Jedes Anwenderprogramm kann sich das Verfahren zunutze machen. Bei lizenzierter Software wird oftmals bereits Paßwortschutz eingesetzt, um nur berechtigten Benutzern das Arbeiten mit dem Programm zu gestatten.

Das Paßwort kann auch zeitlich begrenzt vergeben werden, etwa bei Programmen, die einem potentiellen Kunden zu Demonstrationszwecken kurze Zeit zur Verfügung gestellt werden. Ob es zulässig ist, bei unbegrenzter Dauer einer Lizenz das Paßwort nach Monaten oder Jahren verfallen zu lassen, würde ich zu bezweifeln wagen. Schließlich schränkt in diesem Fall der Lizenzgeber die einem Kunden eingeräumten Rechte ein.

Andererseits wird die meiste Software über kurz oder lang durch eine neue Version ersetzt, und deswegen spielt diese rechtliche Frage in der Praxis vielleicht gar keine große Rolle.

Auch bei Datenbanken wird der Zugang zu gespeicherten Daten oftmals von einem Paßwort abhängig gemacht. Ob die globale Überprüfung eines Paßworts für den Zugriff auf alle Daten einer Datenbank schon ein ausreichender Schutz ist, mag offen bleiben. Benutzen viele Benutzer eine gemeinsame Datenbank, dann muß beim Ausscheiden eines Benutzers aus der Organisation das Paßwort geändert werden.

Sensible Daten durch ein Paßwort zu schützen ist jedoch bei weitem besser als überhaupt keine Vorkehrungen zum Schutz der Daten gegen unberechtigten Zugang zu ergreifen. Denken Sie etwa an die folgenden Bereiche:

- persönliche Daten
- Daten über den Gesundheitszustand von Patienten bei Ärzten und in Kliniken
- vertrauliche Planzahlen zur Firmenstrategie
- Marktanteile, Umsatz und Gewinn.

Stehen Sie vor einer Kaufentscheidung, und gibt es ein Standardprogramm auf dem Markt, das die gewünschten Funktionen erfüllt, dann muß dieses Programm auch unter dem Gesichtspunkt der damit zu erreichenden Sicherheit der Datenbestände betrachtet werden, und diese Überlegungen sollten in die Kaufentscheidung einfließen.

4.6.5 Ähnliche Verfahren

Bei allen Versuchen zur Sicherung des Paßwortes sollten wir nicht vergessen, daß es nur im Rechner selbst verschlüsselt und damit gegen unberechtigte Zugriffe weitgehend geschützt ist. Bei jedem Einloggen geht das Paßwort allerdings in unverschlüsselter Form über die Leitung.

Dabei handelt es sich oft um Leitungen, die für Fremde relativ leicht zugänglich sind. Hier kann das Paßwort durch simples Abhören der Leitung in unverschlüsselter Form gefunden werden.

Diesen Angriff auf Paßworte kann durch das folgende Verfahren begegnet werden: In das verwendete Terminal wird eine Chiffrierlogik eingebaut, die das Paßwort bereits bei der Eingabe verschlüsselt. Eine ungeschützte Übertragung findet nicht mehr statt.

Das Paßwort wird also bereits lokal verschlüsselt, nicht erst im zentralen Rechner. Dieses Verfahren bietet sicher nicht übersehbare Vorteile. Die Kosten für Terminals würden sich wohl leicht erhöhen, und die Kompabilität unter den verschiedenen Herstellern würde etwas leiden.

4.6.6 Persönliche Daten

Dieses Verfahren beruht darauf, daß der Benutzer eines Computers persönliche und unverwechselbare Daten im Speicher der Maschine hält. Versucht sich nun jemand einzuloggen, wird ein Frage- und Antwortspiel zwischen Benutzer und Rechner beginnen.

Da ganz offensichtlich nur der echte Benutzer die gespeicherten persönlichen Daten wissen kann, wird das Betriebssystem nur dann Zugang zum Rechner gewähren, wenn die entsprechenden Fragen richtig beantwortet werden.

Bei den persönlichen Daten kann es sich um den Namen, Spitznamen, Hochzeitstag, die Größe, das Gewicht, den Fußballclub oder den Vornamen des Schwagers handeln. In der Regel wird das Betriebssystem nach einem Zufallsprinzip nur eine begrenzte Anzahl derartiger persönlicher Daten abfragen.

Ich halte das System, so gut es aus technischer Sicht sein mag, für problematisch. Es kann nur funktionieren, wenn die gespeicherten persönlichen Daten sehr persönlicher Natur sind. Allgemein bekannte, frei zugängliche und offene Daten zu einer Person genügen nicht.

Viele Arbeitnehmer würden sich wohl dagegen sträuben, solche Daten einem Rechner anzuvertrauen. Der Schutz der persönlichen Daten ist schließlich nicht gewährleistet. Aus Gründen des Persönlichkeitsschutzes wird das Verfahren daher abzulehnen sein.

Das heißt andererseits nicht, daß es in anderen Bereichen nicht zweckmäßig ist. Bei Entführungen sollte man es durchaus einsetzen, um die Identität des Opfers zu verifizieren.

4.6.7 Algorithmische Verfahren

Bei dieser Methode wird mit einem Zufallsgenerator gearbeitet. Das Betriebssystem des Rechners erzeugt eine Zufallszahl, die dem Benutzer, der sich einloggen will, bekanntgegeben wird.

Er muß nun auf diese Zahl eine vorher vereinbarte, geheim zu haltende Transformation durchführen. Das System wendet den gleichen Algorithmus an. Stimmen die Ergebnisse überein, wird dem Benutzer Zugriff auf das System gewährt.

Lassen Sie uns das an einem Beispiel ansehen:

Benutzer	Algorithmus (geheim)	Zufallszahl	Ergebnis
Anton Möllemann	a * 5 + 2	a = 4	22
Berta Zuse	b * b - 1	b = 4	15
Conrad Kunstmann	(c-2) * 2	c = 9	14

Tabelle 4.1 Transformationen

Dieses Verfahren ist einfach und praktikabel. Allein durch die Anwendung der Grundrechenarten sind eine Vielzahl von Kombinationen möglich. Bei sehr vielen der installierten Systeme, bei der die Zahl der Benutzer unter einhundert liegt, sollte es leicht einzuführen sein und den Anforderungen genügen.

Die geforderte Transformation sollte so einfach sein, daß simples Kopfrechnen zur Ermittlung des Ergebnisses genügt. Ein Aufschreiben des Algorithmus würde dem Zweck des Verfahrens natürlich widersprechen.

Durch Begrenzung der möglichen Zufallszahlen auf einen bestimmten eingeschränkten Wertebereich läßt sich das leicht erreichen. Da das Verfahren anfällig ist, wenn ein potentieller Eindringling Zufallszahlen benutzt, sollte die Anzahl der erlaubten Versuche beim Einloggen unbedingt begrenzt werden.

4.6.8 Rückruf

Dieses Methode ist sinnvoll, wenn neben der Identität des Benutzers auch verifiziert werden soll, daß er sich am richtigen Terminal befindet. Ist zum Beispiel ein Paßwort bekannt geworden, und ein nicht berechtigter Benutzer will sich in einer Bank vom heimischen PC aus einloggen, dann wird der Versuch bei Anwendung dieser Methode scheitern.

Das hat den folgenden Grund: Das anrufende Terminal überträgt nicht nur die ID des Benutzers und das Paßwort, sondern auch eine unverwechselbare Kennzahl des Terminals. Der angerufene Computer unterbricht daraufhin die Verbindung und versucht dann, diese Verbindung von seiner Seite aus wieder herzustellen. Vorher überprüft das Sicherungsprogramm allerdings, ob die Benutzer-ID, das Paßwort und die gespeicherte Kennung des Terminals zusammenpassen.

Ist dies nicht der Fall, wird keine Verbindung aufgebaut.

4.6.9 Zustände des Betriebssystems und Privilegien

For the fashion of Minas Tirith was such that it was built on seven levels, each delved into a hill, and about each was set a wall, and in each wall was a gate.
J.R.R. Tolkien, The Return of the King

Viele Betriebssysteme regeln den Zugriff auf Objekte aller Art, also Dateien, Programme und periphere Geräte durch eine Überprüfung der Privilegien des damit verbundenenen Prozesses im System. Dabei beruht die Unterscheidung der Prozesse nicht zuletzt auf Eigenschaften der Hardware, also zum Beispiel unterschiedlichen Zuständen des Prozessors.

Jeder Benutzer hat nach dem erfolgreichen Einloggen zunächst einmal einen Prozeß zur Verfügung, durch den er sich gegenüber dem Betriebssystem und seinen Kontrollmechanismen ausweist. Aus diesem Benutzerprozeß heraus, der in der Regel durch eine Kommandosprache gestartet wird, kann der Benutzer am Terminal weitere Prozesse starten und die Möglichkeiten des Computers nutzen.

Man kann sich das Betriebssystem durchaus wie eine mittelalterliche Burg mit einer Stadtmauer und ein paar Toren darin vorstellen. Nur wer die richtigen Privilegien hat, wird bis zum Kern der Stadt vordringen können.

In einer Grafik läßt sich der Aufbau eines Betriebssystems wie folgt darstellen.

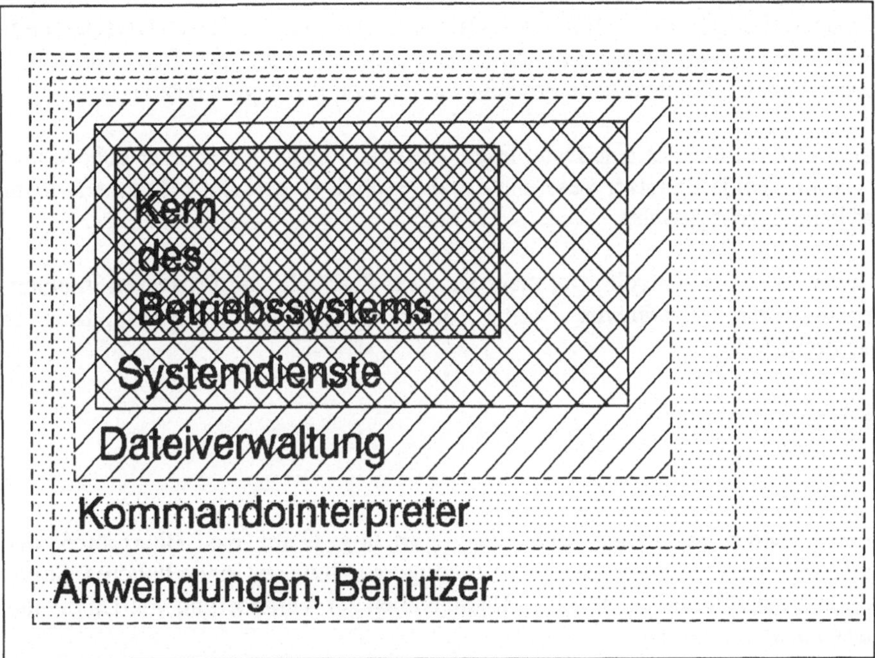

Abb. 4.7 Die Schichten eines Betriebssystems

Dabei wendet sich der aktive Prozeß bei Bedarf an die nächstliegende Schicht des Systems. Das Überspringen einer Schicht in diesem Modell ist unzulässig, denn damit wäre das Schutzkonzept bereits durchbrochen. Der Benutzer des Betriebssystems kommuniziert nur mit der Kommandosprache. Der Interpreter dieser Sprache führt die Kommandos entweder direkt aus oder bedient sich einer geeigneten Systemroutine.

Wenn also ein Prozeß eine Ausgabe von Daten verlangt, die nur über den Kern des Betriebssystems erfolgen kann, müssen dazu alle Schichten des Modells sequentiell passiert werden, bevor diese Dienstleistung gewährt wird.

Der Wechsel von einer Schicht des Betriebssystems zur nächsten ist mit einem Wechsel von Privilegien verbunden. Es werden meist zwei Stufen unterschieden:

- unprivilegiert (*user, application, problem mode*)
- privilegiert (*supervisor, kernel, system, master or executive mode*)

Um den Wechsel von Benutzer- zu Systemprivilegien erfolgreich bewerkstelligen
zu können, bedarf es der Hilfe der Hardware. Meist ist ein Zustandswechsel mit
einem *Interrupt* verbunden. Die dabei verwendete Routine des Betriebssystems
überprüft auch, ob der rufende Prozeß ausreichende Privilegien besitzt.

Will etwa ein Benutzer eine Datei lesen, die einem anderen Benutzer gehört, und
hat dieser fremde Benutzer Leserechte nicht explizit eingeräumt bekommen, dann
wird kein Zugriff gewährt.

Es kann durchaus sinnvoll sein, mehr als zwei Zustände von Prozessen in einem
Betriebssystem zu definieren. Digital Equipments PDP-11 kennt zum Beispiel
diese drei Modi:

- user
- supervisor
- kernel.

Wieviele Modi es immer sein mögen, wichtig bleibt das Überprüfen der
Privilegien beim Wechsel von einer niedrigeren Stufe zu einer höheren Stufe,
denn damit sind immer auch mehr Möglichkeiten zur Veränderung von Daten und
Programmen verbunden.

4.6.10 Das Vergeben der Zugriffsrechte

Jeder legitime Benutzer auf einem *multi-user-*, *multi-tasking-*Betriebssystem wie
UNIX oder VAX/VMS bekommt zunächst ein Dateiverzeichnis auf einem
Massenspeicher zugewiesen, sein *home directory*. Dazu wird ihm oder ihr der
Systemverwalter ein bestimmtes Quantum an Speicherplatz auf einer Festplatte
reservieren.

Wie der Benutzer seine Dateiverzeichnisse und Dateien dann organisiert, ist auf
den meisten Systemen weitgehend seine Sache. Auch bei der Vergabe von
Zugriffsrechten auf die von ihm kreierten Verzeichnisse und Dateien hat der
Benutzer freie Hand.

Das Betriebssystem VAX/VMS von Digital Equipment, das weit verbreitet ist,
kennt die folgenden vier Klassen von Benutzern:

- SYSTEM, owner, group, world.

Diese Vergabe der Zugriffsrechte ist in der nachfolgenden Grafik darstellt.

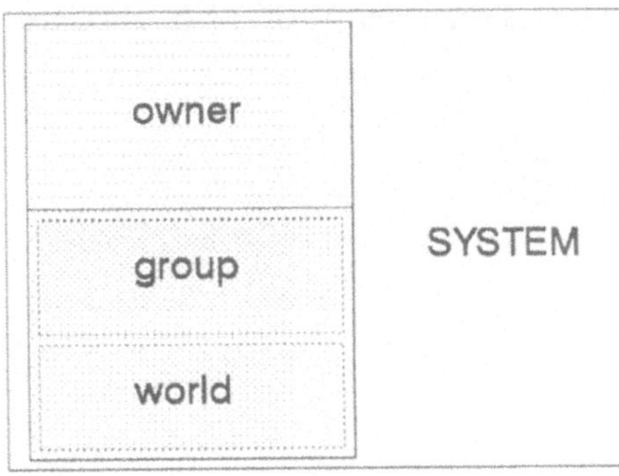

Abb. 4.8: Zugriffsrechte unter VAX/VMS

Der Besitzer einer Datei, also der *owner*, hat zunächst alle Zugriffsrechte. Das sind in der Regel die folgenden Rechte:

- read (R), write (W), execute (E), delete (D)

Diese Rechte kann der Besitzer der Datei den anderen Benutzern einer VAX einräumen, oder auch nicht. Er kann anderen Benutzern überhaupt keine Rechte geben, oder auch alle Rechte, die er selber besitzt. Natürlich wird man die Rechte nach pragmatischen Gesichtspunkten einräumen.

Bei einem kleinen Entwicklungsteam aus fünf bis zehn Mitarbeitern wird es zweckmäßig sein, die folgende Festlegung zu treffen:

- owner: READ, WRITE, EXECUTE, DELETE
- group: READ, EXECUTE
- world: none

Diese Regelung erlaubt es den Gruppenmitgliedern, die Module von Kollegen zu lesen und auszuführen. Das kann bei der Integration von Softwaremodulen notwendig werden. Das Recht zur Änderung (WRITE) und das Recht zum Löschen behält sich der Besitzer der Datei selbst vor.

Den übrigen Benutzern auf der VAX (WORLD) werden keinerlei Zugriffsrechte auf die Dateien des Benutzers eingeräumt. In der Regel ist das auch nicht notwendig. Will ein Benutzer eine bestimmte Datei lesen, weil er sie für seine Arbeit braucht, dann ist ein individuelles Setzen der Zugriffsrechte ohne großen Aufwand möglich.

Läßt man sich die Rechte einer bestimmten Datei unter VAX/VMS anzeigen, dann schaut das zum Beispiel so aus:

```
SXSMAR90.TXT;1      FILE ID:  (14472,42,0)
Size:7/9            Owner:   [proj_5,THALLER]
Created:  22-MAR-1990 15:17:21.33
Revised:  22-MAR-1990 15:45:33.02 (2)
Expires: <None specified>
Backup:  <no backup recorded>
File organisation:  Sequential
File attributes:        Allocation: 9, Extend:  0,
                        Global buffer count: 0,
                        Version limit: 2
Record format:      Variable length, maximum 66 bytes
Record attributes:  Carriage return carriage control
RMS attributes:         None
Journaling enabled:     None
File protection:            system:RWED, owner:RWED,group:RE, world:
Access control list:    None
```

Außerhalb dieses ganzen Sicherungsverfahrens steht SYSTEM. Der Systemverwalter hat diesselben Rechte wie der Besitzer, und zwar für alle Dateien und Verzeichnisse einer Installation. Das gibt dem Systemverwalter die Möglichkeit, auf alle Daten eines Systems zuzugreifen und sie zu verändern.

Es ist daher nicht verwunderlich, daß der Hacker aus Hannover immer zuerst nach dem Systemverwalter Ausschau hielt. Dieser privilegierte Benutzer hatte die Möglichkeit, ihn sofort aus seinem System zu werfen. Andererseits ist das Paßwort eines Systemverwalters ganz besonders gefährdet, denn der Systemverwalter hat sehr hohe Privilegien. Gelingt es Hackern erst einmal, sich unter der ID eines Systemverwalters in einen Rechner einzuschleichen, dann stehen ihnen alle Türen offen.

Auch der verantwortliche Systemverwalter sollte erkennen, daß es nicht immer zweckmäßig ist, unter seiner eigenen ID zu arbeiten. Ein simpler Typfehler kann leicht riesige Datenbestände löschen. Führt der Systemverwalter lediglich Arbeiten aus, für die die Rechte eines normalen Benutzers genügen, dann sollte er nicht unter der ID des Systemverwalters auftreten. Ein zweites *account* für den Systemverwalter ist also wünschenswert und sinnvoll.

Das System der Zugriffsrechte auf Dateien unter UNIX und seinen Abkömmlingen ist ähnlich. Lediglich die Terminologie ist etwas anders.

Der Systemverwalter ist unter UNIX der *superuser*, und anstatt *world* ist die Bezeichnung *others* geläufig. Das Beispiel einer kleinen Datei mit dem Tagesdatum sieht unter UNIX wie folgt aus:

```
1 file (23 bytes, 0 K)
-rw-r--r--       23  Mar 31 17:12 1990  today.txt
```

Der Eigentümer der Datei hat in diesem Fall also Schreib- und Leserechte, alle anderen haben nur Leserechte.

Durch das sinnvolle Setzen der Zugriffsrechte auf einem Computersystem kann man also durchaus einen gewissen Schutz der eigenen Dateien und Programme erreichen. Auch hier gilt selbstverständlich, daß diese Maßnahmen auch tatsächlich durchgeführt und überprüft werden müssen.

4.6.11 Spezielle Schutzrechte

Darüber hinaus gibt es weitere Schutzkonzepte, die allerdings weit weniger verbreitet sind. Unter dem Betriebssystem VAX/VMS sind sogenannte *Access Control Lists* verfügbar. Wir wollen dieses Konzept im Rahmen der Betrachtungen zu diesem Betriebssystem näher behandeln.

Auch weitere Konzepte, wie etwa das Kennzeichnen bestimmter Objekte im System in Bezug auf die Zugriffsrechte (*capabilities*) durch Programme und Prozesse, sind bisher nicht in die wichtigsten Betriebssysteme eingeflossen. Wir werden uns daher später damit befassen.

4.6.12 Kommunikation zwischen Programmen und Prozessen

Wir haben bereits erkannt, daß die Isolation von Prozessen und Benutzern auf einem größeren Rechner eine Aufgabe des Betriebssystems ist. Eine weitere Aufgabe ist natürlich die Prozeßkommunikation.

Es wäre verfehlt, die Isolation zu weit zu treiben. Die gemeinsame Nutzung von Programmen, Prozessen und Daten stellt ja gerade einen der größten Vorteile eines *multi-user-*, *multi-tasking-*Betriebssystems gegenüber Insellösungen dar, auch unter wirtschaftlichen Gesichtspunkten.

Da allerdings die Kommunikation und die Schnittstellen zwischen den verschiedenen Programmen und Prozessen und den ihnen zugeordneten Daten auch ein Ansatzpukt für mögliche Manipulationen ist, sollten wir diese Nahtstellen genauer betrachten. Wie kommunizieren Applikationsprogramme auf einem größeren Rechner miteinander?

Uns stehen einige Möglichkeiten zur Verfügung:

a) über gemeinsame Daten- oder Programmsegmente
b) Mit Hilfe des Betriebssystems oder der verwendeten Kommandosprache
   (*pipes, signals, messages*)
c) Unter Verwendung des Sprachkonstrukts einer höheren Programmiersprache,
   zum Beispiel des Rendezvous in ADA
d) über Dateien.

Wenn wir nun einmal davon ausgehen, daß die von einem Betriebssystem zur Verfügung gestellten Möglichkeiten der Kommunikation sicher sind, also durch sicherheitsrelevante Teile des Betriebssystems überprüft werden, dann bleiben uns gemeinsame Programm- oder Datensegmente und die Kommunikation mittels Dateien übrig.

Viele der üblichen Programmiersprachen wie COBOL, FORTRAN und C bieten über ihre Compiler und Linker die Möglichkeit, Programm- oder Datenblöcke nicht nur einem Prozeß, sondern auch anderen Prozessen zugänglich zu machen. Zwar erfordert das immer auch eine Koordination unter den Prozessen, damit eine Korruption von Daten vermieden wird. Die zur Verfügung gestellte Möglichkeit ist aber oftmals sinnvoll einzusetzen, da ein Programm selten alleine steht. In aller Regel wird es Datenstrukturen verwenden, die bereits von einem anderen

Programm auf dem Rechner bearbeitet wurden. Es wird seine Ausgangsdaten unter Umständen auch einem weiteren Programm zur Verfügung stellen wollen.

Befürchtet man, daß solche gemeinsamen Daten manipuliert werden könnten, dann sollten wir uns an Techniken erinnern, die in der Buchhaltung üblich sind. Es ist ohne weiteres möglich, Quersummen zu bilden und kritische Zahlen mehrfach zu speichern, auch in verschiedenen Segmenten. Der lesende Prozeß kann dann die Richtigkeit der Daten überprüfen.

Diese Technik bietet einen gewissen Schutz gegen Angriffe von außen. Er ist gegen *Insider* nicht notwendigerweise im gleichen Maße wirksam. Werden jedoch solche ausgeklügelten Schutzmechanismen trotzdem unterlaufen, dann ist der Kreis der möglichen Täter sehr klein, und es sollte leicht sein, den Schuldigen zu ermitteln.

Weit anfälliger gegen Manipulation sind Daten, die über Dateien oder Datenbanken ausgetauscht werden. Der Mechanismus der Kommunikation ist in diesem Fall für einen potentiellen Täter sehr viel durchsichtiger, und es bedarf einer weniger tiefen Kenntnis des Systems.

Nehmen wir an, ein Anwenderprogramm führt zunächst eine Berechnung durch und schreibt die Ergebnisse in eine Datei auf der Festplatte. Da weder der Umfang der zu bearbeitenden Daten noch die Rechenzeit des Jobs genau festgelegt werden können, kalkuliert der zuständige Programmierer einfach die längste mögliche Zeit und startet das zweite Programm, das die Ergebnisse des ersten Programms als Eingabedaten benötigt, zwei Stunden nach dem ersten Programm. In der Regel braucht das erste Programm allerdings nur etwa eine halbe Stunde Rechenzeit.

Das gibt einem möglichen Eindringling 90 Minuten Zeit, die auf der Festplatte zwischengespeicherten Daten zu manipulieren. Was können wir dagegen tun?

Die folgenden Möglichkeiten zur Abwehr bieten sich an:

a) Verschlüsselung der Daten
b) Daten mit Kontrollinformationen versehen und an anderer Stelle der Festplatte ablegen
c) Änderung der Prozedur beim Ablauf der Programme

Die Verschlüsselung der Daten durch krypotgraphische Verfahren bietet einen relativ guten Schutz gegen Täter von draußen. Wenn wir unsere Schlüssel geheim halten können, wird es schwer fallen, solche Daten zu verändern. Das setzt voraus, daß wir alle Quellcodes und die Programme zur Verschlüsselung bzw. Entschlüsselung aus dem System entfernen oder zumindest so gut sichern, daß sie nicht von jedermann gelesen werden können.

Ob Verschlüsselung in jedem Fall einen Schutz gegen *Insider* bietet, würde ich zu bezweifeln wagen. Allerdings hilft gegen *Insider* oft das altbewährte 4-Augen-Prinzip. Es läßt sich durchaus auch in Programme einbringen.

Kontrollinformationen bieten einen relativ guten Schutz gegen Manipulation, denn ein möglicher Täter glaubt vielleicht, mit den offenen Daten alle relevanten Informationen für eine Manipulation zu besitzen. Werden die Quellcodes solcher Programme gut gesichert, das heißt am besten vollständig aus dem System entfernt, dann ist der Sicherungsmechanismus nicht nachvollziehbar. Die Kontrollinformationen, zum Beispiel Quersummen oder redundante Daten, dürfen keinesfalls in der gleichen Datei oder Datenbank stehen wie die zu sichernden ursprünglichen Daten. Man sollte solche Kontrollinformationen in ein unverdächtig klingendes anderes Dateiverzeichnis schreiben, um den möglichen Täter zu verwirren.

Auch hier ist der Manipulation durch *Insider* nicht vollständig vorgebeugt, doch das Verfahren ist hinreichend kompliziert, um weniger gut geschulte Täter abzuschrecken oder zu entlarven.

Es ist selbstverständlich auch möglich, einfach die Zeit für eine mögliche Manipulation der Daten auf der Platte zu begrenzen. Dabei würde der zweite Prozeß wenig später als der erste Prozeß gestartet werden. Der erste Prozeß muß dann ein Signal senden oder eine Nachricht in eine Datei schreiben, wenn er seine Arbeit beendet hat. Zunächst sendet der erste Prozeß nichts oder schreibt keine Nachricht in eine bestimmte Datei.

Der zweite Prozeß seinerseits wird regelmäßig, in unserem Fall zum Beispiel alle fünf Minuten, den Zustand des ersten Prozesses abfragen. Er wird erst dann mit der eigentlichen Verarbeitung beginnen, wenn der erste Prozeß das entsprechende Signal gesendet hat. Das bedeutet, daß die Daten allenfalls fünf Minuten lang für eine mögliche Manipulation zugänglich wären. Der Zeitraum kann beliebig verkürzt werden. Dies ist selbstverständlich rechenintensiv und erhöht die Last des Systems.

Wir sehen schon, es stehen uns doch eine Reihe von Möglichkeiten zur Verfügung, um Manipulationen zu verhindern oder sie zumindest zu erschweren.

4.7 Die Verwaltung der Programme und Daten

Wir müssen uns bei allen unseren Maßnahmen zum Schutz der Software darüber im klaren sein, daß wir nur dann eine Manipulation oder einen Diebstahl wirklich bemerken und nachweisen können, wenn wir über unsere Programme auf dem Rechner bis in die Einzelheiten hinein wirklich Bescheid wissen.

Ähnlich wie ein beraubter Juwelier die Polizei wirksam unterstützten kann, wenn er genaue Aufzeichnungen und Fotos über seine Schmuckstücke besitzt, muß auch ein Rechenzentrum - und ganz allgemein jeder Betreiber eines Rechners - über die installierte Software bis ins Detail Bescheid wissen.

4.7.1 Das Inventar

Deshalb ist es sinnvoll, sich die installierten Programme mit all ihren Dateien ausdrucken zu lassen, etwa in der Form eines Dateiverzeichnisses. Wenn dies wegen der Menge der Daten nicht geht, sollte man solche Aufzeichnungen zumindest auf einem magnetischen Datenträger sichern.

Es bereitet bei vielen Installationsprozeduren jedoch keine große Mühe, während der Installation den Systemdrucker mitlaufen zu lassen. Auf diese Weise weiß man nachher genau, welche Optionen bei der Installation des Betriebssystems gewählt wurden und welche Dateien das Betriebssystem bilden.

Doch lassen Sie uns die Sache systematisch angehen. In der Regel kann man die Software auf einem Rechner in der Weise einteilen, wie in Abbildung 4.9 dargestellt.

Die Dateien des Betriebssystems sind umfangreich, und oft ist die Bedeutung einzelner Namen in keiner Weise klar. Es ist zu vermuten, daß manchmal zu viel installiert wird, etwa Treiber für Drucker, die gar nicht an das System angeschlossen sind. Wenn der Installateur allerdings die unbedingt notwendigen Dateien nicht genau kennt, wird er lieber alles kopieren, bevor er einen Fehler riskiert.

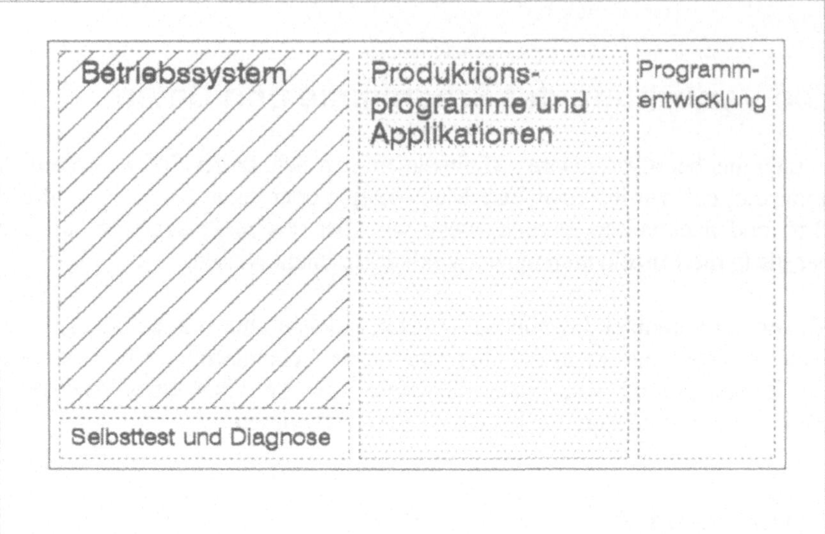

Abb. 4.9 Programmgruppen auf einem Rechner

Solange dies nur etwas mehr Speicher auf einer Festplatte kostet, kann man dagegen eigentlich nichts einwenden.

Besser ist die Situation manchmal, wenn die Installation des Betriebssystems vom Hersteller und Lizenzgeber der Software durchgeführt wird. Dieser Angestellte installiert öfter Betriebssysteme und ist mit den Prozeduren besser vertraut als ein Anwender, der so etwas vielleicht einmal im Jahr macht.

Wer immer die Installation im Einzelfall durchführen mag, man sollte das Betriebssystem und alle zugehörigen Dateien installieren, einen kurzen Test fahren und anschließend sofort eine Sicherungskopie ziehen. Auf diese Weise kann man im Notfall auf diese Sicherungskopie zurückgreifen und beginnen, das System Schritt für Schritt wieder in Betrieb zu nehmen.

Ein besonderes Kapitel stellen Selbsttest- und Diagnoseprogramme dar. Jede größere Computerinstallation besitzt sie in der ein oder anderen Form. Bei Minicomputern sind Selbsttestprogramme manchmal in einem nichtflüchtigen Speicher (PROM) vorhanden und werden beim Einschalten automatisch abgearbeitet.

Ob Diagnoseprogramme als systemnahe Software installiert und auf der Festplatte eines Rechners immer resident ist, oder ob sie erst bei Auftreten eines

Fehlers durch den Kundendienst des Herstellers der Anlage installiert wird, hängt von den Umständen des Einzelfalls ab.

Diagnoseprogramme sind sicherlich ein unentbehrliches Mittel, um Fehler lokalisieren zu können. Es darf jedoch nicht verkannt werden, daß damit meist alle Sicherungen des Betriebssystems umgangen werden können. Wir werden diese Frage noch diskutieren müssen.

Vorläufig sollten wir uns darüber klar werden, daß solche Programme dem Betreiber einer EDV-Anlage bekannt sein müssen. Er muß wissen, wo die entsprechenden Dateien auf seiner Anlage liegen, und er muß diese Programme isolieren und darf sie nur einem sehr begrenzten Kreis von Personen zugänglich machen.

Ferner sollten wir auf unserer Anlage eine strikte Trennung zwischen Programmentwicklung und Produktion durchführen.

Alle Software, die sich noch im *status nascendi* - also im Werden - befindet, ist nicht getestet und daher unsicher. Erst wenn diese Programme einen ausreichenden und in die Tiefe gehenden Test unter der Beteiligung der Qualitätssicherung bestanden haben, sollten sie im Produktionsbereich installiert werden.

Es ist immer auch eine organisatorische Trennung zwischen den beiden Bereichen anzustreben. Der Ersteller eines Programmes muß natürlich den Quellcode kennen, der Operator wird mit der binären Form des Code auskommen. Er muß also lediglich wissen, wie das Programm zu bedienen ist. Einzelheiten über die Implementierung braucht er oder sie dagegen nicht zu erfahren.

Das entspricht durchaus unserer Erfahrung im täglichen Leben. Ob ein Auto Vorder- oder Hinterradantrieb hat, ist für manchen Autofahrer eine unnötige Information.

Bezüglich unserer EDV-Anlage sollten wir also getrennte Pfade und Dateiverzeichnisse für die Programme in der Entwicklung und in der Produktion besitzen. Dieser Grundsatz gilt natürlich umso mehr für externe Speicher wie Plattenlaufwerke.

Die Organisation der Anlage und die Verteilung der Programme und Dateien auf die eingesetzten Massenspeicher zeichnet man am besten auf, so daß eine gezielte Datensicherung und eine Rekonstruktion anhand der Dokumentation im Notfall leicht möglich ist.

4.7.2 Die Rolle des Konfigurationsmanagements

Nun werden Sie natürlich mit Recht fragen, wer für diese Aufgabe innerhalb eines Unternehmens verantwortlich sein soll.

Neben dem Systemverwalter der EDV-Anlage bietet sich das Konfigurationsmanagement an. Zu den Aufgaben dieser Disziplin gehört es, einen IST-Zustand zu erfassen, zu dokumentieren und alle Veränderungen zu verfolgen.

Diese Forderung nach der Verfolgbarkeit von Änderungen bedeutet natürlich, alle Änderungen zu erfassen und zu dokumentieren. Das ist eine Aufgabe, die unter dem Gesichtspunkt der Sicherheit gar nicht hoch genug eingeschätzt werden kann.

Wollen wir unsere EDV nicht in völliger Isolation betreiben - und wer könnte das schon? - sind Änderungen einer bestehenden Konfiguration unseres Betriebssystems und der Applikationen unvermeidlich.

Woher kommen denn Viren und Würmer?

In der Regel doch nicht aus den von uns erstellten Programmen! Sie schleichen sich als Parasiten mit Fremdsoftware in unser System ein. Also kann es uns nur gelingen, solche Fälle zu vermeiden, wenn wir über die neu installierte Software genau Buch führen, so daß wir im Fall der Fälle gerüstet sind und der Sache nachgehen können.

Dieses Konzept ist in Bild 4.10 nochmals grafisch dargestellt.

Neben der Kontrolle des Eingangs fremder Software hat das Konfigurationsmanagement selbstverständlich auch die Aufgabe, die ausgelieferte Software zu erfassen, zu dokumentieren und solche Aufzeichnungen aufzubewahren.

Inwieweit im Falle eines spezifischen Unternehmens die eine oder andere Aufgabe zum Tragen kommt, muß im konkreten Fall nach der Lage des Betriebes entschieden werden. Durchgeführt werden sollte diese Disziplin allemal, denn sie ist einfach notwendig.

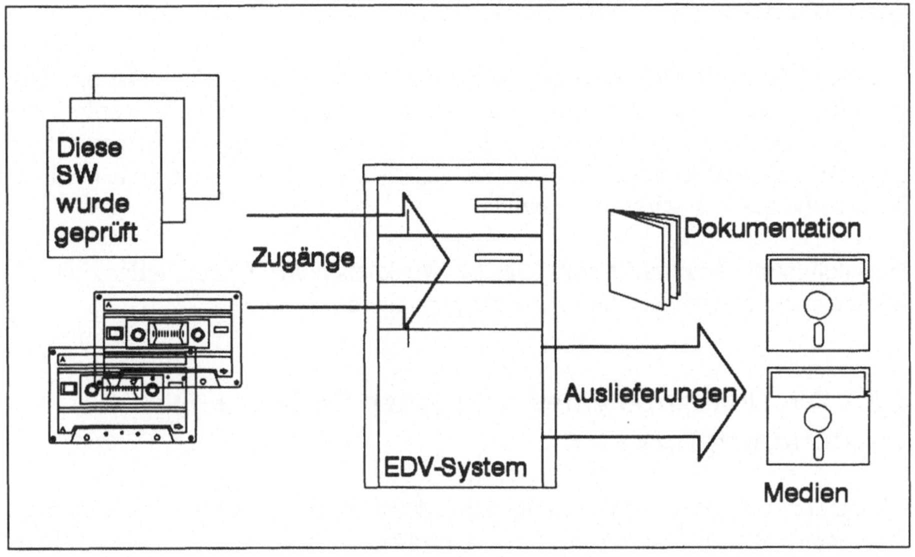

Abb. 4.10 Kontrolle eines EDV-Systems

Wenn es die Sicherheit des Betriebes der EDV-Anlage erfordert, kann vor der Installation neuer Software erst einmal ein Probebetrieb mit diesen Programmen gefahren werden. In diesem Fall wird die Nutzung der Software zunächst nur für einen begrenzten Kreis von Anwendern freigegeben.

Die aufgezeigte Vorgehensweise hat den Vorteil, daß bei auftretenden Problemen, etwa einem Befall durch Viren, nur der relativ kleine und entbehrliche Rechner für den Probebetrieb verseucht wird und "geputzt" werden muß. Der eigentliche EDV-Betrieb bleibt unversehrt und kann ohne Unterbrechung durchlaufen.

Obwohl wahrscheinlich mit etwas höheren Kosten verbunden, ist dies gerade angesichts der dokumentierten Schadensfälle eine erwägenswerte Alternative. Bei sicherheitskritischen Anwendungen sollten solche Rechnerkonfigurationen ins Kalkül gezogen werden.

4.8 Abwehr von Attacken durch Software

Die Gefahr für Software ist gerade deshalb so groß, weil zur Manipulation, Zerstörung und der Erlangung geldwerter Vorteile Techniken eingesetzt werden, die für den Computerlaien kaum verständlich und nur sehr schwer nachzuweisen sind. Die Eigenschaften der Software ermöglichen es den Tätern in vielen Fällen, ihr unheilvolles Tun wirksam zu tarnen.

Dennoch ist die Lage nicht hoffnungslos. Wir können uns wehren, indem wir die Bedrohungen untersuchen und gezielt gegensteuern.

4.8.1 Die Dividende eines geregelten Software-Entstehungsprozesses

Dieser Text behandelt nicht in erster Linie den Entstehungsprozeß von Software. Trotzdem wollen wir das Thema kurz beleuchten, denn ein geregelter Prozeß bei der Entwicklung von Software erhöht auch die Sicherheit der erstellten Programme.

Anders herum gesagt: Das Unternehmen, das Programme durch einen einzelnen Programmierer schreiben läßt, der seine Arbeit weder dokumentiert, noch testet, und Tests schon gar nicht dokumentiert, vernachlässigt auch den Sicherheitsaspekt bei der Programmerstellung.

Es ist unter solchen Umständen nur zu leicht möglich, Zeitbomben und Trojanische Pferde im Code zu plazieren. Da diese Techniken den normalen Ablauf des Programms zunächst nicht stören, sind sie unter den vorher geschilderten Umständen auch gar nicht zu entdecken. Es muß daher das Ziel der Unternehmensleitung und des Managements der EDV sein, durch geeignete Maßnahmen im Entstehungsprozeß den Einbau illegalen Codes in Programme zu verhindern.

Die moderne Software-Entwicklung ist gekennzeichnet durch eine Reihe von Konzepten:

a) Ein Phasenmodell der Software-Entwicklung.

b) Die Beteiligung anderer Gruppen als der Entwicklung am Entstehungsprozeß der Software, also Projektmanagement, einer externen Testgruppe, der Qualitätssicherung und der Konfigurationskontrolle.

c) Meilensteinkonzept.

d) Überwachung des Entstehungsprozesses durch das Management des Unternehmens.

Wir sehen also, daß die gesamte Software in Teilschritten entsteht. Die Teilprodukte werden jeweils am Ende der entsprechenden Phase überprüft (reviewed) und bei ausreichender Qualität unter die Kontrolle des Konfigurationsmanagements gestellt. Eine Änderung nur durch den Entwickler ist in der Folgezeit nicht mehr möglich.

Vielmehr muß jede Partei, die eine Änderung wünscht, dies durch formellen Antrag kundtun. Dieser Antrag wird dann in einem Ausschuß, in dem neben der Leitung der Software-Entwicklung auch die Qualitätssicherung und das Konfigurationsmanagement vertreten ist, beraten. Da der Antrag die Änderung genau beschreiben muß, ist eine Verfolgung der vorgeschlagenen Änderung und eine Prüfung nach der Einarbeitung möglich.

Dieses Argument gilt im Grundsatz sowohl für Software in der Form eines Dokuments als auch für Programmcode. Bei Dokumenten wird die Überprüfung mit relativ simplen Mitteln möglich sein, bei Code kann die Methode der Verifikation nur Test heißen.

Obwohl Dokumente der Software wegen ihrer leichten Einsehbarkeit in der Regel selten ein Sicherheitsrisiko bilden, sind Fälle von Mißbrauch und Sabotage denkbar. Es kann etwa ein Handbuch so geschrieben werden, daß der Benutzer im Notfall ein Kommando erzeugt, das die Daten nicht rettet, sondern sie gerade zerstört.

Zwar wird der erfahrene Operator das merken, ein relativ unerfahrener Benutzer jedoch kaum. Es ist also daran zu denken, auch die Anweisungen in Handbüchern, und gerade Prozeduren für einen Notfall, einer Überprüfung zu unterziehen, bevor sie freigegeben werden.

Bevor wir uns dem Gebiet der Verifikation und Validation von Software näher widmen, sollten wir noch einen Blick auf die beteiligten Gruppen werfen. Die

Verteilung der Arbeit auf mehrere, voneinander unabhängige Abteilungen, Gruppen und Personen, fördert immer auch die Sicherheit der Software.

Wenn ein einzelner oder eine kleine Gruppe die gesamte Arbeit erledigt, sind Manipulationen leichter zu bewerkstelligen und fallen vielleicht niemals auf. Bei einem größeren Kreis von Personen steigt das Risiko der Entdeckung für den Täter, und er gibt sein Vorhaben vielleicht auf.

Es sollten also mindestens diese Disziplinen an der Enstehung der Software beteiligt sein:

- Das Projektmanagement

- Die Software-Entwicklung

- Eine Testgruppe, die von der Entwicklung unabhängig sein sollte

- Das Konfigurationsmanagement

- Die Qualitätssicherung.

Das Projektmanagement initiiert dabei alle Tätigkeiten, pflegt die Kontakte mit dem Auftraggeber und überwacht Kosten und Termine. Natürlich werden die Aufgaben auch etwas davon abhängen, ob es sich um ein externes oder internes Projekt handelt.

Grundsätzlich sollte allerdings auch ein internes Software-Projekt einen Nutzen für das Unternehmen bringen. Daher ist die Installation einer Projektleitung bei allen größeren Projekten zu empfehlen.

Nicht zu vergessen ist die Planung und Durchführung der offiziellen Reviews als eine der Hauptaufgaben des Projektmenagements. Zwar wird der weitaus größte Teil der Vorträge von der Entwicklung kommen. Die Frage, ob das präsentierte Material ausreichend war, ob das Review also bestanden wurde, kann nur mit dem Projektmanagement entschieden werden.

Die Entwicklung wird sicherlich den Löwenanteil der Arbeiten verantwortlich durchführen. Dabei handelt es sich immer um den Entwurf, die Kodierung und sicherlich auch einen großen Teil der Tests mit der Software.

Die Testgruppe sollte da ansetzen, wo die Entwicklung die Software nicht mehr vernünftig testen kann, weil der einzelne Entwickler zu sehr Partei ist. Im Sinne eines Tests nach der Spezifikation kann die externe Testgruppe dabei die ordnungsgemäße Funktion der Software überprüfen. Die Software-Entwicklung und die Testgruppe sollten nicht an denselben Vorgesetzten berichten.

Das Konfigurationsmanagement hat die Aufgabe, Produkte nach der Annahme durch die Qualitätssicherung in ihrem jeweiligen Stand einzufrieren. Auslieferungen sollten immer über das Konfigurationsmanagement erfolgen. Die Qualitätssicherung schließlich wird alle Software-Produkte hinsichtlich ihrer Qualität beurteilen. Sie wird Verbesserungen verlangen, wenn dies notwendig ist.

Darüber hinaus hat die Qualitätssicherung die Aufgabe, den gesamten Prozeß der Erstellung der Software kritisch zu begleiten. Weichen einzelne Steuer- oder Regelgrößen zu stark von erwarteten Werten ab, muß sie Änderungen verlangen. Aus diesem Grund ist die Qualitätssicherung als eine unabhängige Gruppe in der Organisation eines Unternehmens zu installieren. Sie berichtet an die Geschäftsleitung.

Bei sehr kleinen Software-Projekten ist es möglich, einzelne Tätigkeiten zusammenzulegen. Das sollte allerdings aus den aufgeführten Gründen nicht übertrieben werden. So kann zum Beispiel die Entwicklung niemals die Rolle der Qualitätssicherung übernehmen. Einige sinnvolle Kombinationen sind jedoch möglich:

- Projektmanagement und Software-Entwicklung
- Qualitätssicherung und Konfigurationsmanagement

oder auch

- Qualitätssicherung und Testgruppe.

Entschieden werden können solche Fragen immer nur nach der Lage des einzelnen Betriebes, manchmal auch nach dem Umfang und der Wichtigkeit eines Projekts. Der Gedanke der Sicherheit unserer Ressourcen spricht jedoch eindeutig für mehrere, voneinander unabhängige Gruppen.

Doch lassen Sie uns den Ansatz zum Testen der Software weiter verfolgen.

4.8.2 Verifikation und Validation von Software

Wenn wir uns die Techniken und Methoden der Täter etwas genauer ansehen, dann lassen sich doch bei einer Reihe von Methoden gemeinsame Merkmale extrahieren.

- Salamitaktik

- Trojanische Pferde

- Trapdoors

- Zeitbomben (logic bombs)

- Asynchronous Attack.

sind gekennzeichnet durch zusätzliche Funktionen der Software. Das heißt, es sind im Code über die verlangten und legalen Anweisungen hinaus Teile enthalten, die Manipulationen im Sinne des Täters ermöglichen und unterstützen.

Da heutzutage Software-Projekte mit einigen Zehntausend *Lines of Code* die Regel sind, und auch Programmgrößen von mehreren Millionen *Lines of Code* sind nicht mehr gerade selten, kann das Verstecken zusätzlicher Funktionen in diesem Meer von Anweisungen einem sachkundigen Täter nicht schwer fallen. Selbstverständlich wird es sich meist um *Insider Jobs* handeln. Bei aller Sorgfalt bei der Auswahl der Mitarbeiter wird sich ab und zu ein schwarzes Schaf finden. Die mit EDV-Verbrechen zu erzielende Beute ist oft beträchtlich, und Gelegenheit macht bekanntlich Diebe.

Der Verifikations- und Validationsprozeß von Software bietet jedoch durchaus die Chance, zusätzliche und unerwünschte Anweisungen und Funktionen im Code zu identifizieren und zu eliminieren. Dazu müssen wir näher auf das Testen von Software eingehen.

Es sind zwei Verfahren zu unterscheiden:

- white box testing

- black box testing.

Bei der ersten Methode wird die innere Logik eines Software-Moduls oder Programms überprüft, das heißt das Modul wird in seiner gesamten Struktur geprüft.

Bei der zweiten Technik wird das Modul lediglich an seiner Schnittstelle geprüft. Der innere Ablauf des Programms wird nicht betrachtet, das heißt für den Tester stellt sich das Modul insoweit als *black box* dar.

In der Regel würde man nun beim Testen so vorgehen, daß die Programmlogik, also *white box testing*, durch den ursprünglichen Programmierer überprüft wird. Da er das Modul geschrieben hat, ist er für diese Aufgabe vorzüglich geeignet.

Diese Vorgehensweise schließt in keiner Weise aus, daß für das *white box testing* in Zusammenarbeit mit der Qualitätssicherung ein objektives und nachprüfbares Maß der Testabdeckung festgelegt wird, zum Beispiel C1.

C1 ist in diesem Fall das Maß der Testabdeckung und bedeutet, daß jeder Pfad des Moduls beim Test mindestens einmal durchlaufen werden muß. Das Testen im Sinne eines *black box tests* dagegen sollte man immer einer externen Testgruppe übertragen.

Es fällt uns allerdings an dieser Stelle auf, daß das Testen eines Moduls als *white box testing* das Einbringen zusätzlicher Funktionen durch einen Programmierer nicht verhindern kann. Die oben genannten betrügerischen Machenschaften wären also weiterhin nicht zu verhindern.

Hier kann Abhilfe geschaffen werden:

a) Durch das Zuordnen des *white box testing* zu der externen und unabhängigen Testgruppe

b) Durch genaue Verfolgung der Funktionen, die in den Anforderungen an die Software beschrieben sind, und Überwachung der Tests durch die Qualitätssicherung.

Ruft man sich einen der Kernsätze beim Testen von Software ins Gedächtnis, dann läßt sich die folgende Aussage treffen: *Ein Programm soll das tun, wozu es geschaffen wurde. Es soll nichts darüber hinaus tun.*

Wollen wir diesen Grundsatz in die Praxis umsetzen - und das gerade unter dem Aspekt der Sicherheit - dann können wir dies nur durch systematisches Verfolgen der Realisierung der Anforderungen aus dem Lastenheft im Programmcode tun.

Die funktionellen und Leistungsanforderungen an den Programmcode stehen im Lastenheft, und sie müssen sich im Code wiederspiegeln. Es darf allerdings auch kein Mehr an Anweisungen vorhanden sein. Das läßt sich Nachprüfen, wenn wir eine *Functional Capabilities List* (FCL) verwenden.

Sie könnte so aussehen:

Paragraph im Lastenheft	Funktion im Programm	überprüft durch die Qualitätssicherung ?
3.1.5.7.4	Familienname ändern	ja
3.1.5.7.5	Adresse ändern	ja
3.1.5.7.6	Anzahl der Kinder ändern	ja
usw.		
3.3.1.1	Gehaltsgruppe ändern	okay
3.3.1.1.1	Grundgehalt ändern	ja
3.3.1.2	Zulagen ändern	ja
3.3.2.1	Urlaubstage ändern	ja

Tabelle 4.2 Functional Capabilities List

Durch die Anwendung einer solchen Tabelle ist es möglich, alle Funktionen aus dem Lastenheft hinsichtlich ihrer Einbringung in den Programmcode zu verfolgen. Es fällt dann auf, wenn Funktionen fehlen. Andererseits stechen auch zusätzliche Funktionen im Programm ins Auge, und gerade daran sind wir unter dem Gesichtspunkt der Sicherheit ja interessiert.

Die oben geschilderte Vorgehensweise verlangt natürlich eine starke Beteiligung der Qualitätssicherung und des Konfigurationsmanagements. Die Qualitätssicherung muß den Quellcode des Programms überprüfen und muß den Zusammenhang mit den verlangten Funktionen aus dem Lastenheft herstellen.

Nicht zuletzt muß die Qualitätssicherung den Test begleiten und darf dem Konfigurationsmanagement nur solchen getesteten Code überlassen, der den Test bestanden hat.

Wird jedoch das Verfahren eingehalten, kann das Programmieren zusätzlicher Funktionen und deren Einbringung in getestete Programme zuverlässig verhindert werden.

Kein Kraut gewachsen ist vorläufig gegen Betrug im großen Stil, wie das im Fall *Equity Funding* in den USA passierte. Wenn die Unternehmensleitung bei dem Betrugsmanöver mit im Spiel ist und den Computer zum Fälschen von Versicherungspolicen einsetzt wie bei einer Notenpresse, dann versagen alle herkömmlichen Maßnahmen.

Es ist klar, daß solche Betrügereien mit Hilfe der EDV früher oder später auffallen werden. Die staatlichen Aufsichtsbehörden der Versicherungswirtschaft führen in regelmäßigen Abständen Prüfungen durch. Der Kreis der Eingeweihten in einem solchen Betrug ist auch so groß, daß über kurz oder lang jemand reden wird. Zu diesem Zeitpunkt kann allerdings bereits ein riesiger Schaden entstanden sein.

Gegen Simulation und Modellbildung im kleineren Rahmen sind die vorher aufgezeigten Methoden wie *black box* und *white box testing* durchaus wirksam und sollten eingesetzt werden. Auch die Qualitätssicherung ist aufgerufen, die Ergebnisse eines Tests zu überprüfen und die Richtigkeit der Daten zu bestätigen.

4.9 Sicherheit als Funktion der Software

Während die Techniken Salamitaktik, Trojanische Pferde, *Trapdoors* und Zeitbomben also durch zusätzliche Funktionen gekennzeichnet sind, deren Aufspüren und Eliminieren die Sicherheit der Programme gewährleisten kann, sind andere kriminelle Machenschaften auf diese Art und Weise nicht zu bekämpfen.

4.9.1 Maßnahmen gegen *Scavenging* und *Asynchronous Attack*

Die Technik *Asynchronous Attack* liegt gerade an der Schnittstelle. Zwar bietet das angegriffene Programm und der damit erzeugte Prozeß auf dem Rechner gewisse Angriffspunkte zur Manipulation, die eigentliche Tat geschieht jedoch mit Hilfe eines fremden Programms, das Daten verändert.

Aus diesem Grunde muß auch unsere Strategie zur Bekämpfung von *Scavenging* und *Asynchronous Attack* eine andere sein als bei den vorher beschriebenen illegalen Techniken.

Während wir vorher versuchten, zusätzliche Funktionen zu identifizieren und zu eliminieren, werden wir nun versuchen, gerade durch zusätzliche Funktionen in der Software ein Mehr an Sicherheit zu erreichen. Lassen Sie mich das an einem einfachen Beispiel verdeutlichen.

Fall 4.4 Das Sortieren der Stammsätze

Konrad Kunstmann ist der Chefprogrammierer in einer kleinen Raffinerie im Herzen Bayerns. Diese Firma liefert Mineralölprodukte an eine Vielzahl von Kunden in Deutschland und Österreich aus.

Für jeden dieser Kunden gibt es einen Stammsatz mit Daten im Rechner der Raffinerie. Er enthält neben dem Namen und der Anschrift des Kunden auch die Kontoverbindung und andere für die Rechnungslegung wichtige Informationen. Insgesamt macht die Datei mit Kundenstammdaten einige zigtausend Sätze aus. Sie sind in einer *relative record*-Datei nach dem Alphabet geordnet.

Konrad Kunstmann hat nun das Problem, daß jeden Tag neue Kunden dazu kommen. Da steht einfach ein Lastwagen mit einem ungeduldigen Fahrer im Versand, der Benzin oder Heizöl abholen will.

Er kann diese neuen Stammsätze nicht sofort in seine Datei einordnen, denn das würde viel zu lange dauern. Deswegen legt er eine kleine Datei an, die maximal 50 Sätze aufnehmen kann. In der Regel liegt die Zahl der neuen Kunden pro Arbeitstag zwischen drei und zehn.

Damit ist das Problem allerdings noch nicht gelöst. Die Kundenstammdatei muß schließlich die neuen Kunden enthalten. Dazu wird es notwendig, die riesige Kundenstammdatei neu zu sortieren. Das dauert auf dem verwendeten Rechner etwa eine knappe Stunde. Nach zehn Uhr abends, wenn die Verladung ihre Tätigkeit eingestellt hat, ist dazu genügend Zeit. Konrad Kunstmann schreibt eine entsprechende Prozedur.

```
# sort_k
# Neues SORTIEREN der Kundenstammdatei
# ACHTUNG: Nicht vor 22h starten!
#
cp k_stamm.asc k_tmp.asc          # Stammkundendatei kopieren
cat neu_kund.asc >>k_tmp.asc      # neue Kunden anhängen
my_sort.prg                       # sortieren
#
cp k_tmp.asc k_stamm.asc          # sortierte Datei kopieren
```

Es wird also die alte Datei mit den Stammsätzen in eine temporäre Datei kopiert. Dann werden einfach die während des Tages angefallenen Sätze mit den Daten der neuen Kunden an das Ende dieser Datei angehängt, und anschließend wird der Sortierlauf mit einem selbst entworfenen Sortierverfahren gestartet.

Ist die Datei nach einer Stunde schließlich sortiert, wird einfach die temporäre Datei wieder in die alte Datei mit den Stammsätzen kopiert.

Das funktioniert so weit ganz gut. Doch Konrad Kunstmann überlegt sich, daß die temporäre Datei mit den Stammsätzen nach dem Abschluß des Jobs eigentlich unnötig ist. Er fügt deswegen noch eine weitere Anweisung hinzu. Damit schaut die Prozedur nun so aus:

```
#
# sort_k2
# Neues SORTIEREN der Kundenstammdatei
#
# ACHTUNG: Keinesfalls vor 22h starten!
#
cp k_stamm.asc k_tmp.asc          # Stammkundendatei kopieren
cat neu_kund.asc >>k_tmp.asc      # neue Kunden anhängen
my_sort.prg                       # sortieren
#
cp k_tmp.asc k_stamm.asc          # temporäre Datei kopieren
#
rm k_tmp.asc                      # lösche temporäre Datei
#
```

Liegt die temporäre Datei mit den Stammsätzen 24 Stunden lang im Rechner, ohne daß sie eigentlich gebraucht wird, dann stellt sie ein potentielles Ziel für

einen Eindringling in das Computersystem dar. Rein funktionell gesehen ist das
Aufbewahren der Datei gar nicht notwendig, wie wir oben gesehen haben.

Daraus läßt sich eine wichtige Schlußfolgerung für die Sicherheit von
Programmen und Daten ziehen:

*Sicherheit ist eine Funktion eines Computerprogramms wie andere verlangte
Eigenschaften auch.*

Da sich unser kleines Problem in der ein oder anderen Weise lösen läßt, ist es
lediglich notwendig, daß wir unsere Wünsche in Bezug auf die Sicherheit der
Daten als Forderung formulieren. In unserem Fall wäre das relativ einfach. Wir
könnten den folgenden Satz in das Lastenheft aufnehmen: *Temporäre Dateien
sind zu löschen, unmittelbar nach dem Zeitpunkt, zu dem sie nicht mehr
gebraucht werden.*

Zugegeben, die Lösung wird nicht immer so einfach sein wie in unserem kleinen
Beispiel, doch ein Anfang ist gemacht.

Wir können ein übriges tun:

a) Begrenzen des Wissens über die Sicherheitsmaßnahmen auf die unbedingt
   notwendigen Personen (Programmierer, EDV-Leiter)

b) Entfernen des Quellcodes aus der EDV-Anlage und Speichern auf Magnetband, um das Lesen durch Unberechtigte zu verhindern.

Bei dieser Vorgehensweise wissen nur zwei Personen über alle Einzelheiten des
Sicherungsverfahrens Bescheid. Natürlich wird auch die Operatorin der EDV-Anlage und ein Vorgesetzter im Rechnungswesen wissen, daß eine Sicherung eingebaut wurde. Sie brauchen für ihre Tätigkeit allerdings keine Einzelheiten zu erfahren.

Sollte jetzt noch eine Manipulation vorkommen, dann ist der Kreis der Verdächtigen schon als sehr klein zu bezeichnen.

4.10 Gefährliche Werkzeuge

Natürlich haben die Programmierer von Systemsoftware ähnliche Probleme wie
alle anderen Programmierer auch: Sie müssen ihre Programme austesten. Zu

diesem Zweck benötigen sie Testprogramme und Werkzeuge. Diese Art von Software umgeht oftmals die eingebauten Sicherungen des Betriebssystems. Die Vorgehensweise ist während der Entwicklung zu vertreten und in gewissem Maße gar nicht zu vermeiden.

Eine Gefahr entsteht, wenn solche Werkzeuge allgemein bekannt werden oder in die Hände Unbefugter gelangen. So wie man ein Skalpell auch nicht in die Hände von Kindern und Jugendlichen fallen lassen sollte, so sind auch diese Software-Werkzeuge in den falschen Händen eine nicht zu unterschätzende Gefahr für die Sicherheit der Daten auf unseren Rechnern.

Da Werkzeuge oder *utilities* wie *Zuperzap* alle Kontrollen des Betriebssystems umgehen, ist ein direkter Nachweis der Manipulation praktisch unmöglich. Trotzdem wird der Betreiber einer EDV-Anlage unter Umständen für entstehende Schäden haftbar gemacht werden.

Als Ausweg bleibt nur, solche Werkzeuge niemals über den Kreis der unmittelbar mit dem Programm arbeitenden Mitarbeiter, die es für ihre Arbeit benötigen, hinaus zu verbreiten.

Besonderen Wert sollte man auf den Schutz des zugehörigen Quellcodes legen. Fällt der Quellcode erst in die Hände von Eindringlingen in das Computersystem, etwa Hackern, dann sind in der Zukunft Manipulationen großen Ausmaßes gar nicht mehr auszuschließen. Der Schutz solcher Programme gehört zu den Pflichten des Herstellers von Betriebssystemen und systemnaher Software.

Eine weitere Gefahr sind Selbsttest- und Diagnoseprogramme. Solche Programme werden von allen größeren Computerherstellern entwickelt und eingesetzt, etwa zum Test der entwickelten Hardware. Nach dem Abschluß der Entwicklung stehen sie dem Kundendienst des Herstellers als Hilfen zur Eingrenzung von Fehlern zur Verfügung.

So weit, so gut. Schließlich handelt es sich um durchaus nützliche Werkzeuge. Ein Diagnoseprogramm zur Überprüfung der Festplatte eines Rechners erlaubt es allerdings auch, bestimmte Daten auf die Spuren und Sektoren einer Magnetplatte zu schreiben. Das Betriebssystem des Computers ist dazu gar nicht notwendig. Das Diagnoseprogramm arbeitet direkt mit dem Plattenkontroller der Festplatte zusammen. Fällt so ein Programm in die falschen Hände, dann lassen sich damit auch gezielt Daten eines Massenspeichers verändern. Gehaltsauszahlungen lassen sich nach oben verschieben, die Beträge von Geldüberweisungen können erhöht werden, und auch die Strahlendosis eines Röntgenapparats läßt sich manipulieren.

Zwar wird der Techniker im Kundendienst eines Herstellers die Organisation der Daten auf dem Rechner eines Kunden in der Regel nicht kennen. Es ist allerdings gar nicht auszuschliessen, daß er im Zuge von Wartungsarbeiten auf Daten stößt, deren Inhalt und Bedeutung er erraten kann. Kommt noch die notwendige kriminelle Energie dazu, dann sind zu schützende Daten gefährdet.

Dem kann vorgebeugt werden, wenn der Betreiber eines Computers solche Werkzeuge nur unter den gegebenen Umständen des Einzelfalls einsetzt. Das heißt, daß im normalen Betrieb des Rechenzentrums Diagnoseprogramme nicht zur Verfügung stehen sollten.

Will man einem Notfall vorbeugen, kann man Diagnoseprogramme auf einer separaten Wechselplatte halten, die in einem verschlossenen Schrank aufbewahrt wird. Nur bei einem Ausfall einzelner Komponenten des Computersystems werden die Programme dann geladen und ausgeführt.

Nun will ich hier keinesfalls unterstellen, daß die Monteure im Kundendienst und die Kollegen im *Support* unzuverlässig und nicht vertrauenswürdig wären. Sie haben allerdings in der Regel sehr gute Systemkenntnisse, und ein schwarzes Schaf findet man ab und an überall einmal.

Das bedeutet für den Betreiber einer Installation, daß er sich darüber im klaren sein muß, wer auf seiner Anlage welche Programme installiert hat. *Tools* und *utilities*, die er nicht kennt, sollte er nicht dulden. Ein ähnliches Argument gilt für *accounts* und Paßwörter. Wenn der Kundendienst eines Herstellers ein Paßwort benutzt, das inzwischen die ganze Hackerwelt kennt, ist das Eindringen Unbefugter in das System einfach nicht zu verhindern.

Für den Betreiber einer EDV-Anlage bedeutet dies, daß er solche *accounts* löschen sollte, wenn sie nicht unbedingt benötigt werden. Das Paßwort kann auch von Fall zu Fall bei Bedarf vergeben werden.

Ein weiteres und nicht zu vergessendes Problem stellen *patches* dar. Das sind kurze Stücke Code oder Daten, die binäre Programme oder Daten auf der Festplatte überschreiben. Sie dienen in der Regel dazu, gravierende Fehler auszubessern, bevor ein neues *release* eines Betriebssystems herauskommt.

Zwar sind *patches* oftmals notwendig, denn einige Fehler müssen sehr schnell behoben werden. Allerdings können Werkzeuge zum Überschreiben des Inhalts auf der Festplatte eines Rechners eben auch mißbraucht werden. Das eigene

Gehalt läßt sich ganz ohne Wissen des Vorgesetzten erhöhen, und auch fiktive Gehaltsempfänger lassen sich kreieren.

Kann man auf derartige Programme nicht ganz verzichten, sollte der Kreis der Benutzer auf wenige, vertrauenswürdige Personen eingegrenzt werden. Die Zugriffsrechte sind entsprechend zu setzen. Das Auslagern auf eine Wechselplatte, die im normalen Betrieb nicht installiert ist, wäre zu überlegen. Natürlich muß dieses Speichermedium in einem verschlossenen Schrank aufbewahrt werden. Eine derartige Vorgehensweise wird für den normalen Betrieb eines Rechenzentrums dringend empfohlen.

Bei der Anwendung des Werkzeuges sollte nie ein Programmierer alleine arbeiten. Vielmehr sollte ihm oder ihr immer ein zweiter Programmierer, etwa von der Qualitätssicherung, über die Schulter sehen, um einen Mißbrauch zu verhindern.

Werkzeuge, die lediglich interaktiv arbeiten, und kein Mitschreiben der gemachten Veränderungen mittels eines Ausdrucks auf dem Drucker ermöglichen, sind strikt abzulehnen. Die Gefahr, in der Hitze des Gefechts einmal die falsche Stelle auf der Festplatte zu erwischen, ist viel zu groß. Hat man bei einem Fehler keinen Ausdruck über die gemachte Änderung, kann der Fehler oft gar nicht mehr korrigiert werden.

Erwischt man mit dem *patch* gar noch eine Stelle auf der Festplatte, die von einer sehr großen Datei belegt ist, dann fällt der Fehler unter Umständen sehr lange nicht auf. Die Konsequenz kann trotzdem fatal sein. Ein ähnliches Argument gilt für Werkzeuge wie Disk-Editoren. Zwar braucht der Virenjäger solche Werkzeuge, um etwa den *boot sector* einer Diskette auf Virenbefall hin untersuchen zu können. Aber auch hier gibt es eine Schreibmöglichkeit, und damit eben das Potential für einen Mißbrauch.

Es kann nur geraten werden, alle diese Werkzeuge für den normalen Produktionsbetrieb nicht einzusetzen. Sie sollten nur bei Bedarf installiert und geladen werden. Es sind Instrumente für den sachverständigen und verantwortlichen Programmierer. Sie gehören weder in die Hände von Laien noch von unverantwortlichen und böswilligen Programmierern.

4.11 Abwehr von Viren und Würmern

You ain't heard nothing yet, folks.
Al Jolson.

Viren sind neben Trojanischen Pferden, *trapdoors* und Würmern sicherlich die größte und zudem eine sehr aktuelle Bedrohung für alle Arten von Software. Ähnlich wie biologische Viren wissen sie sich gut zu verbergen, bis sie ihr unheilvolles Werk vollbracht haben. Es ist daher schwer, allgemeine und für alle Computeranwendungen im gleichen Maße anwendbare Regeln für den Kampf gegen Viren aufzustellen.

Ganz gewiß sollte jeder Anwender mißtrauisch werden, wenn sich sein Rechner oder die gewohnte Anwendung "seltsam" verhält. Dies ist sicherlich eine sehr ungenaue Beschreibung, doch ich meine folgendes: Gerade bei einem Einplatzsystem wie einem PC bekommt der Anwender mit der Zeit ein recht gutes Gefühl dafür, wie sich sein Gerät verhält. Das Laden des Betriebssystems von der Festplatte dauert eben eine halbe Minute, und eine kurze Datei wird vom Editor in einer kaum merkbaren Zeitspanne gefunden und auf dem Bildschirm angezeigt. Eine Datei mit zwanzig Seiten Text braucht schon merklich länger, und wir erwarten das gar nicht anders.

Insofern sollten wir mißtrauisch werden, wenn der Rechner plötzlich unverhältnismäßig lange braucht, um eine kurze Datei mit ein paar wenigen Seiten Text zu finden. Ein solches Verhalten unseres Computers und des Betriebssystems kann nämlich darauf hindeuten, daß ein Virenprogramm aktiv ist und CPU-Zeit für eigene Operationen verbraucht.

Allerdings, nicht jede Anomalie ist gleich durch einen Virus verursacht: Fehler in der Software, wie wir sie seit Jahr und Tag kennen, werden uns wohl weiterhin begleiten. Wir sollten versuchen, diese Fehler von durch Viren verursachten Schäden zu trennen.

Sehr viel schwerer wird es fallen, Virenbefall in Mehrplatzsystemen und vernetzten Rechnern auszumachen. Durch die unterschiedliche Auslastung des Systems und die vielen Benutzer wissen wir eigentlich nicht, wie sich das System bei einer gegebenen Anwendung hinsichtlich seiner Antwortzeit verhalten sollte.

Gerade bei einem Mehrplatzsystem sollte jedoch ein Systemverantwortlicher benannt werden, und verdächtige Vorfälle sollten mit ihm oder ihr besprochen werden. Der Betreuer der Anlage kennt das System in der Regel genauer als ein einzelner Benutzer, der sich schließlich vor allem um seine Anwendung kümmert.

Daneben zeigt sich ein Virus selbstverständlich an seinen Wirkungen, die da sind:

- Zerstörung von Dateien

- Neuformatieren der Festplatte (*low level*)

- Verändern des Inhalts von Datenbanken

- Übernahme der Kontrolle über den Rechner

- Abspielen einer Melodie

- Übermäßige Beanspruchung von Hardware-Komponenten.

Wenn sich diese Wirkungen eines Virus zeigen, ist es für Maßnahmen bereits zu spät. Der Schaden ist schon eingetreten.

Deshalb will ich an dieser Stelle nochmals auf die bereits besprochenen Verfahren hinweisen. Sie machen sich besonders als Vorbeugungsmaßnahmen gegen Viren sehr rasch bezahlt. Hier wären zu nennen:

a) regelmäßige und geplante Datensicherung.

b) Ein Inventar der Programme und Dateien auf dem Computer aufstellen und pflegen.

c) Neue Zugänge an Software erfassen und dazu das Konfigurationsmanagement einschalten.

d) Nur lizenzierte Software renommierter Hersteller verwenden.

e) Von neuen Programmen auf dem PC oder Heimcomputer sofort eine Sicherungskopie anfertigen und das Original in schreibgeschützter Form an einem sicheren Platz aufbewahren.

f) Den physikalischen Schreibschutz bei Disketten wenn immer möglich verwenden, besonders bei Systemdisketten.

Leider behalten einige Hersteller und Software-Häuser noch immer die unselige Sitte bei, beim Abarbeiten der lizenzierten Software das Einlegen der Originaldiskette zu verlangen. Dabei ist eine Schreiboperation auf die *floppy disk* notwendig. Dieses Verfahren, das Raubkopien verhindern oder erschweren soll, erleichtert das Verbreiten von Viren über Disketten und ist daher abzulehnen. Der Anwender sollte solche Programme nicht kaufen.

Wer diese für den verantwortlichen Programmierer und Systembetreiber eigentlich selbstverständlichen Maßnahmen ergreift, wird sich dadurch keinen absoluten Schutz gegen Viren einhandeln. Er erschwert es aber immerhin, daß sich ein Virus auf seinem System ansiedeln kann.

Wenn wir mehr tun wollen, und uns aktiv dem Kampf gegen Viren zuwenden wollen, dann müssen wir dazu die Schwächen unseres Gegners genau analysieren.

4.11.1 Die Schwächen der Viren

Viren brauchen Ressourcen, genau wie andere Programme auch. Hier wären besonders zu nennen:

• Platz im Hauptspeicher (RAM)

• Platz auf Massenspeichern wie Disketten oder der Festplatte

Viren sind also dann zum Sterben verurteilt, wenn sie im Hauptspeicher zuverlässig gelöscht werden und ihr Speicherplatz auf einer Diskette oder Festplatte überschrieben wird. Da trickreiche Virenprogrammierer allerdings sehr systemnah arbeiten, ist das Löschen von Viren, ja überhaupt ihr Auffinden, gar nicht so einfach.

Manche Viren überleben bereits einen Warmstart unter MS-DOS. Es ist also zumindest ein Kaltstart notwendig, um den Hauptspeicher zu löschen. Man sollte nach dem Ausschalten des Geräts mindestens zehn bis fünfzehn Minuten vergehen lassen, bevor man den Computer wieder einschaltet.

Bei batteriegepufferten Laptops bleibt manchmal nichts anderes übrig, als die Batterie auszubauen, um die Stromversorgung des Speichers für eine Viertelstunde vollständig zu unterbrechen.

4.11.2 Die Strategie zur Abwehr von Viren

Ein ganz einfacher Ansatz, um einen möglichen Virenbefall im eigenen System zu erkennen, stellt die Überwachung des Massenspeichers dar. Wenn wir davon ausgehen, daß wir den Verbrauch an Speicherplatz während der Arbeit mit unserem Computer einigermaßen schätzen können, sollte uns ein Vergleich des freien Speichers vor und nach der Sitzung am Computer nützlich sein. Unverhältnismäßig großer Verbrauch an Speicher kann nämlich auf einen Virenbefall hindeuten. Dazu lassen sich für jeden Rechner mit relativ geringem Aufwand Prozeduren erstellen.

Doch lassen Sie uns nun die Frage klären, wie wir Viren zweifelsfrei identifizieren können.

Viren besitzen in aller Regel für sie typische Merkmale, die zu ihrer Identifizierung dienen können. Lassen Sie uns dazu nochmals einen Blick auf ein paar bekannte Vertreter der Spezis in der nebenstehenden Tabelle werfen.

Ob es sich nun um eine bestimmte Zeichenkette, einen Sprungbefehl, zu viele *bad sectors*, die Verlängerung eines infizierten Programms, oder um eine bestimmte Anzahl von Bytes handelt, die Kennzeichen eines Virus sind eindeutig wie ein Fingerabdruck.

Deswegen ist die eine Strategie der Schreiber von Software zum Kampf gegen Viren das Erkennen der Signaturen von Virenprogrammen. Dazu muß neu zu installierende Software vor ihrer Installation auf der Festplatte auf Virenfreiheit untersucht werden.

Die Schwäche dieser Strategie ist offensichtlich: Es können immer nur bekannte Viren erkannt werden, denn nur ihre Signaturen sind verfügbar. Gegen neu entwickelte Viren oder Viren mit sehr langer Inkubationszeit bietet diese Strategie wenig Erfolgsaussichten.

Trotzdem sollte diese Aussage nicht dazu verführen, den Ansatz zur Virenbekämpfung als wertlos zu brandmarken. Ähnlich wie ihre Namensvettern auf der biologischen Seite sind Computerviren nämlich dadurch überlebensfähig, daß sie in Massen auftreten. Ein Virus kann sich jahrelang in einer Diskette, die für lange Zeit unbenutzt in einem Schrank herumlag, verbergen. Wird dieser Datenträger dann wieder benutzt, kann sich der Virus erneut ausbreiten und vervielfältigen.

Allein aus diesem Grunde ist die Strategie als wertvoll zu bezeichnen, und Virenschutzprogramme dieser Art sollten in der Praxis eingesetzt werden. Die kennzeichnenden Signaturen der häufigsten Viren sind in der Tabelle auf den folgenden Seiten zusammengestellt worden.

Dies allein reicht jedoch nicht aus. Darüber hinaus sind Virenprogramme dadurch gekennzeichnet, daß sie ausführbaren Programmcode verändern.

Dies kann sich in einigen Ausprägungen darstellen:

a) Das Datum der infizierten Datei, das bei der Installation des Programms gesetzt wurde, wird bei der Infizierung durch das Virenprogramm neu gesetzt.

b) Legaler und notwendiger Programmcode einer Anwendung wird mit dem Code des Virenprogramms überschrieben

c) Der Code des infizierten Programms wächst durch die Infizierung mit dem Virus an.

Wenn wir uns diese Eigenschaften von Virenprogrammen vor Augen führen, dann bieten sich gezielte Gegenmaßnahmen geradezu an. Eine sicher sehr wirksame Vorgehensweise wäre das Bilden einer Quersumme bei Dateien des Betriebssystems.

Virus (Aliasname)	Erkennungsmerkmal (Signatur)
Ashar (Shoe_virus, UIUC-Virus)	String ashar, ab Adresse 04A6hex
Autumn (Herbstlaub, 1704, Blackjack, Cascade-A-Virus)	*.COM-Dateien um 1704 Bytes verlängert
Brain (Pakistani, Lahore)	Text "(c) BRAIN" auf der Spur Null der Systemdiskette
Chaos	Text "Welcome to the New Dungeon Chaos Letz be cool guys"
Dark Avenger (Black Avenger)	Copyright-Notiz "The Dark Avenger, copyright 1988,1989"
Datacrime (1165)	Die ersten 3 Bytes eines infizierten Programms enthalten Sprungbefehl auf Virencode, der am Programmende angefügt wird.
dbase	Legt Datei mit dem Namen BUG.DAT an
Den Zuk (Search, Venezuelan)	Text "Welcome to the Club -The Hackers- Hackin' All The Time The HackerS"
Devil's Dance (Mexican)	Text "DID YOU EVER DANCE WITH THE DEVIL IN THE WEAK MOONLIGHT? PRAY FOR YOUR DISKS!! The Joker"
EDV	Zeichenkette "MSDOS Vers. E.D.V."
Fu Manchu (2080, 2086)	Zeichenkette "sAXrEMHOr."
Icelandic (disk eating virus, Saratoga Virus)	Infizierte *.EXE-Datei endet mit 4418 5F19hex.
Jerusalem (Freitag 13., Israeli)	String "MS-DOS" in infizierten Dateien, in einigen Varianten ist die Zeichenkette "sUMsDos" vorhanden
MIX/1 (MIX1)	Zeichenkette "MIX1" in den letzten vier Bytes einer infizierten Datei

Tabelle 4.3a Erkennungsmerkmale von Viren

Virus (Aliasname)	Erkennungsmerkmal (Signatur)
Oropax (Music)	Text "????????COM" in infizierten Dateien
Ping Pong (Bouncing Ball)	Wort 1357hex am offset 01FChex des Bootsektors einer infizierten Diskette
Suriv 1.01 (April 1st, Israeli, Suriv01)	Zeichenkette "sURIV 1.01"
Suriv 3.00 (Israeli, Suriv03)	Zeichenkette "sURIV 3.00"
Swap (Falling Letters Boot, Israeli Boot)	Text "The Swapping-Virus. (C) June, 1989 by the CIA."
SysLock (3551, 3555)	Infizierte Dateien enthalten die Zeichenkette "MACROSOFT" oder "MACHOSOFT" anstatt MICROSOFT

Tabelle 4.3b Erkennungsmerkmale von Viren

Bei einem UNIX-System oder einer der UNIX-Derivate könnte ein Programm in C dazu dem folgenden Ansatz folgen:

a) Auflisten aller Programmdateien und Umleiten des Ausdrucks in eine Datei

b) Lesen dieser Datei durch ein Programm und Bilden einer Quersumme für jede Programmdatei des Betriebssystems. Diese Quersumme ist für jedes Programm typisch und einmalig.

Dies ist die Methode, die auch in vielen am Markt angebotenen Viren-schutzprogrammen realisiert worden ist. Natürlich hindert uns niemand daran, mit derselben Vorgehensweise jedes beliebige Anwendungsprogramm gegen Viren-befall immun zu machen.

Die dritte Strategie schließlich - und damit wollen wir uns jetzt befassen - ver-sucht verdächtige Operationen in einem Computersystem zu erkennen und zu blockieren.

Dazu müssen wir uns etwas näher mit dem PC und dem Konzept seines Betriebs-systems befassen. Der Entwurf zielte eindeutig auf einen *personal computer* ab und folglich auf ein Einplatzsystem. Während bei herkömmlichen *multi-user, multi-tasking*-Betriebssystemen Anstrengungen unternommen werden, die

Benutzer und ihre Prozesse voneinander abzugrenzen, ist dies beim PC nicht der Fall. Bei einem gebräuchlichen Mehrplatzsystem hat jeder Prozeß einen fest zugeordneten Speicherbereich oder Adreßraum, der nicht verlassen werden kann. Zugriffe auf andere Prozesse laufen unter der Kontrolle des Betriebssystems, das unzulässige Operationen unterbindet.

Beim PC dagegen handelt es sich um einen einzigen großen Speicherbereich ohne spezielle Schutzmechanismen für die RAM-Bereiche der einzelnen Programme. Dazu kommt, daß die *Interrupts* auf dem PC intensiv dazu benutzt werden, die verschiedensten Generationen der Maschine, einschließlich *clones*, aufwärts kompatibel zu halten. So nützlich dies sein mag, es eröffnet den Virenprogrammierern ungeahnte Möglichkeiten.

Jedes auf einem PC lauffähige Programm kann die Interruptvektoren verändern. Es bedarf keiner besonderen Privilegien, um eine solche Operation durchzuführen.

Viele Programme auf dem PC machen von dieser Möglichkeit in konstruktiver Weise Gebrauch, etwa Borland's SideKick. Den Erstellern von Virenprogrammen ermöglicht es aber, die Kontrolle über die auf dem Rechner durchgeführten Operationen zu erlangen. Es genügt dazu, den Eintrag in der *Interrupt Vector Table* zu ändern und zunächst eine eigene Routine abzuarbeiten. Dieses Programm kann tun, was immer der Virenprogrammierer an unheilvoller Arbeit für notwendig hält. Ist dies geschehen, wird die ursprünglich vorgesehene Routine für den *Interrupt* bearbeitet.

Da die erwartete Funktion durchgeführt wird, wenn auch vielleicht etwas langsam, bleibt die Anwesenheit des Virus für den Benutzer des PC zunächst einmal verborgen. Das Virenprogramm kann seine zerstörerische Tätigkeit beginnen.

Die Schreiber von Programmen zum Schutz des PC machen sich allerdings gerade diese Schwäche der Maschine zunutze. Sie überprüfen Operationen daraufhin, ob sie Programmcode oder ausführbare Prozeduren, also Dateien mit der Endung **.exe* oder **.com*, verändern.

Beabsichtigt eine Applikation oder das Betriebssystem eine derartige Operation, hat der Benutzer des PCs beim Einsatz eines derartigen Schutzprogramms diese Möglichkeiten:

- den Prozeß abzubrechen

- die Warnung zu ignorieren

- oder das System neu zu starten.

Diese Alternativen müssen deshalb geboten werden, weil eben nicht jede Operation auf eine Programmdatei von einem böswilligen Virenprogrammierer kommen muß. Ein *compiler*, zum Beispiel für C, nimmt bei jedem Aufruf eine Veränderung des Objektcodes vor. Der *linker* verändert daraufhin das ausführbare Programm. Das ist völlig legal und nicht zu beanstanden.

Deswegen bieten die besseren Virenschutzprogramme dieser Art auch die Möglichkeit, Ausnahmen zuzulassen und derartige Programme und Dateien in einer von dem Virenschutzprogramm verwendeten Datei zu notieren.

Abschließend bleibt die Frage zu stellen, was bei einem Virenbefall im Fall der Fälle zu tun ist.

Gelingt es nicht, den Virus rechtzeitig zu erkennen und sein Eindringen in das System zu verhindern, mögen sogenannte Virenkiller unter Umständen nützlich sein. Die Vertreiber dieser Software behaupten manchmal, den Zustand vor der Infektion des Virus wieder herstellen zu können.

Dies kann bei einem überschreibenden Virus sicherlich nicht gelingen, denn der Programmcode des ursprünglich an dieser Stelle angesiedelten Programms wurde überschrieben und ist damit verloren.

Bei nicht-überschreibenden Viren ist es wohl im Einzelfall möglich, den ursprünglichen Zustand zu rekonstruieren. Dies setzt allerdings sehr genaue Kenntnisse über den Wirkmechanismus des Virus seitens des Schreibers des Virenkiller-Programms voraus. Ob diese Kenntnisse, besonders bei neuen Viren oder mutierten Viren, immer vorhanden sind, kann bezweifelt werden.

Es bleibt also oft nur die letzte Möglichkeit: Neuformatieren der Festplatte und Installieren des Betriebssystems und der Anwendungsprogramme von Sicherungskopien. Hier machen sich all die vorher beschriebenen Maßnahmen zur Datensicherung bezahlt, und eine Wiederaufnahme des Rechenbetriebes sollte innerhalb weniger Stunden oder Tage möglich sein.

Es bleibt uns, die möglichen Abwehrmaßnahmen gegen **Würmer** zu untersuchen. An dieser Stelle kann ich eigentlich nur die Erfahrungen aus dem Fall Morris noch einmal zusammenfassen, und zwar im Sinne wirksamer Gegenmaßnahmen.

Würmer haben nicht dieselbe Fähigkeit zur Reproduktion wie Viren. Sie verwenden eher die vorhandenen Mittel ihres Wirtsrechners, um sich weiter zu verbreiten.

Doch lassen Sie uns die Möglichkeiten zur Abwehr von Würmern im einzelnen nennen:

a) Verfremdung der Entwicklungsumgebung eines Computers und des installierten Betriebssystems, um dem Wurm keine Angriffsfläche zu bieten

Zu diesen Maßnahmen gehört es etwa, das Kommando *cc* unter UNIX zum Aufruf des C-Compilers umzubenennen. Der Systemoperator könnte es zum Beispiel *ourcc* nennen.

Dadurch findet der Wurm das Kommando *cc* nicht mehr, und der mitgeführte Quellcode kann in der neuen Umgebung nicht übersetzt werden.

b) Schnelle Beseitigung von Schwächen in Betriebssystemen und Kommandos
c) Vertrauliche Behandlung der Information über bekannte Fehlern in Betriebssystemen durch die Programmierer und Verantwortlichen in der EDV, einschließlich der Hersteller und Vertreiber von Computern und Betriebssystemen
d) Sperren von Kommandos, die ein besonderes Sicherheitsrisiko darstellen und Rückgriff auf andere Kommandos mit derselben oder einer ähnlichen Funktion
e) Aufzeichnungen über Zugriffe auf die eigene EDV-Anlage aus einem Netzwerk erstellen, pflegen und aufbewahren
f) Aufzeichnungen über den Betrieb des Netzwerks durch die Betreiber des Netzes anfertigen und alle Operationen dokumentieren. Solche Aufzeichnungen müssen dann eine Zeitlang, vielleicht ein Jahr, aufbewahrt werden
g) Vorhalten von Ressourcen, um im Notfall Binärcode analysieren zu können. Dazu gehören vor allem Disassembler für die geläufigen Programmiersprachen.

Wenn diese Ratschläge vielleicht auch nicht ausreichend sind, um jeden Angriff durch ein Wurmprogramm zu verhindern, so mögen sie doch zur Minderung der Gefahr durch derartige Software beitragen.

4.12 Wie hält man Hacker draußen?

Hacker aller Art, ob sie nun nur ihren Spieltrieb befriedigen oder für den KGB auf Datenjagd gehen, sind in jedem Fall eine Gefahr für ein Computersystem. Die Daten und Programme auf dem Rechner müssen gegen illegales Kopieren und Manipulation geschützt werden.

Um dies zu erreichen, können eine Reihe der vorher beschriebenen Maßnahmen eingesetzt werden. Darunter sind:

a) Trennen des eigentlichen Hauptrechners von öffentlichen Netzen und Verwendung eines Satellitenrechners zur Kommunikation mit der Außenwelt

b) Alle notwendigen Maßnahmen zum Schutz der Paßwörter ergreifen

c) Identifikation und Überprüfung des rufenden Partners im Rahmen der DFUE, zum Beispiel durch Rückruf.

Wem das noch nicht genügt, und wer über die Abwehr unerwünschter Eindringlinge in das eigene Computersystem hinaus vielleicht noch die Verfolgung und Identifikation des Hackers betreiben möchte, der wird wohl mehr Aufwand treiben müssen. Cliff Stoll hat in dieser Beziehung Pionierarbeit geleistet.

Es geht dabei darum, die Hacker unter der Vielzahl legitimer Benutzer zu identifizieren. Da solch ein Eindringling seine Sitzung möglicherweise auf wenige Minuten beschränken wird, setzt dies das Schaffen geeigneter Werkzeuge voraus.

Lassen Sie uns also versuchen zu etablieren, wie solche Werkzeuge aussehen könnten.

4.12.1 Alarme und Monitore

Jeder Benutzer eines Computers stellt sich für das Betriebssystem als ein Prozeß dar. Ob der Benutzer nun ein legitimer Benutzer oder ein unerwünschter Eindringling ist, spielt für das System selbst dabei keine Rolle.

Da der Eindringling ja in der Regel in der Maske und unter der Identität eines legitimen Benutzers auftritt, hält ihn das Betriebssystem insoweit für einen legitimen Benutzer. Es wird ihm im Rahmen der mit diesen registrierten Benutzer verbundenen Rechte das Arbeiten auf dem System erlauben.

Natürlich wissen Hacker auch, daß die Rechte eines normalen Benutzers auf einem System eingeschränkt sind. Nur der Systemverwalter hat umfassende und weitgehende Rechte. Dazu gehört die Möglichkeit zum Löschen aller Dateien und Verzeichnisse in einem System und das Einrichten weiterer *accounts* für legitime Benutzer.

Das Bestreben eines Hackers ist es daher, selbst solche Rechte auf dem angegriffenen System zu erlangen. Zu diesem Zweck wird er sich besonders dem Verzeichnis *etc* unter UNIX zuwenden, denn dort ist die Paßwortdatei gespeichert.

Zwar ist das Paßwort jedes einzelnen Benutzers nur in verschlüsselter Form vorhanden, die Datei selbst kann allerdings bei vielen Anlagen durch jeden Benutzer des Systems gelesen werden.

Eine Paßwortdatei könnte so aussehen:

```
friedrich:ATBeA:6:7:friedrich:\usr\friedrich:\bin\csh:524 87:5
nothnagel:lmSeIA:7:7:nothnagel:\usr\nothnagel:\bin\csh:524287:5
peller:DcPAQtffaA:9:7:peller:\usr\peller:\bin\csh:524287:5
wurzelsepp:dA:10:3:wurzelsepp:\usr\wurzelsepp:\bin\csh:524287:5
heinrich::11:7:heinrich:\usr\heinrich:\bin\csh:524287:5
ulrich:WtfAwRuhjA:13:3:ulrich:\usr\ulrich:\bin\csh:524287:5
```

Der erste Eintrag ist der Name oder die Identität ID, unter dem das Betriebssystem den Benutzer kennt. Dieser Name muß auch beim Einloggen verwendet werden. In der Regel wird dieser Name auch für das *account* des Benutzers im Verzeichnis *usr* benutzt. Der zweite Eintrag in jeder Zeile ist das verschlüsselte Paßwort.

Der dritte Eintrag schließlich ist die *user id* oder kurz *uid*, der vierte Eintrag ist die Gruppennummer oder *group id*.

An dieser Stelle fällt uns auf, daß der Benutzer *heinrich* kein Paßwort eingetragen hat. An den hintereinander stehenden zwei Doppelpunkten ist das unschwer zu erkennen. Das ist in der Tat unter UNIX noch möglich. Die Verwendung eines Paßworts ist nicht zwingend vorgeschrieben.

Jeder Systemverwalter sollte allerdings darauf bestehen, daß ein geeignetes Paßwort verwendet wird. Dieser nachlässige Benutzer namens *heinrich* muß natürlich schleunigst sein Paßwort setzen.

Besonders schlimm wird es, wenn der *Superuser* oder die *root* kein Paßwort verwendet. Dann kann sich jeder Benutzer mit Zugang zu einem Terminal als *root* einloggen, und so gut wie alle Operationen unter UNIX ausführen.

Dazu gehört auch das Löschen sämtlicher Dateien und Verzeichnisse im System.

Ein Hacker wird das vielleicht nicht tun. Er könnte allerdings dafür sorgen, daß ihm der Zugang zu einem so mangelhaft gesicherten System in der Zukunft immer offensteht.

Will ein Benutzer eines UNIX-Rechners nicht in die Datei *passwd* reinschauen, oder hat ihm das der Systemverwalter nicht gestattet, dann gibt es ein weiteres Kommando zur Ermittlung der eingetragenen Benutzer. Das ist *finger*.

Ein beim Aufruf des Kommandos erzeugter Ausdruck kann so aussehen:

```
Login              full name

root               The Superuser
kilroy             kilroy
bertsch            bertsch
decker             decker
friedrich          friedrich
nothnagel          nothnagel
peller             peller
wurzelsepp         wurzelsepp
heinrich           heinrich
heidi              heidi
marylin            marylin
hanspeter          hanspeter
```

Der Aufruf dieses Kommando genügt den meisten Benutzern eines Systems, denn es zeigt alle eingetragenen Benutzer eines Betriebssystems. Ein Zugriff auf die Paßwortdatei, auch lediglich das Recht zum Lesen, ist nicht notwendig. Der

Systemverwalter oder Sicherheitsverantwortliche sollte die Zugriffsrechte auf die Datei *passwd* unter UNIX entsprechend setzen.

Ein mit dem UNIX-Kommando *ls -l passwd* erzeugter Ausdruck stellt sich so dar:

```
1 file (1096 bytes, 1 K)
-r--------      1096  May 29 18:49 1985  passwd
```

Natürlich wird der Systemverwalter nicht darum herumkommen, die Datei *passwd* gelegentlich zu editieren. Er kann das bei der obigen Datei erst tun, nachdem er das Schreibrecht mit dem Kommando *chmod* (*change mode*) gesetzt hat. Ein entsprechender Ausdruck unter UNIX schaut nach dieser Operation so aus:

```
1 file (1096 bytes, 1 K)
-rw-------      1096  Apr 30 17:49 1990  passwd
```

Es muß nun allerdings streng darauf geachtet werden, daß nach dem Ändern der Paßwortdatei das Schreibrecht, das ja immer ein Recht zum Ändern der Datei beinhaltet, wieder weggenommen wird.

Doch wir wollten uns ja eigentlich mit Prozessen befassen. Dazu gibt es unter UNIX das sehr nützliche Kommando *ps*, das für *process status* steht. Es hat noch die folgenden Optionen:

Parameter	Bedeutung
a	all processes with terminals
l	für long list
x	non-terminal processes

Mit den drei Optionen *alx* kann ein Ausdruck des Kommandos diese Liste liefern:

```
UID  PID  PPID PRI  STAT TTY   TIME COMMAND

1    0    0    10   W          0:01 init
1    1    4    10   W    con   0:22 \bin\csh
1    2    0     4   W    N     0:00 lpd
1    3    0    10   S    tta10 :01getty
1    4    0    10   W    con   1:29 getty
1    5    1    10   R          0:29 csh
1    6    1    10   R    con:  0:08 ps
1    7    1    10   W          0:16 csh
1    8    7    10   S          0:00 sleep
0    9    1    10   W    con:  0:00 mkuser
```

Die Einträge bedeuten der Reihe nach:

UID   -- user id, d.h. eine für jeden Benutzer spezifische und
              einmalige Kennzahl
PID   -- process id
PPID   -- parent process id, also der aufrufende Prozeß
PRI   -- priority
STAT   -- der gegenwärtige Status des Prozesses, dabei steht
              S für stopped
              R für runnable (waiting)
              S für idle (untätig) und
              W für swapped out
TTY   -- Das Gerät, von dem der Prozeß gestartet wurde
TIME   -- Die verbrauchte Prozeßzeit
COMMAND   -- Die Form des Kommandoaufrufs

Nun schaut der obige Ausdruck harmlos genug aus. Zwar ist der *superuser* aktiv
und fügt mit dem Kommando *mkuser* einen neuen Benutzer hinzu. Bei einem
Betriebssystem mit mehreren Dutzend Benutzern wird allerdings die Liste entsprechend länger werden, und das Finden eventueller illegaler Tätigkeiten wird
schwieriger. Wir können uns daher vorstellen, daß wir das Kommando *ps* einfach
in ein *shell script* schreiben und periodisch aufrufen. Ein Beispiel folgt:

```
# lp - loop to get active processes
# runs forever!
date >today
#
while ( -e today )
date >pstatus
ps -alx >>pstatus
sleep 180  # seconds i.e 3 minutes
end
```

In unserem Beispiel läuft das Kommando in einer Endlosschleife. Der Prozeß
kann durch das interaktive Löschen der Datei *today* abgebrochen werden. Nun
wird uns die obige Prozedur noch wenig nützen, denn wir wissen ja nicht, wann
ein Hacker zuschlagen wird. Wir ändern deshalb die Zeile mit dem Datum so ab,
daß die Datei *pstatus* nicht immer wieder überschrieben wird, sondern daß sie
lediglich erweitert wird.

Trotzdem wird die Jagd nach Hackern natürlich ein Geduldsspiel bleiben. Mehr
als 99 Prozent der Einträge in unserer Datei *pstatus* werden wohl nur die

Aktivitäten vollkommen legitimer Benutzer dokumentieren, und unsere Arbeit gleicht der Suche nach der Stecknadel im Heuhaufen.

Wir müssen deshalb nach Kriterien suchen, die uns dem Täterkreis näher bringen könnte. Dazu bietet der letzte Eintrag in der Tabelle - COMMAND - einen ausgezeichneten Ansatzpunkt.

Taucht hier das Kommando *rsh* für *remote shell* auf, dann benutzt ein Fremder, der über eine Datenleitung gekommen ist, die Ressourcen unseres Rechners. Nun muß das noch kein Hacker sein, doch es könnte sich um einen illegitimen Benutzer handeln.

Eine weitere Selektionsmöglichkeit bekommen wir durch das aussondern legitimer Benutzer unsere Systems, die zur Zeit aktuell gar nicht am Rechner arbeiten können. Ein solche Liste könnte zunächst so aussehen:

```
root            -- on_the_job
kilroy          -- gekündigt
bertsch         -- krank, ein Opfer des Fußballs
decker          -- on_the_job
friedrich       -- auf Kurs (braucht er dringend)
nothnagel       -- hat das Rechnen aufgegeben
peller          -- on_the_job
wurzelsepp      -- in England
heidi           -- on_the_job
marylin         -- auf Urlaub (Malediven)
hanspeter       -- on_the_job
```

Wir erinnern uns daran, daß der Hacker aus Hannover sich oft unter der ID eines legitimen, allerdings zur Zeit nicht anwesenden Benutzers, verbarg. Wenn wir nun die Einträge in der mit dem Kommando *ps* erzeugten Liste mit solchen Benutzern in unserer obigen Aufstellung vergleichen, die tatsächlich am Arbeitsplatz sind, dann sollten wir potentielle Hacker herausfiltern können.

Daß uns vielleicht gelegentlich jemand auffällt, der unter der ID eines Kollegen arbeitet, soll uns nicht stören. Das darf in unserem vorbildlich verwalteten System ja sowieso nicht vorkommen!

Wenn wir Benutzer und Prozesse über Tage, Wochen und Monate verfolgen und aufzeichnen, wird sich früher oder später ein Muster abzeichnen, an dem wir den Hacker erkennen.

Die Rechenzeit für das Erzeugen solcher Aufzeichnungen ist nicht gerade gering. Da Hacker aber, schon bedingt durch die Gebührenpolitik der Post, chronische

Nachtarbeiter sind, läßt sich die Zeitperiode für die Abfragen der Prozeßzustände während des Tages stark reduzieren. In der Nacht ist die Auslastung des Systems sowieso geringer. Desto häufiger können wir unserem Rechner dann den Puls fühlen.

Wenn wir noch einen Schritt weiter gehen, können wir jedes Kommando des Hackers über einen Fernschreiber oder Drucker aufzeichnen, so wie Cliff Stoll das in Kalifornien getan hat. Mit Hilfe der gezeigten Methode bekommen wir bald heraus, welche *accounts* der Hacker benutzt und hinter welcher ID er sich verbirgt.

Können wir unseren Hacker nur lange genug für unser System interessieren, sollte eine Verfolgung möglich sein. Dies wird natürlich umso schwieriger, je mehr Zwischenstationen der Hacker auf dem Weg in unser Rechenzentrum passiert hat.

Auch analoge Schalter in den Vermittlungsstellen der Postbehörden stellen ein fast unüberwindliches Hindernis für ein schnelles Verfolgen und letztlich das Aufspüren des Hackers dar. Doch mit zunehmendem Einsatz der Digitaltechnik auch in Deutschland sollte sich dieses Problem mildern.

Wer zudem sein System lediglich gegen das Eindringen von Fremden sichern will, dem mag das Löschen kompromittierter *accounts* ja auch genügen. Die Sicherheitsvorkehrungen sollten jedoch nach einem solchen Vorfall generell überprüft werden. Wenn Paßwörter bekannt werden, dann hat dies meist einen Grund. Man sollte aus solchen Fehlern lernen.

Es bedarf - und das muß ich einräumen - sicherlich eines gewissen Aufwands, wenn man seine Rechner gleichzeitig am Netz halten will und das Eindringen von Hackern verhindert werden soll. Es ist jedoch nicht unmöglich.

4.13 Wie sichert man die Richtigkeit der Daten?

Über unserer Sorge um den Schutz der Computerprogramme sollten wir nicht vergessen, daß auch bei richtigen Programmen durch eine Veränderung der damit bearbeiteten Daten illegale Operationen unterstützt werden können. Während das Verändern von Programmen eine gewisse Fachkenntnis verlangt, ist durch Verfälschung der Daten oftmals mit relativ primitiven Mitteln eine beträchtliche Beute zu erzielen.

Dies liegt zum einen an einer gewissen übermäßigen Vertrauensseligkeit in die Unfehlbarkeit des Computers, zum anderen an Mängeln der Software. Hier wären offensichtliche Fehler und Mängel in Betriebssystemen und Anwendungsprogrammen zu nennen.

Wie kann dem begegnet werden?

4.13.1 Defensive Programmierung

Der Trend in der Programmierung seit der Einführung der ersten Compiler Ende der fünfziger Jahre ist gekennzeichnet durch das Verlagern von Überprüfungen des Quellcodes vom menschlichen Bearbeiter zur Maschine, also in den Compiler. Hier wäre besonders die Typprüfung zu erwähnen. Auch die Kontrollstrukturen der Compiler werden immer mächtiger und komfortabler.

Weiterhin ist die Verlagerung von einer maschinenorientierten Betrachtungsweise bei Assembler zu einer problemorientierten Ausrichtung bei modernen Programmiersprachen wie C, Pascal und ADA hervorzuheben.

Moderne höhere Programmiersprachen leisten also indirekt auch einen Beitrag zur Sicherheit, indem sie gewisse Möglichkeiten zur Manipulation von Daten ausschließen oder erschweren. Lassen Sie mich das erläutern: In der Programmiersprache ADA lassen sich die zulässigen Werte für bestimmte Variable durch ein Sprachkonstrukt bei der Vereinbarung dieser Größen einschränken:

```
hour:  INTEGER range 0..23;
month: INTEGER range 1..12;
```

Nun gut, mag vielleicht mancher einwenden, aber kann ich das mit anderen Sprachen nicht auch?

In der Tat läßt auch manche ältere Sprache so etwas zu, wenn auch nicht so mühelos. In C etwa können wir dieselbe Wirkung in dieser Weise erreichen:

```
int month,hour;     /* Vereinbarung */

/* Verarbeitung */

if ( month < 1 || month > 12 )
        { printf("\n number for month out of range");
exit(1); }

if ( hour < 0 || hour > 23 )
        { printf("\n FALSCHE UHRZEIT!"); exit(1); }
```

Das sind immerhin ein paar Anweisungen mehr. Und seien wir ehrlich: Wer programmiert das schon, wenn es nicht explizit verlangt wird?

Im Straßenverkehr legen eben auch manche Zeitgenossen den Sicherheitsgurt im Auto nur deshalb an, weil der sanfte Zwang des Gesetzgebers dahintersteht.

Folgen wir dieser Logik, dann werden sicherheitsrelevante Funktionen umso eher verwirklicht, je leichter eine bestimmte Programmiersprache und deren Compiler uns das macht.

Ob ein Krimineller aus dem obigen Beispiel Kapital schlagen könnte, mag dahingestellt bleiben. Wenden wir uns einem Beispiel zu, das eher mit Geld zu tun hat:

```
type Gehaltsgruppe_4 is float range 5_600.00 .. 5_890.00;
type Gehalt_netto_Auszahlung is range 2_000.00 .. 9_555.00;
type ueberweisungen_gruppe_1 is float range 0.00 .. 9_999.99;
```

Ein Unternehmen könnte durch die Vereinbarung des Typs in einem ADA-Programm alle Gehälter in einer bestimmten Gehaltsgruppe auf den genannten Zahlenbereich festlegen. Eine Über- oder Unterschreitung der genannten Grenzwerte erzeugt dann einen Fehler des Compilers oder des Laufzeitsystems. Auch der Auszahlungsbetrag des Nettogehalts kann so begrenzt werden.

Dieses Verfahren schränkt die Möglichkeiten eines potentiellen Täters stark ein, denn eine Manipulation erfordert nun eine Änderung des Programmcodes oder ist wenig ergiebig in ihrem finanziellen Ertrag.

Das dritte Beispiel könnte von einer Bank dazu benutzt werden, um Überweisungen ab 10 000 Mark auszusondern. Kleinere Beträge werden ohne aufwendige Sicherheitsmaßnahmen überwiesen.

Die Verwendung höherer Programmiersprachen mit deren vielfältigen Möglichkeiten kann also einen Beitrag zur Sicherheit im Sinne des defensiven Programmierens leisten, der genutzt werden sollte.

4.13.2 Sicherheitsfunktionen

An dieser Stelle sollten wir an eine bereits früher gemachte Aussage erinnern: Sicherheit ist eine Funktion der Software wie andere Funktionen auch. Wir müssen solche gewünschten Eigenschaften der Software lediglich spezifizieren, wenn wir sie als notwendig erachten.

Von der Realisierung her stehen uns eine ganze Reihe von Möglichkeiten offen. Eine ganz simple Möglichkeit zur Überprüfung von Eingabewerten haben Sie sicher selbst schon einmal benutzt: Das zweimalige Eintippen des Paßworts bei Änderungen.

Da das Paßwort sozusagen "blind" eingegeben werden muß, ist das nochmalige Eingeben unbedingt erforderlich. Sonst könnte ein Tippfehler bei der ersten Eingabe dazu führen, daß sich ein legitimer Benutzer selbst aussperrt.

Das Verfahren läßt sich durchaus verallgemeinern: Wenn Tippfehler bei der Eingabe ausgeschlossen werden sollen, muß beim Vorliegen der Notwendigkeit eine doppelte Erfassung der Eingabedaten erfolgen. Anschließend kann durch das eingesetzte Computerprogramm ein Vergleich durchgeführt werden. Bei einer Nichtübereinstimmung von zwei zugehörigen Eingabewerten werden diese Daten nicht zur Verarbeitung angenommen.

Natürlich kann auch ein weniger arbeitsaufwendiges, wenn auch nicht ganz so sicheres Verfahren angewandt werden: Eine Plausibilätsprüfung der Eingabewerte. Innerhalb gewisser Grenzen können damit falsche Eingabeparameter ausgesondert und zurückgewiesen werden.

Bei den zu verarbeitenden Daten selbst ist es möglich, durch eigentlich altbewährte Verfahren wie das Bilden von Quersummen und Prüfziffern einer Manipulation der Daten entgegenzuwirken.

Eine Fähigkeit, die selbst die neuesten Hochsprachen und Datenbanken nicht bieten, ist der Schutz von Daten bis hinunter auf die Ebene von Variablen, und zwar in Bezug auf mehrere Benutzer mit unterschiedlichen Aufgaben.

Stellen Sie sich die folgenden Anforderungen vor: Sie wollen eine Variable, und zwar den Bruttolohn eines Angestellten, so schützen, daß der untenstehende Kreis von Benutzern die folgenden Rechte besitzt:

```
Sachbearbeiter Lohn- und Gehalt:                  READ, WRITE
Management Lohn- und Gehalt:                       READ, WRITE
Andere Sachbearbeiter in der Personalabt.:         READ
EDV, Programm Gehaltsabrechnung                    READ
```

In diesem Fall wäre die folgende Lösung in C denkbar:

```
structure brutto_Gehalt {
        boolean zg_r_Bearbeiter;
        boolean zg_w_Bearbeiter;
        boolean zg_r_pmngmnt:
        boolean zg_w_pmngmnt;
        boolean zg_r_sb_pers;
        boolean zg_r_edv;
        float br_Gehalt;
                        };
```

Die Variablen vom Typ *boolean* werden im Programm entweder auf *true* oder
false gesetzt, je nach dem Lese- bzw. Schreibrecht der Benutzer. Alle
Operationen auf die Variable *br_Gehalt* werden dann mit dem entsprechenden
Zugriffsrecht verknüpft.

Bei einer Gehaltserhöhung müssen wir dazu zunächst eine Variable vom Typ der
oben beschriebenen Struktur schaffen. Dies geschieht mit dieser Anweisung:

```
struct brutto_Gehalt brutto;
```

Im Programm können wir dann die deklarierten Zugriffsrechte abfragen, um
Manipulationen vorzubeugen.

```
if ( brutto.zg_r_Bearbeiter == true ||
     brutto.zg_w_Bearbeiter == true )
     brutto.br_Gehalt=neu_br_Gehalt; /* Gehaltserhöhung */
```

Die Zugriffsrechte knüpft man bei dem Zugriff zu dem Programm zum einen an
eine bestimmte Identität, und zum zweiten an ein bestimmtes Paßwort. Damit
kann ein zuverlässiger Schutz gegen Manipulation erreicht werden, wenngleich
ein gewisser Aufwand an Programmierarbeit damit verbunden ist.

Nun wird auch beim Einsatz moderner höherer Programmiersprachen immer ein
gewisser Spielraum für Abweichungen bei den Variablen bleiben. Das kann im
Einzelfall ein Ausreißer sein, es kann sich aber auch um einen Fehler bei den
Daten handeln.

Lassen Sie mich als Beispiel die monatliche Telefonrechnung verwenden. Hier
sollen schon Fehler passiert sein. Es ist denkbar, den Betrag der aktuellen
Rechnung mit einem Durchschnittswert der Zahlungen eines bestimmten Fern-
sprechteilnehmers zu vergleichen.

In der Sprache C wäre diese Implementierung denkbar:

```c
#define MON     12      /* die zwölf Monate des Jahres */
#define BB      30.0    /* Bandbreite der Abweichungen in % */
#define AK  900000      /* Anzahl Kunden */

float r_summe[MON];         /* monatlicher Betrag */
float d_r_summe;            /* Durchschnitt über 12 Monate */
float a_r_summe;            /* Rechnung für diesen Monat */
float u_grenze,o_grenze;  /* Grenzwerte */
int kd_nr[AK];              /* Kundennummer */

d_r_summe=0.0;
for (i=0; i <= (MON-1); i++)
                        d_r_summe=d_r_summe+r_summe[i];
d_r_summe=d_r_summe/12.0;

u_grenze=((100.0-BB)/100.0)*a_r_summe;
o_grenze=((100.0+BB)/100.0)*a_r_summe;

if ( a_r_summe < u_grenze || a_r_summe > o_grenze )
    printf("\nKD Nummer %d, größere Abweichung!",kd_nr);
```

Nun wird uns das nicht davor bewahren, daß der hoffnungsvolle Sprößling mit dem Telefon spielt und dabei aus purem Zufall die Zeitansage im fernen Australien erwischt. Solche Methoden können jedoch sicherstellen, daß ein Unternehmen das nach dem Stand der Technik Mögliche und Notwendige getan hat, um Fehler in seinen zu verarbeitenden Daten zu finden und gegebenenfalls Korrekturmaßnahmen einzuleiten.

Ein gewisser Anteil an manueller Arbeit wird uns dabei nicht erspart bleiben. Ein Monteur eines Maschinenbauunternehmens benutzt sein Telefon in Deutschland vielleicht nur sporadisch, weil er auf Montage im Ausland ist. In diesem Fall treten große Schwankungen in der Rechnungssumme auf. Deshalb sollten solche Fälle dann in eine Liste aufgenommen werden, und der Vergleich kann in Zukunft unterbleiben. Auch die Bandbreite der zulässigen Abweichung kann individuell angepaßt werden.

Eine gewisse Lernfähigkeit des Computers - oder seiner Benutzer - bei solchen Anwendungen wird also notwendig sein.

Wir haben jedoch gesehen, daß die Gerichte der bekannten Aussage "der Computer ist schuld" nicht mehr so ohne weiteres glauben. Der Computer ist so gut, wie er programmiert wurde. Mit Phantasie und Kreativität lassen sich eine ganze Reihe von Fehlern in den verarbeiteten Daten ausschließen.

4.14 Schutzmöglichkeiten bei verbreiteten Computern und Betriebssystemen

Nachdem wir bereits viele Möglichkeiten zum Schutz der Daten und Programme auf unseren Anlagen angesprochen haben, wollen wir nun einige populäre Betriebssysteme näher untersuchen.

4.14.1 UNIX

Viele der bisher gebrachten Beispiele beruhen auf UNIX als Betriebssystem. Insofern soll dieses Kapitel eine vertiefende Betrachtung anbieten.

Ein Hauptziel jedes Systemverwalters oder Sicherheitsbeauftragten muß es sein, den Zugang Unbefugter zum System zu verhindern. In diesem Zusammenhang ist die Datei *profile* von besonderem Interesse.

Sie wird beim Einloggen jedes Benutzers ausgeführt und spezifiziert seine Umgebung. Ein wichtiger Eintrag in dieser Datei ist das Symbol *path*. Ein Eintrag könnte diese Form haben:

```
set home=e:\usr\meyer\
set path=e:\bin e:\usr\bin e:\sys\bin $home\bin
```

Dabei spezifizieren die Einträge in *path* den Suchpfad, den die *shell* bei dem Versuch, ein eingetipptes Kommando auszuführen, durchläuft. Insofern ist die Reihenfolge der Einträge von Bedeutung. Wer seine *home directory*, also in diesem Fall e:\usr\meyer, als erstes angibt, wird damit von der *shell* auch zunächst bedient. Das kann Folgen haben.

Wer sich selbst ein *shell script* unter dem Namen *ls* schreibt, dies in seiner *home directory* hält und noch dazu dieses Verzeichnis als erstes in *path* angibt, wird das Systemkommando ls effektiv nicht mehr zur Verfügung haben.

Die *shell* durchsucht das Verzeichnis \bin nämlich gar nicht mehr. Es wurde ja bereits ein gültiges Kommando gefunden.

Die Folge dieser Vorgehensweise kann natürlich nur sein, zunächst die directory \bin zu durchsuchen. Entsprechend muß dieser Eintrag in *path* zuerst angegeben werden. Ein Eintrag sollte in *path* bestimmt nicht auftauchen: \etc.

Damit wären diese sehr sensiblen Kommandos nämlich leicht zugänglich. Wir erinnern uns: In dem Verzeichnis stehen Programme zum Neueintragen von Benutzern und die Paßwortdatei.

Wer wirklich mit den Kommandos in \etc arbeiten muß, sollte sich mit *change directory* direkt in das Verzeichnis setzen oder den vollen Pfadnamen eintippen. In der Regel wird dies sowieso nur der Systemverwalter sein.

Da wir gerade bei der Paßwortdatei sind: Zum Schutz gegen Manipulation dieser Datei haben wir früher bereits einige Beispiele genannt. Die Benutzung eines Paßworts sollte in einer Organisation selbstverständlich sein. Der Systemverwalter kann leicht feststellen, falls jemand ohne Paßwort arbeitet, und zwar durch die Eingabe der folgenden Kommandozeile:

```
grep '^[^:]*::' \etc\passwd
```

In der Tat lassen sich mit diesem simplen Kommando, das auch in ein *shell script* geschrieben werden kann, manchmal ein paar nachlässige Benutzer ohne Paßwort finden.

```
heidi::0:0:new user:\usr\heidi:\bin\csh:524287:5
doolittle::0:0:new user:\usr\doolittle:\bin\csh:524287:5
hanspeter::0:0:new user:\usr\hanspeter:\bin\csh:524287:5
```

Diese neuen Benutzer wurden zwar mit dem Kommando *mkuser* kreiert, sie haben sich allerdings noch nicht eingeloggt und ihr Paßwort gesetzt. Damit ist einem Mißbrauch Tür und Tor geöffnet.

Die Anforderungen an gute Paßwörter haben wir bereits ausführlich diskutiert. Damit bleibt nur hinzuzufügen, daß jedes auffällige Verhalten beim Einloggen genau festgehalten werden muß. Der Sicherheitsbeauftragte oder Systemverwalter muß umgehend informiert werden. Es kann nicht ausgeschlossen werden, daß ein Eindringling versucht, an die Paßwörter von legalen Benutzern zu kommen.

Eine gute Idee zur Erhöhung der Sicherheit mit dem login-Prozeß ist es, dem Benutzer jedesmal beim erneuten Einloggen mitzuteilen, wann er das letzte Mal am System gearbeitet hat. Stimmen dabei der Tag und die Uhrzeit nicht, dann hat ein Unbefugter unter der ID des legalen Systemnutzers gearbeitet.

Viele der neueren UNIX-Systeme bieten diese Möglichkeit. Hat Ihr System dieses *feature* noch nicht, dann läßt sich so eine Kommandoprozedur relativ schnell selbst erstellen.

Bei der Installation neuer Software und konzentriertem Arbeiten mit einem Editor ist es manchmal äußerst lästig und störend, wenn die Arbeiten durch das Anzeigen der Nachrichten anderer Benutzer am System auf dem Bildschirm unterbrochen werden.

Es gibt allerdings ein Kommando, um das zu verhindern, nämlich *mesg n*. Damit nimmt das eigene Terminal solche Nachrichten nicht mehr an. Mit *mesg y* kann diese Begrenzung wieder aufgehoben werden.

Ein weiterer Schwerpunkt unserer Aufmerksamkeit muß selbstverständlich dem Zugang von Fremdsoftware in unser System gelten. Bei fremden Dateien wissen wir oft nicht genau, was sie im einzelnen enthalten. Wir könnten unangenehme - und kostspielige - Überraschungen erleben, wenn wir sie einfach ungeprüft in unser UNIX-System übernehmen. Eine Prüfung scheint deshalb dringend geboten.

Handelt es sich um Textdateien im ASCII-Format, so sollte man eine Prüfung auf nicht ausführbare Zeichen, etwa *escape*-Sequenzen, vornehmen. Dahinter verbergen sich oft unliebsame Überraschungen.

Ein recht nützliches Kommando unter UNIX ist *strings*. Es zeigt Zeichenketten in Objektcode oder ausführbaren Programmdateien an.Für das obige Programm gilt zum Beispiel dieser Aufruf:

```
strings filter.o
```

Das Kommando zum Beispiel bringt diesen Ausdruck auf die Standardausgabe, also den Bildschirm:

```
N^Nuargc < %d
argument missing
OPEN file failed
OPEN OUTPUT file failed
 char doesn't fit >> %c %x
no misfits, all %d characters copied
number of characters NOT copied: %d
_fprintf
_strings
```

Manchmal ist es bei einem Programm mit unbekanntem Autor möglich, aus den Zeichenketten im ausführbaren Programm auf dessen Zweck zu schliessen. Zumindest gibt es vielleicht einen Hinweis darauf, wer zuständig sein könnte.

Damit stellt sich generell die Frage, was wir mit Programmen tun wollen, deren Herkunft uns nicht genau bekannt ist. Hier bieten sich, gestuft nach dem Grad unserer Befürchtungen, einige Möglichkeiten an:

- Kopieren der Dateien in ein bestimmtes Dateiverzeichnis und Testen in dieser Umgebung

- Kreieren eines neuen Benutzers durch den Systemverwalter und Testen in dessen neu geschaffenen *account*

- Testen der Software auf einem separaten Rechner.

Der letzte Vorschlag wird oft einfach daran scheitern, daß kein zweiter UNIX-Rechner zur Verfügung steht. Es bleibt also nur der Test auf der eigenen Maschine unter Beachtung aller Vorsichtsmaßnahmen. Dazu gehört die Isolation der benutzten *directory* und eine Begrenzung der Dateiverzeichnisse und Kommandos, die der neu kreierte Benutzer ansprechen kann.

In diesem Sinne sollten wir die Dateien mit derartiger Software als temporär betrachten, bis wir uns von deren Ungefährlichkeit für unser System überzeugt haben. Dies bringt mich zu temporären Dateien unter UNIX.

Das Verzeichnis \tmp unter der Wurzel des Systems ist sicher jedem Freund des Betriebssystems UNIX bekannt. Dieses Verzeichnis sollte nur vom Systemverwalter, etwa bei der Installation neuer Programme, benutzt werden. Die anderen Nutzer des System sollten sich separate temporäre Dateiverzeichnisse unter ihrer eigenen *home directory* kreieren, falls das notwendig wird.

Wie der Name schon sagt: Diese Dateien sind wirklich nur temporär, und deswegen kann der Systemverwalter beim Herunterfahren des Systems auch alle Dateien in diesem Verzeichnis löschen.

Das Verzeichnis \tmp ist eine offene *directory*. Ein potentieller Eindringling in das System könnte eine dort vorhandene Datei löschen oder kopieren und durch eine eigene Datei mit dem gleichen Namen ersetzen. Zwar mag das Datum der Erstellung und der Eintrag für den Besitzer der Datei verschieden sein. Das fällt jedoch vielleicht nicht sofort auf.

Shell scripts, die mit temporären Dateien arbeiten, überprüfen nicht, ob die verwendete Datei verändert wurde. Es besteht also für einen Eindringling in unserem System die Möglichkeit, ein Trojanisches Pferd einzuschleusen.

Shell scripts haben in Bezug auf die Sicherheit einen schwerwiegenden Mangel: Sie müssen immer das Recht zum Lesen und zur Ausführung besitzen. Es gilt also diese Notation:

```
1 file (1096 bytes, 1 K)
-r-x------      1096  May 13 19:39 1990  install.sh
```

Das Leserecht macht es einem Eindringling jedoch leicht, die Kommandoprozedur zu lesen und damit den Zweck zu erkennen. Dieser Mangel kann für sicherheitsrelevante Anwendungen nicht toleriert werden. Daher sind *shell scripts* nicht einzusetzen, und es muß programmiert werden, etwa in C.

Im Gegensatz zu temporären Dateien erfreuen sich die anderen Dateien der Benutzer eines Systems oft eines langen Lebens. Da in einem multi-user-, multi-tasking-System die Kommunikation der gesamten Benutzergemeinde ein erstrebenswertes Ziel ist, stellt sich die Frage nach dem Zugriff auf Dateien, die dem einzelnen Benutzer nicht selbst gehören.

Hier gibt es zum ersten die Gruppe. Für Gruppenmitglieder können alle Rechte eingeräumt werden. In der Regel sollte bei einer Projektgruppe das Leserecht und das Recht zum Ausführen von Programmen genügen.

Ein Beispiel könnte diese Ausprägung zeigen:

```
1 file (1096 bytes, 1 K)
-rwxr-x---      1096  May 30 18:39 1990  project.txt
```

Gibt der Besitzer der Datei auch allen anderen Benutzern des UNIX-Systems die Rechte wie der Gruppe, dann ändert sich der mit dem Kommando *ls -l* erzeugte Ausdruck wie folgt:

```
1 file (1096 bytes, 1 K)
-rwxr-xr-x      1096  May 30 18:49 1990  project.txt
```

Ob dies sinnvoll ist, mag dahingestellt bleiben. Wenn es sich bei der Datei um ein für alle Benutzer notwendiges Betriebsmittel handelt, sollte eine Installation unter dem Systembereich \usr erwogen werden. Alle Änderungen der Zugriffsrechte werden mit dem Kommando *chmod* durchgeführt.

Auch Dateiverzeichnisse sind im Grunde nichts weiter als spezialisierte Dateien. Man kann sie sich wie Kreuzungen im Straßenverkehr vorstellen. Durch die Sperrung der Kreuzung wird die Zufahrt zu einigen Strassen blockiert. Es ist bei einem Betriebssystem manchmal einfacher, die Rechte für den Zugriff auf ein Dateiverzeichnis zu sperren, als jede einzelne Datei zu bearbeiten.

Wollen Sie die Dateien in einem Verzeichnis nur selbst lesen und ändern können, dann muß ein Ausdruck des Dateiverzeichnisses diese Rechte zeigen:

```
drwx------ (700)
```

Wenn Sie das Lesen und Durchsuchen der Dateien in dem Verzeichnis durch Dritte zulassen wollen, dann können die Zugriffsrechte so gesetzt werden:

```
drwx--x--x (711)
```

Mehr Rechte einzuräumen, wäre nicht im Sinne eines sicheren Systems. Es muß vermieden werden.

Die weitaus meisten Sicherungen des Systems umgehen kann nur der *superuser*. Deshalb ist mit dieser Aufgabe ein umsichtiger und vertrauenswürdiger Systemoperator oder Programmierer zu betreuen. Auch der *superuser* sollte nur dann unter dieser ID arbeiten, wenn die anstehende Aufgabe das verlangt.

Kommen wir zu Prozessen unter UNIX. Dies geschieht über Gruppenrechte. Die Objekte müssen in ihren Zugriffsrechten so gesetzt werden, daß eine Kommunikation zweier oder mehrerer Prozesse möglich wird.

Ein Risiko in Bezug auf die Sicherheit stellt auch das Kommando *at* dar. Es startet den angegebenen Job unter der ID des Benutzers zu einem späteren Zeitpunkt. Da es sich bei der angegebenen Datei um ein *shell script* handeln wird, ist dieses für einen Eindringling in unser System lesbar, und damit offen für Manipulationen. Der Eindringling könnte auf die Idee kommen, unser harmloses *script* durch ein eigenes *script* zu ersetzen oder eigene Kommandos in unsere Kommandoprozedur einzuschleusen.

Deshalb sollten kurze Prozeduren, die etwa das Kopieren von Dateien auf Disketten oder Bändern betreffen, direkt vom Terminal aus gestartet werden. Dabei ist die Ausgabe auf die Standardausgabe zu leiten. Das erlaubt es uns, das Abarbeiten der Kommandos zu verfolgen.

Falls sich der Einsatz von *at* nicht vermeiden läßt, etwa bei Arbeiten während der
Nacht, sollten wir zumindest dafür sorgen, daß wir einen Kontrollausdruck über
die Operationen bekommen. Also sollte die Liste auf eine Datei umgeleitet
werden, die wir uns am nächsten Morgen anschauen können.

Wir haben gesehen, daß UNIX einige Schwächen hat, die einem potentiellen
Täter das Eindringen in unser Computersystem erleichtern. Da wir diese
Schwachstellen allerdings kennen, sollte es nunmehr möglich sein, geeignete
Maßnahmen zu treffen, um gerade das zu verhindern.

4.14.2 VAX/VMS

Ein sehr beliebtes und weit verbreitetes Betriebssystem ist VAX/VMS von
Digital Equipment. Auch VMS haben wir bereits mehrfach erwähnt.

Das Schutzkonzept für die Dateien und Verzeichnisse unterscheidet sich nicht
wesentlich von UNIX. Lediglich die Terminologie ist etwas anders. Darüber
hinaus bietet das Betriebssystem allerdings ein weitere Möglichkeit zum Schutz
von Objekten, was ja gerade unter dem Gesichtspunkt der Sicherheit von Bedeutung ist.

Dabei handelt es sich um sogenannte Zugriffskontrollisten oder kurz ACLs. Das
Acronym steht dabei für *Access Control List*.

Das übliche Schutzkonzept mit den Rechten

```
- R für READ
- W für WRITE
- E für EXECUTE und
- D für DELETE
```

wird durch ACLs nicht außer Kraft gesetzt, sondern ergänzt. Die Einträge oder
Access Control List Entries (ACLEs) haben kurz gefaßt die folgende Form: Typ,
Option, Zugriffsart

Unter Typ kann ein einzelner Benutzer eines VAX-VMS-Systems, eine Gruppe
von Benutzern oder eine bestimmte Betriebsart eingetragen werden. Es ist zum
Beispiel die Vereinbarung der Betriebsart LOCAL oder NETWORK möglich.

Beim Eintrag Option ist es möglich PROTECTED zu spezifizieren, wodurch die
geschützte Datei nur schwer gelöscht werden kann.

Bei den Zugriffsarten sind diese Parameter möglich:

```
- READ
- WRITE
- EXECUTE
- DELETE
- CONTROL (alle Rechte) und
- NONE.
```

Zum Setzen, Anzeigen und Löschen der Einträge in die Kontrollisten gibt es eine Reihe von DCL-Kommandos und einen speziellen Editor.

Eine weithin unbekannte, aber ganz nützliche Eigenschaft einer VAX ist auch die Möglichkeit, den Zugriff auf bestimmte Geräte während bestimmter Zeiten zu sperren. Solche Kommandos erlauben es uns zum Beispiel, Platten- oder Bandlaufwerke während der Nachtstunden zu blockieren.

Wichtig ist es auch, Zugriffe auf Geräte und Dateien, die fehlschlugen, aufzuzeichnen, also eine sogenannte Logdatei. In solche Dateien werden alle ungewöhnlichen Operationen eingetragen, besonders natürlich Zugriffe auf sensitive Dateien und Verzeichnisse.

Versucht sich ein Benutzer einzuloggen, der sein Paßwort vergessen hat, dann wird dieser fehlgeschlagene Versuch getreulich notiert. Ebenso Zugriffe auf Dateien, für die ein bestimmter Benutzer keine Rechte besitzt.

In der Regel werden solche *logfiles* bald recht lang werden, so daß die mit ihrer Auswertung betrauten Personen sie vielleicht gar nicht mehr beachten. Deshalb ist es sinnvoll, zur Aufbereitung solcher Dateien Werkzeuge einzusetzen.

Eines sollte man bei sicherheitsrelevanten Fehlermeldungen des Betriebssystems, ob sie nun an das Terminal des Benutzers, eine Logdatei oder an beide Einheiten gehen, immer beachten: Die Meldung darf nichts enthüllen!

Während bei allen anderen Fehlermeldungen eine klare und weiterführende Meldung verlangt wird und sinnvoll ist, muß dies bei sicherheitsrelevanten Funktionen unterbleiben. Also ruhig lakonisch kurz *access failed* ausgeben anstatt *access to sysdisk:[sysman] failed*.

Die zweite Form der Meldung würde einem potentiellen Eindringling in unser System immerhin verraten, auf welches Verzeichnis er zugreifen wollte. Das würde doch ein kleines Quentchen Information über die Organisation unseres Plattenlaufwerks enthüllen. Dies muß vermieden werden.

Bei den Einträgen in Logdateien im Zusammenhang mit dem Einloggen muß darauf geachtet werden, daß das Paßwort keinesfalls in die Logdatei eingetragen wird. Das gilt auch für fehlgeschlagene Versuche. Stellen Sie sich folgendes vor:

Der Benutzer Meyer mit dem Paßwort *lastbutterfly* vertippt sich. Er tippt stattdessen *lastbuterfly*.

Ein Eindringling in unser System wäre sicherlich in der Lage, aus dem vertippten und unverschlüsselt abgespeicherten Paßwort auf das richtige Paßwort zu schliessen. Damit käme er auf ganz billige Weise an ein legales Paßwort.

4.14.3 Der PC

Ralph Nader, der amerikanische Verbraucheranwalt, hat einmal ein bestimmtes Auto als unsicher bei jeder Geschwindigkeit bezeichnet. Ganz so schlimm ist es beim PC und dem Betriebssystem MS-DOS zwar nicht, aber die Aussage kommt den Tatsachen ziemlich nahe.

Dies erkennt man bereits, wenn man *personal computer* einmal so richtig auf der Zunge zergehen läßt. Ein Computer für den persönlichen Gebrauch ist notwendigerweise als Einplatzsystem zu konzipieren, denn es ist eben nun einmal nur ein Benutzer vorgesehen!

Der Schutz dieses einen Benutzers vor den Programmen und Prozessen anderer Benutzer ist unnötig, denn wer braucht sich schon vor sich selbst zu schützen? - Das Basiskonzept des PC war in dieser Weise gedacht. Es wurde ein Riesenerfolg daraus, nicht nur im Bereich der Heimcomputer. Damit tun sich Probleme auf.

Dieser eigentlich mehr für den Hausgebrauch gedachte Computer drang in großem Maße in die Büros und Werkstätten der Unternehmen ein. Dort gibt es nicht nur einen, sondern viele Benutzer. Diese verlangen mit Recht den Schutz ihrer Programme und Daten. Auch haben Firmen weitaus größere Forderungen an den Schutz der Ressourcen ihrer Firma als Privatleute.

Doch lassen Sie uns die Schwächen des PC in Bezug auf die Sicherheit der Reihe nach auflisten:

• kein Schutz durch Paßworte

• fehlendes Schutzkonzept für Dateien und Verzeichnisse

• ein Adreßraum, der durch alle Prozesse adressierbar ist
• keine Unterscheidung zwischen privilegierten und nicht-privilegierten Prozessen
• Interrupts sind nicht privilegiert, sondern können von allen Benutzern benutzt werden.

Es fehlt dem PC also eigentlich alles, was man unter dem Gesichtspunkt der Sicherheit als unbedingt notwendig erachten würde. In seiner Grundkonzeption ist der PC folglich unter dem Gesichtspunkt des Schutzes unserer Ressourcen abzulehnen.

Der Erfolg dieser Maschine hat jedoch einen riesigen Markt für Software aller Art eröffnet. Darunter sind auch einige Programme, die versprechen, den PC sicherer zu machen. Ob diese Versprechen und Werbeaussagen im Einzelfall immer zutreffen, mag man bezweifeln. Ich kann an dieser Stelle keine Beurteilung einzelner Software-Lösungen vornehmen. Die entsprechenden Programme werden zum einen in den bekannten Fachzeitschriften beschrieben. Darüber hinaus gibt es ein paar Publikationen, die sich speziell der Sicherheit von Computersystemen widmen.

Bevor man solch ein Programm kauft und installiert, sollte man Anforderungen des eigenen Betriebes in Bezug auf die Sicherheit der Programme und Daten analysieren. Aus solch einer Zusammenstellung läßt sich ersehen, inwieweit die angebotenen Produkte die Anforderungen erfüllen können. Wer allerdings den PC nicht nur als persönlichen Computer, sondern im Rahmen eines Betriebes für mehrere Benutzer einsetzt, der sollte die folgenden Mindestanforderungen in Bezug auf die Sicherheit stellen:

a)　Jeder Benutzer muß sich durch eine ID und ein Paßwort identifizieren

b)　Das System darf ein *booten* von der Diskette nicht zulassen. Das Betriebssystem muß also immer von der Festplatte geladen werden

c)　Jeder Benutzer sollte nur bestimmte Verzeichnisse und Dateien benutzen können, die er im Rahmen seiner Arbeit braucht

d)   Darüber hinaus gibt es weitere Forderungen, die den Computer und seine
     Daten sicherer machen können

e)   Der PC muß eine eigene Uhr besitzen, die durch Hardware realisiert ist.

Ohne eine separate Systemzeit sind einige weitere Zusatzfunktionen zur Erhöhung der Sicherheit, die Zugriffe nur zu bestimmten Tageszeiten erlauben, sinnlos. Ein potentieller Eindringling könnte die unter DOS vorhandene Uhrzeit einfach verstellen.

f)   Jeder Benutzer sollte ein bestimmtes Zeitfenster zugewiesen bekommen, in
     dem er an dem PC arbeiten kann

g)   Das Ein- und Ausloggen der Benutzer sowie das Arbeiten mit sicherheits-
     relevanten Kommandos sollte in einer Datei festgehalten werden

h)   Der Benutzer sollte beim Abbrechen der Arbeiten am PC das System ver-
     lassen können, ohne daß Eingriffe durch Dritte möglich sind.

Diese Forderung bedeutet auch, daß sich der PC nach inaktivem Verhalten selbst-
tätig abschaltet. Die Wiederaufnahme der Arbeit sollte mit der Eingabe des Paßwortes verknüpft werden.

i)   Der PC sollte die Möglichkeit bieten, durch das Betätigen nur einer Taste
     den Bildschirminhalt zu löschen. Das verhindert, daß zufällig Anwesende
     vertrauliche Informationen mitlesen können.

j)   Wichtige Dateien in Bezug auf die Sicherheit der Information sollten ver-
     schlüsselt abgespeichert werden können.

k)   *.com- oder *.bat-Dateien sollten mit Hilfe eines preiswerten Hilfs-
     programms in *.exe-Dateien umgewandelt werden können, um das Lesen der
     Befehle zu verhindern.

Wenn man solche zusätzlichen Investitionen tätigt, dann kann der PC durchaus
viele der Forderungen an die Sicherheit der Programme und Daten erfüllen.

4.15 Zusätzliche Maßnahmen

Wer nach weiteren Möglichkeiten sucht, seine Daten wirksam gegen den Zugriff und die Manipulation durch unberechtigte Dritte zu schützen, wird bald auf die Kryptographie stoßen.

4.15.1 Kryptographie

Dieses Gebiet ist weit älter als der Computer und Software. Ägyptische Pharaonen und römische Feldherren, deutsche Kaiser und nicht zuletzt Generäle haben sich dieser Technik bedient, um ihre Nachrichten vor dem Zugriff ihrer Gegner und Feinde geheim zu halten. Doch bereits in seinen ersten praktischen Anfängen ist die Geschichte des Computers mit Fortschritten in der Kryptographie eng verbunden.

Natürlich fordert jede Reaktion eine Gegenreaktion, und gegnerische Nachrichtendienste tun alles, um die verschlüsselten Signale ihres Feindes entschlüsseln zu können. So auch im Zweiten Weltkrieg: Die deutsche Seite benutzte eine Codemaschine mit dem Namen *Enigma*. Dieses Gerät war für die damalige Zeit recht fortschrittlich. Um aus den wenigen Hinweisen auf den verwendeten Schlüssel zu kommen, waren sehr aufwendige Rechenoperationen notwendig. Ein ideales Einsatzgebiet für den Computer, nicht wahr?

So brachte der Zweite Weltkrieg, und insbesonders das Entschlüsseln der mit der Enigma verschlüsselten Nachrichten des deutschen Generalstabs, einen gewaltigen Aufschwung für die Entwicklung des Computers auf englischer Seite. Eng verbunden ist diese Geschichte mit dem Namen *Alan Mathison Turing*, einem Mathematiker und Pionier der Computergeschichte.

Um mittels einer verschlüsselten Nachricht oder eines Signals übertragenen Informationen auch wieder entschlüsseln zu können, bedarf es der folgenden drei Teile:

- Die zu übermittelte, verschlüsselte Nachricht
- Den Schlüssel
- Den Algorithmus zur Verschlüsselung.

Die bisher gezeigten Verfahren gehen von einem symmetrischen Algorithmus aus. Das bedeutet, daß für Verschlüsselung und Entschlüsselung unserer Nachricht genau derselbe Algorithmus benutzt wird.

Der wohl zur Zeit am häufigsten verwendete Algorithmus dieser Art ist der *Data Encryption Standard* oder kurz DES.

4.15.2 Der DES-Algorithmus

Dieser Algorithmus wurde in den siebziger Jahren in den USA entwickelt, zunächst unter der Federführung des *National Bureau of Standards* (NBS). Er geht auf einen früher bei IBM entwickelten Algorithmus namens *Lucifer* zurück. Es gibt ein paar Operationsmodi, und der DES-Algorithmus gilt als weitgehend sicher. Er wird für den Nachrichtenaustausch unter Regierungsbehörden, bei Firmen der Wehrtechnik, der amerikanischen Bundesbank und den Geschäftsbanken eingesetzt.

Um sich eine Vorstellung von den zwischen Banken auf elektronischem Wege durchgeführten Geldbewegungen machen zu können, hier einige Zahlen:

a) Im Jahr 1984 wurden täglich 668 Milliarden Dollar über ein gemeinsam genutztes Netz der amerikanischen Banken bewegt (CHIPS-Netz).

b) Das FedWire-System führte im Jahr 1986 49,5 Millionen inländische Operationen durch. Der Durchschnittswert einer Überweisung betrug 2,5 Millionen Dollar. Insgesamt kam in dem genannten Jahr eine Summe von $124,4 Trillionen zusammen.

Bei solch gewaltigen Summen ist es gerechtfertigt, einen gewissen Aufwand zu treiben, denn die Beute für potentielle Täter ist nicht unbeträchtlich. Die bekannten Fälle aus der Bankenwelt haben gezeigt, daß die Beute relativ hoch war, und vermutlich hat die Öffentlichkeit nur die Spitze des Eisbergs gesehen.

Ist erst ein geeigneter Algorithmus gefunden worden und im Einsatz, dann ist besonderes Gewicht auf die Geheimhaltung des Schlüssels zu legen. Dies bedarf der Ausarbeitung und strikten Einhaltung von Regelungen zur Geheimhaltung.

Wie man den Schlüssel in der Praxis verteilt, muß von Fall zu Fall entschieden werden. Selbstverständlich können Kuriere eingesetzt werden. Der Kurier selbst braucht den Schlüssel nicht zu kennen. Bestehen weiterhin Bedenken, kann ein

Schlüssel auch auf mehrere Kuriere aufgeteilt werden. Der mögliche Verrat seines Teils des Schlüssels durch einen Kurier gefährdet in diesem Fall nicht notwendigerweise die gesamte Operation.

Die Verteilung des Schlüssels über elektronische Medien ist möglich und wird praktiziert. Jedoch sollte niemals ein Zusammenhang räumlicher und zeitlicher Natur zwischen einer verschlüsselten Nachricht und dem dafür verwendeten Schlüssel bestehen. Auch ist es sinnvoll, zur Verteilung des Schlüssels ein anderes Netzwerk als das für die regelmäßig damit versandten Nachrichten zu benutzen.

Schließlich müssen wir uns fragen, wie wir unsere kryptographische Ausrüstung realisieren wollen. Drei Gesichtspunkte sind dabei zu bedenken: Schnelligkeit, Sicherheit und Handlichkeit bei der Installation.

Es ist klar, daß sich jeder Algorithmus zur Verschlüsselung von Daten als Computerprogramm implementieren läßt. Eine Reihe von Gründen spricht allerdings gegen diese Vorgehensweise:

Die meisten derartigen Rechenverfahren, darunter der DES-Algorithmus, arbeiten mit Transformationen auf 64 Bits. Es gibt jedoch keinen gebräuchlichen Prozessor, der als Operationseinheit direkt mit dieser Einheit arbeitet. In der Regel werden die Register eines handelsüblichen Prozessors Wortbreiten von 16 oder 32 Bits benutzen.

Wollte man einen üblichen Prozessor von INTEL oder MOTOROLA für die Verschlüsselung einsetzen, müßte man die Operationen auf einzelne Bits durch Vergleichsoperationen mit Masken verwirklichen. Das würde dazu führen, daß eine Softwarelösung um etwa das tausendfache langsamer wäre als eine Realisierung in Hardware.

Da ein derart hoher Verbrauch an Rechenzeit für die Verschlüsselung in der Praxis nicht tragbar ist, bleibt nur eine Lösung mittels Hardware übrig.

Gegen eine Lösung mit Software spricht auch, daß sich Betriebssysteme in ihren verschiedenen Versionen oft in Nuancen unterscheiden. Dies könnte Probleme mit der Kompabilität geben. Die Ein- und Ausgänge eines Computers, also seine Schnittstellen, sind dagegen hinreichend normiert, und es läßt sich leicht ein weiteres Kästchen anschließen, solange nur der Stecker paßt.

Ein weiteres Argument für die Lösung in der Form eines speziell zur Verschlüsselung gebauten Geräts ergibt sich aus der Forderung nach Sicherheit. Die
Leiterplatten und Prozessoren eines Computers sind doch für eine Reihe von Benutzern relativ leicht zugänglich, und aus der Kenntnis der Bauteile können
Schlüsse auf bestimmte technische Lösungen gezogen werden.

Ein speziell zur Verschlüsselung gebautes Gerät kann dagegen vor unbefugtem
Öffnen relativ leicht geschützt werden. Auch die von jedem elektrischen Gerät
erzeugte elektromagnetische Strahlung kann bei einer kleinen Baueinheit leichter
beherrscht werden. Es können also geeignete Maßnahmen zur Abschirmung getroffen werden.

Daher sind die meisten der am Markt angebotenen Lösungen zur Verschlüsselung
von Daten und Programmen als speziell für diesen Zweck gebaute Geräte
implementiert worden. Bei den wenigen Ausnahmen, meist im Bereich des PC, ist
oft zumindest eine Komponente vorhanden, die aus Elektronik besteht. Eine reine
Software-Lösung kann die oben aufgestellte Forderung nach Sicherheit kaum
erfüllen.

Kryptographische Geräte der neuesten Technologie unterliegen in den westlichen
Industrieländern in der Regel einem Ausfuhrverbot wie Waffen. Sie sind oft auch
in denselben Listen erfaßt. Zwar sind die Bestimmungen in Einzelheiten von Land
zu Land verschieden, der Schutz von Hochtechnologie und der damit verbundenen Geräte wird jedoch von den USA, Großbritannien und Frankreich in
ähnlicher Weise wahrgenommen.

Doch lassen Sie uns einen weiteren Algorithmus betrachten. Er bietet gegenüber
dem DES einen nicht zu übersehenden Vorteil.

4.15.3 Der RSA-Algorithmus

Im Gegensatz zum vorher besprochenen DES-Algorithmus ist der RSA-
Algorithmus unsymmetrisch, das heißt es existieren zwei unterschiedliche
Schlüssel für Verschlüsselung und Entschlüsselung.

Entwickelt wurde dieses neue Verfahren am amerikanischen *Massachusetts
Institute of Technology* (MIT) im Jahre 1978. Der Algorithmus ist nach seinen
Entwicklern Ronald Rivest, Adi Shamir und Leonard Adelman benannt worden.

Dieses Verfahren der drei Spezialisten vom MIT gilt bis zum heutigen Tag als das fortschrittlichste und sicherste kommerziell verfügbare Verfahren zur Verschlüsselung von Daten.

Doch lassen Sie uns das an einem konkreten Beispiel belegen, das in IEEE SPECTRUM [22] veröffentlicht wurde. Es zeigt sehr deutlich auf, wie die Verschlüsselung funktioniert.

A) Ermittlung des "öffentlichen" Schlüssels (*public key*)

1. Suchen Sie eine ungerade Zahl E aus:	E=5
2. Ermitteln Sie zwei Primzahlen P und Q, wobei die Gleichung (P-1)*(Q-1)-1 durch E ohne Rest teilbar sein muß:	P=7, Q=17
3. Multiplizieren Sie P und Q und nennen Sie das Produkt der beiden Zahlen N	N=7*17=119
4. Konkatenieren Sie N und E, um den "öffentlichen" Schlüssel zu erhalten	ND=1195

B) Ermittlung des "privaten" Schlüssels (private key)

1. Subtrahieren Sie eins von P, Q und E, multiplizieren Sie die Ergebnisse, und addieren Sie Eins.	(7-1)*(17-1)* (5-1)+1=385
2. Dividieren Sie das Ergebnis durch 5 und nennen Sie das Ergebnis D	D=385/5=77
3. Konkatenieren Sie die Werte für N und D, um den "privaten" Schlüssel zu erhalten:	11977

C) Verschlüsseln eines Textes mit dem "öffentlichen" Schlüssel

1. Die Nachricht wird in eine Zahl umgewandelt. Der Buchstabe "S" wird zum Beispiel durch die Zahl 19 dargestellt.	S=19
2. Im Algorithmus ist: (S**E)/N	19**5/119=20807, Rest 66
3. Der Rest bildet den verschlüsselten Buchstaben	V=66

D) Entschlüsselung mit dem "privaten" Schlüssel:

1. Der Algorithmus lautet: V**D/N   66**77/119=1.07E

                                                                     138 Rest 19

2. Der Rest ist der gesuchte entschlüsselte Buchstabe   U=19

Wie wir gesehen haben, funktioniert das Verfahren ganz offensichtlich. In der Praxis beruht die Geheimhaltung darauf, daß die beiden Primzahlen P und Q sehr hohe Primzahlen sind. Das wollten wir in unserem Beispiel vermeiden, um den Rechenvorgang nachvollziehbar zu machen.

Selbst wenn der "öffentliche" Schlüssel einer Reihe von Anwendern bekannt-gegeben wird, so lassen sich doch die Primzahlen P und Q daraus nicht ohne weiteres ermitteln. Der geheime "private" Schlüssel beruht schließlich auf den individuellen Werten von P und Q, wobei diese beiden hohen Primzahlen geheim gehalten werden.

Zwar kann auch der RSA-Algorithmus geknackt werden, wenn nur ein Super-computer genügender Leistung lange genug zur Verfügung steht. Der Rechen-aufwand steigt jedoch gewaltig an, wenn man für die Zahl E eine höhere Zahl wählt. Daher sind der Entschlüsselung mittels Supercomputer in der Praxis Grenzen gesetzt.

Die drei Entwickler des Verfahrens erwarben das Patent für den RSA-Algorithmus vom MIT. Sie vertreiben ihr Produkt jetzt im kommerziellen Rahmen.

4.15.4 Digitale Unterschrift

So leicht uns das Unterschreiben eines Dokuments auf Papier manchmal fällt, derselbe Vorgang in Verbindung mit einem Computer schafft einige Probleme. Eine Unterschrift ist typisch für eine bestimmte Person und gar nicht so leicht zu fälschen. Was tun wir aber, wenn wir das Äquivalent einer Unterschrift für ein Dokument auf einem Rechner benötigen?

In den meisten Fällen behilft man sich damit, die ID des eingeloggten Benutzers am Rechner festzustellen. Die gebräuchlichen Betriebssysteme wie UNIX und VAX/VMS bieten hierfür Routinen an. Handelt es sich um eine bestimmte, dem Betriebssystem bekannte ID, dann wird angenommen, daß es sich um einen recht-mäßigen Benutzer handelt.

Dieses Verfahren ist jedoch lückenhaft. Läßt ein berechtigter Benutzer sein Terminal für längere Zeit unbenutzt, und wird es während seiner Abwesenheit von einer nicht befugten Person bedient, so ist die vom Betriebssystem erfragte ID richtig. Trotzdem ist der Gebrauch des Terminals mißbräuchlich, und es kann zu einer Fälschung kommen.

Das Verfahren kann deshalb kaum den Anforderungen an die Bedeutung einer Unterschrift im rechtlichen Sinne genügen.

Eine weitere Möglichkeit bietet sich durch das Feststellen des Schreibrhythmus und dessen Vergleich mit einem gespeicherten Wert. Da der Schreibrhythmus für eine bestimmte Person einmalig und unverwechselbar ist, sollte die Täuschung des Betriebssystems über die Identität des tatsächlichen Benutzers schwerfallen.

Dieses Verfahren ist zwar besser als der erste Vorschlag, es weist allerdings ebenfalls Mängel auf. Das Unterschreiben eines Schriftstücks setzt einen bewußten Willensakt voraus. Dies kann bei der Überprüfung des Schreibrhythmus kaum etabliert werden. Es besteht jedoch die Möglichkeit, den RSA-Algorithmus auch im Sinne einer digitalen Unterschrift auszubauen. Das Verfahren läßt sich wie folgt skizzieren:

1) Zunächst wird aus der zu übertragenden Nachricht eine kürzere, 128 Bits lange Nachricht gebildet. Diese Zahl stellt im Grunde eine nach bestimmten Regeln erstellte Quersumme dar.

2) Dann wird die Quersumme mit dem geheimen Schlüssel des Autors der Nachricht verschlüsselt.

3) Die verschlüsselte Quersumme wird an den Text der Nachricht, die auch im Klartext übertragen werden kann, angehängt.

4) Der Empfänger der Nachricht entfernt die Quersumme und wendet auf den vorhergehenden Text dasselbe Verfahren an wie der Sender des Textes, um ebenfalls eine Quersumme zu bilden. Der Empfänger entschlüsselt auch die verschlüsselt übertragene Quersumme, wobei er den "öffentlichen" Schlüssel des Autors benutzt.

5) Falls die beiden Quersummen übereinstimmen, muß die gesendete Nachricht in der Tat vom rechtmäßigen Autor kommen.

Dieses Verfahren ist sicher gegen Mißbrauch, wenn der geheime Schlüssel des Senders der Nachricht auch wirklich geheim bleibt. Falls der Sender der Nachricht auch den zu übertragenden Text geheim halten will, kann er dafür ebenfalls den RSA-Algorithmus einsetzen.

Die Echtheit der digitalen Unterschrift bei dem Verfahren beruht darauf, daß der Text nur mit dem geheimen Schlüssel des Senders verschlüsselt worden sein kann. Das erinnert uns vielleicht an den Siegelring früherer Zeiten. Somit ist ein Verfahren verfügbar, das auch im rechtlichen Sinne einer Überprüfung standhalten sollte.

4.15.5 Datenkompression

Nicht alle Daten sind streng geheim, manche Daten sind lediglich geheim, vertraulich oder sensitiv. Daraus folgt, daß der Ansatz zum Schutz solcher Daten von Fall zu Fall verschieden sein kann.

Zur Kompression von Daten gibt es einige leistungsfähige Programme auf dem Markt. Die Datenkompression stellt zugleich eine Verschlüsselung dar, wenn nur geringe Ansprüche an die Geheimhaltung solcher Daten gestellt werden. Wenn umfangreiche Datenbestände gesichert werden müssen, kann man mit diesem Ansatz unter Umständen zwei Fliegen mit einer Klappe schlagen.

Es ist bei der Anwendung des Verfahrens allerdings darauf zu achten, daß die Programme zur Datenkompression nicht jedermann zugänglich sind. Dies gilt ganz besonders für den Quellcode.

4.15.6 Die Vor- und Nachteile

Die Anwendung der Kryptographie zum Schutz von Daten und Programmen verursacht sicherlich einen größeren Aufwand. Dies gilt einmal für die notwendigen Geräte, den zusätzlichen Verbrauch an Rechenleistung und nicht zuletzt für die notwendigen Programme. Ob Kryptographie ein Allheilmittel für alle Fälle von Datendiebstahl und -verfälschung ist, kann bezweifelt werden. Gegen das verbrecherische Tun von *Insidern* bietet auch das aufwendigste kryptographische Verfahren nur einen sehr begrenzten Schutz.

Auch ohne diese Einschränkung ist der Schutz der Daten nur gewährleistet, wenn der Schlüssel geheim bleibt. Daher ist zum Schutz des Schlüssels ein gewisser organisatorischer Aufwand zu treiben.

Daher ist der Schluß wohl gerechtfertigt, daß man kryptographische Verfahren für isolierte Rechner in vollem Umfang wohl selten einsetzen wird. Für besonders gefährdete Dateien, etwa die Paßwortdatei und andere Teile des Betriebssystems, ist der Ansatz dagegen durchaus sinnvoll.

Sendet man Dateien über Netzwerke, dann kann die Kryptographie zum Einsatz uneingeschränkt empfohlen werden. In diesem Fall ist durch die peripheren Geräte zur Verschlüsselung bzw. Entschlüsselung eine besondere Belastung des Rechners auch nicht zu erwarten.

Netzwerke muß man leider, was den Schutz gegen illegales Kopieren und Verfälschung der Daten betrifft, als unsicher bezeichnen. Kryptographie kann hier als eine kostengünstige Abwehrmaßnahme betrachtet werden. Dies gilt nicht nur für Geheimdienste und Regierungsbehörden, sondern auch im kommerziellen Bereich. Banken und internationale Konzerne wären als herausragende Beispiele zu nennen.

4.16 Schutz von Computern am Netz

Wir hatten eingangs bereits auf den schier unlösbaren Konflikt zwischen der Notwendigkeit zur Kommunikation und der Forderung nach Schutz unserer Programme und Daten hingewiesen. Da die Forderung nach Kommunikation in der überwiegenden Anzahl der Fälle wohl Priorität haben wird, muß der Schutz von Daten und Programmen auch ohne extreme Maßnahmen erreicht werden.

Um die Thematik richtig verstehen zu können, bedarf es auch einer Betrachtung der Medien zur Datenübertragung.

4.16.1 Das Übertragungsmedium

Zwar sollte der Anwender bei einer Datenfernübertragung davon ausgehen, daß der Schutz seiner Daten ohne Verschlüsselung nicht gewährleistet ist. Diese Tatsache darf uns allerdings nicht vergessen lassen, daß die Medien zur Übertragung von Nachrichten ein durchaus unterschiedliches Verhalten bei Abhörversuchen zeigen. Dies liegt begründet in der Natur der verwendeten Werkstoffe und der Art der Übertragung.

Für die verwendeten Medien und die Art der Nachrichtenübermittlung wären zu nennen:

- Mobile Funktelephone

- Kupferleitungen und -kabel

- Richtfunkstrecken im Mikrowellenbereich

- Koaxialkabel

- Lichtwellenleiter

- Satellitenübertragung.

Dabei ist die als vorletzte genannte Art der Nachrichtenübermittlung am wenigsten anfällig gegen das Abhören von Signalen und der Verfälschung von Nachrichten und Daten. Zwar ist es technisch möglich, die in Glasfaserkabeln übertragenen Nachrichten abzuhören, der Aufwand ist jedoch weit höher als bei den anderen Verfahren. Doch wir wollen der Reihe nach vorgehen.

Mobile Telephone sind aufgrund der verwendeten Technik und der begrenzten Zahl der zur Verfügung stehenden Kanäle relativ leicht, und manchmal fast aus Versehen abzuhören. Da man diese Telephone jedoch kaum für die kommerzielle Datenfernübertragung einsetzen wird, betrifft diese Schwäche der Ausrüstung eher den privaten Kunden der Telefongesellschaften.

Die Unternehmen verwenden zur DFUE fast ausschließlich stationäre Telefonapparate und MODEMS. Die eingesetzten Kupferleitungen lassen sich an den Anschlußbuchsen, Hausverteilern und in den Vermittlungen der Bundespost relativ leicht anzapfen. Dies gilt gleichermaßen für den illegal Tätigen und für die durch das Gesetz sanktionierten Aktionen der Geheimdienste und Behörden.

Während bei Wählleitungen der für das einzelne Gespräch oder die Datenfernübertragung gewählte Weg durch das Netz von Fall zu Fall und Tag zu Tag verschieden sein kann, wird bei einer Standleitung eine dauerhafte Verbindung zwischen zwei Teilnehmern am Netz hergestellt.

So günstig das aus betriebstechnischen oder finanziellen Gründen im Einzelfall immer sein mag, für die Sicherheit der Verbindung stellt eine Standleitung ein erhöhtes Risiko dar. Ein potentieller Lauschangriff findet eher einen Ansatzpunkt, da Sender und Empfänger der Nachricht von vornherein feststehen. Insofern ist zu prüfen, ob eine Standleitung wirklich die beste Lösung ist.

Richtfunkstrecken im Mikrowellenbereich sind durch geeignete Ausrüstung ohne große Schwierigkeiten abzuhören. Diese Technik wird in den USA und der Bundesrepublik zur Übertragung von Telefongesprächen in großem Maße verwendet.

Das Problem für den Lauscher besteht eher darin, aus der großen Masse der Signale das für ihn interessante und wichtige herauszufiltern. Man darf wohl davon ausgehen, daß die Geheimdienste der Industrienationen das nötige Know-how und die finanziellen Mittel besitzen, um solche Aktionen durchzuführen und über längere Zeit aufrecht zu erhalten.

Einen schlagenden Beweis des Einsatzes der Technik für das großangelegte Abhören von Richtfunkstrecken liefert die jüngere deutsche Vergangenheit. Bei der Zerschlagung und Auflösung des Staatsicherheitsdienstes (STASI) der vormaligen DDR stellte sich heraus, daß dieser Dienst die Richtfunkstrecken der Post auf dem Gebiet der Bundesrepublik in erheblichem Umfang abgehört hatte.

Koaxialkabel spielen vorwiegend im Bereich der örtlichen Nachrichtenübertragung, zum Beispiel bei Fernsehern und im Bereich der *Local Area Networks* (LANs) eine Rolle. Sie sind wegen der guten Abschirmung des Signals sehr geeignet, preislich allerdings am oberen Ende des Spektrums angesiedelt.

Lichtwellenleiter sind zur Zeit die technisch günstigste Lösung für die Übertragung vieler Nachrichten über lange Strecken. Zudem sind sie weitgehend abhörsicher. Daher kann ihr Einsatz nur empfohlen werden.

Die Benutzung von **Nachrichtensatelliten** zur Übertragung von Daten ist eine sehr kostengünstige Möglichkeit, gerade für die Vielzahl der Kommunikationswünsche von Kontinent zu Kontinent. Daher wird sie von den Anbietern am Markt intensiv genutzt. Besonders im transatlantischen Verkehr wird diese Technik eingesetzt.

Daß Satellitenübertragungen gestört werden können, haben wir bereits gesehen. *Captain Midnight* läßt grüßen.

Abhörsicher sind diese Übertragungen keineswegs. Eine geographisch günstig angesiedelte Empfangsstation kann durchaus im Sendestrahl eines Satelliten liegen. Auch wenn der Sendestrahl eines Satelliten in einer geostationären Bahn auf nur 0,2 bis 0,3 Grad begrenzt werden kann, so stellt dies auf der Erde immer noch eine Entfernung von einigen Kilometern dar.

Das Finden entsprechender Nachrichten in der Datenflut setzt allerdings die Ressourcen des Nachrichtendienstes eines hochentwickelten Industrielandes voraus. Das grenzt den Kreis der potentiellen Lauscher erheblich ein.

Vollständig sicher gegen das Abhören unverschlüsselter Nachrichten ist wohl keine Technik, doch bieten Lichtwellenleiter zur Zeit eindeutige Vorteile.

4.16.3 Lokale Netze

Lokale Netzwerke, also *Local Area Networks* (LANs), waren traditionell auf ein Gebäude oder ein Werksgelände begrenzt. Obwohl das immerhin eine geographische Fläche von einigen Quadratkilometern umfassen konnte, sind diese Grenzen durch Fortschritte in der Technik inzwischen längst überholt.

Für den Benutzer mag sich sein Netz immer noch wie ein LAN darstellen, obwohl ein Teil des Netzes in München und der zweite Teil geographisch in Boston auf dem nordamerikanischen Kontinent liegt. Das Netz besitzt jedoch einen einzigen physikalischen Adreßraum, wobei die Verbindung der beiden Teile des Netzes über sogenannte *gateways* oder *bridges* hergestellt wird.

Ein LAN besitzt grundsätzlich die folgenden Merkmale:

1) Möglichkeit der Verbindungsaufnahme mit allen Teilnehmern am Netz, also *broadcast mode*, im Gegensatz zu einer Punkt zu Punkt Verbindung

2) Direkte physikalische Verbindung aller Netzteilnehmer

3) Keine Kontrolle darüber, welcher Netzknoten Daten liest

4) Verbindung auf der Schicht 2 des ISO-Modells

5) Hohe Wahrscheinlichkeit, daß das Netz für die Nutzung verfügbar ist

6) Sehr geringe Wahrscheinlichkeit, daß Datenpakete im Netz doppelt auftreten.

Daß ein lokales Netzwerk jetzt auch den Globus umspannen kann, hatten wir eingangs schon erwähnt. Ein LAN muß auch nicht unbedingt Datenpakete transportieren. Es kann sich auch um Telefongespräche oder Videodaten handeln.

Nachdem wir nun ein LAN für unsere Zwecke ausreichend definiert haben, mag man fragen, worin der Unterschied zwischen einem LAN und einem WAN (Wide Area Network) überhaupt noch besteht. Der technische Unterschied liegt in der Realisierung: LANs setzen auf der Ebene 2 des OSI-Referenzmodell auf, während WANs auf der Ebene 3 und darüber angesiedelt sind.

Dieses von der International Organisation for Standardisation (ISO) vorgeschlagene und inzwischen weltweit weitgehend akzeptierte Modell namens *Open Systems Interconnect* (OSI) hat zum Ziel, die Computer der unterschiedlichsten Hersteller miteinander verbinden zu können.

Das OSI-Modell bildet sieben Ebenen oder *layers*, wobei die niederste Ebene die physikalische Verbindung bildet. Auf der obersten Schicht des Modells residiert folgerichtig die Applikation. Ebene 2 ist die Verbindungsebene (*link*), und Ebene 3 bildet die Netzwerkebene. Die entsprechenden Protokolle zur Datenübertragung sind durch Normung definiert worden.

Ein typischer Vertreter eines LANs ist *ethernet*. Auch die großen Anbieter am Computermarkt wie IBM und DEC, sind durch eigene Produkte vertreten. Was nun die Sicherheit von LANs betrifft: Zur Zeit muß man davon ausgehen, daß Forderungen an die Sicherheit der übertragenen Daten kein integraler Teil des Datentransports sind.

Die Verschlüsselung der Daten ist zwar möglich, die beste Möglichkeit dazu bietet jedoch die Ebene 1 oder 7 des OSI-Modells. Daher muß der Anwender, wenn er keine entsprechende Hardware zur Verschlüsselung besitzt, erhebliche Rechenzeit zur Verschlüsselung seiner Daten opfern.

Bemühungen zur Integration von Sicherheitsanforderungen in die Protokolle von Netzwerken sind jedoch im Gange [23]. Man muß auch bedenken, daß an die Leistungsfähigkeit eines LANs hohe Anforderungen gestellt werden. Der Transport der Datenpakete muß mit hoher Geschwindigkeit erfolgen. Der Benutzer will so schnell bedient werden, als hätte er eine direkte Verbindung mit einem Rechner im Nebenraum.

Da der verwendete Computer oft mehrere Kilometer weit entfernt steht, müssen LANs hohe Datenübertragungsraten aufweisen. Eine zusätzliche Verschlüsselung der Datenpakete stellt unter diesen Betriebsbedingungen eine oft unerfüllbare Forderung dar.

Was das verwendete Übertragungsmedium betrifft, so kommen herkömmliche Telefonleitungen, Koaxialkabel und Glasfaserkabel in Betracht. Telefonkabel sind deshalb eine Alternative, weil sie in den meisten Bürogebäuden bereits verlegt sind. Die Kosten für das Installieren neuer Leitungen können gespart werden.

Zwar werden durch diese Vorgehensweise kurzfristig Kosten vermieden, langfristig ist dies jedoch keine Lösung. Der Trend geht zur Integration aller Datendienste, also Telefongespräche, Daten und Graphik. ISDN (Integrated System Digital Network) zielt in diese Richtung. Glasfaserkabel ist aus dem Gesichtspunkt der Sicherheit zu begrüßen. Daneben besitzt es unbestreitbare technische Vorzüge.

Wir stehen also vor der Situation, daß uns LANs in Bezug auf die Sicherheit der Daten wenig zu bieten haben. Ihr Einsatz ist vertretbar, wenn die übertragenen Daten nicht sensitiv, vertraulich oder geheim sind.

Wenn man im Einzelfall davon ausgehen kann, daß ein Unternehmen ein lokales Netzwerk nur innerhalb eines Gebäudes oder Werkes betreibt, bleibt natürlich zu fragen, ob ihr Einsatz nicht vertretbar ist. In diesem Fall kann durch technische und organisatorische Maßnahmen in aller Regel verhindert werden, daß Betriebsfremde Zugang zum LAN gewinnen können. Insofern ist einem Datendiebstahl weitgehend vorgebeugt.

Die große Masse der LANs wird diese Voraussetzungen erfüllen. Sind LANs so konfiguriert, daß sie öffentliche Netze in Anspruch nehmen müssen, sollte der über öffentliche Netze laufende Datentransfer durch Verschlüsselung geschützt werden. Auch ist dann nichts gegen lokale Netzwerke einzuwenden, wenn sie vollständig innerhalb eines gesicherten Bereichs liegen, der keine direkte Verbindung zur Außenwelt besitzt.

Wer höhere Anforderungen an die Sicherheit seiner Daten und Programme stellt, ist fast immer auf eine durch Elektronik realisierte Lösung angewiesen, da Computerprogramme zu langsam sind und die Sicherheit gegen Enthüllung des Algorithmus und des verwendeten Schlüssels nicht gewährleistet werden kann.

IBM zum Beispiel bietet für das System /370 eine Elektronik zur Verschlüsselung (*3848 Cryptographic Unit*) an. Diese Karte ist so in das System integriert, daß ein illegaler Zugriff auf die gespeicherten Schlüssel zu deren Löschung führt. Dieses System wird durch ein Software-Paket unterstützt und arbeitet auch mit dem IBM-Netzwork SNA (*System Network Architecture*) zusammen.

4.16.4 Großflächige und globale Netze

Großflächige Netze umspannen einen Kontinent oder den ganzen Globus. Wir hatten in Abschnitt II bereits von ein paar dieser Netzwerke gehört. Typische Beispiele sind:

- INTERNET (einschließlich ARPANET, CSNET, MILNET und NFSNET)

- Defense Data Network (DDN)

- BITNET

- USENET.

Es gibt auch Verbindungen von einem Netzwerk zum anderen, und dem Datenreisenden sind fast keine Grenzen gesetzt. Eine Vielzahl von Computern der verschiedensten Bauarten hängen an diesen Netzen. Dienstleistungen aller Art werden angeboten, von der Datenbankabfrage zur Literaturrecherche bis zur Partnervermittlung.

Was den Service der Deutschen Bundespost betrifft, so sind zwei Datendienste zu nennen:

- DATEX-L
- DATEX-P.

Im Gegensatz zu DATEX-L handelt es sich bei DATEX-P um eine sogenannte Paketvermittlung. Das bedeutet, daß keine direkte physikalische Verbindung zwischen Sender und Empfänger mehr besteht. Es wird vielmehr zwischen den beiden Teilnehmern am Netz eine virtuelle Verbindung aufgebaut. Die Daten werden dann über Zentralrechner der Post in den großen Städten der Bundesrepublik geleitet. Dort werden sie gebündelt und über das Netz weiter verschickt.

DATEX-P stellt sicherlich einen technischen Fortschritt dar. Ob die angebotene Dienstleistung genügend sicher ist, darf man bezweifeln.

Offensichtlich kennen sich deutsche Hacker in den öffentlichen Netzen der Bundesrepublik so gut aus, daß sie diese Netze zu Ausflügen nach Kalifornien und Japan benutzen konnten. Auch näherliegende Ziele wie das Kernforschungszentrum CERN in Genf und die Rechner von Thomson und Philips haben sie nicht verschmäht. Oft waren diese Hacker klug genug, die Kosten für ihre gewiß nicht niedrige Telefonrechnung auch noch von anderen bezahlen zu lassen.

Dies weckt erhebliche Zweifel an der Sicherheit der angebotenen Dienstleistungen. Daher kann ich nur empfehlen, für sicherheitsrelevante Daten auf die Verschlüsselung zurückzugreifen. Wer ein herkömmliches Verfahren nicht einführen will oder auf die Dienste spezialisierter Anbieter verzichten möchte, kann sich natürlich eine individuelle Lösung überlegen.

4.16.5 Redundanz im Netz

Man muß sich vergegenwärtigen, daß globale Datennetze die Autobahnen und *highways* des Informationszeitalters sind. Ein einzelnes Datenpaket repräsentiert nur einen winzigen Bruchteil des gesamten Verkehrs.

Zwar sorgen die Netzwerkbetreiber durch technische Maßnahmen dafür, daß keine Datenpakete verloren gehen. Gegen das Abhören ihrer Leitungen, der Richtfunkstrecken und der Satellitenübertragungen treffen sie aber bisher keine ausreichenden Vorkehrungen. Dies gilt umso mehr, je besser die technische Ausrüstung des potentiellen Lauschers ist.

Der kommerzielle Anwender der Datenfernübertragung ist oft allerdings weniger besorgt wegen der Gefahr des Abhörens, sondern wegen der möglichen Verfälschung der Daten. Ob ein deutsches Unternehmen $100 000 oder $250 000 für einen Computer aus den USA bezahlt, ist allenfalls für die Konkurrenz auf beiden Seiten und das Finanzamt interessant.

Eine Enthüllung des Kaufpreises wäre jedoch kein großer Schaden. Anders ist es, wenn dieses deutsche Unternehmen für eine kleine Firma in den USA, etwa einen Berater, $35 000 überweist. Verbündet sich dieser Einmannbetrieb in den USA, der vielleicht sowieso auf finanziell schwachen Beinen steht, in unserem hypothetischen Fall mit einem Angestellten bei unserem Unternehmen in der Bundesrepublik, dann kann aus der Überweisung durch eine geringfügige Verschiebung des Kommas leicht ein Betrag von 3,5 Millionen Dollar entstehen.

Dieser Betrug läßt sich auch dadurch bewerkstelligen, daß das Datenpaket manipuliert wird. Bei unverschlüsselten Daten dürfte dies technisch kein unüberwindliches Problem sein.

Eine ganz simple Lösung zur Abwehr solcher Manipulationen besteht darin, solche Datenübertragungen einfach zweimal zu senden. Der Empfänger in den USA, also etwa die ausländische Tochter unseres deutschen Unternehmens, muß dann die zwei übertragenen Dateien vergleichen, bevor weitere Schritte eingeleitet werden. Es besteht auch die Möglichkeit, Dateien aufzuspalten und als getrennte Pakete zu unterschiedlichen Zeiten zu senden.

Lassen Sie uns dazu ein Beispiel betrachten:

```
9876   78965409   09-MAY-90   BOSTON POWER&LIGHT      ****$20,065.00
5477     FG0955   03-MAY-90   NYNEX                   *******$980.55
3001   67098885   17-MAY-90   SUNSHINE TELEPHONE      *****$7,980.45
5487               30-APR-90   ISB CONSULTANTS         ****$35,000.00
 654    T-876222   01-MAY-90   BETA FURNITURE          *****$4,875.00
5098    77-886-G   02-MAY-90   DEC MAYNARD MA          ****$11,876.00
```

Die erste Zahl in der Datei stellt dabei eine Zufallszahl dar, die jeden Eintrag in der Tabelle eindeutig identifiziert. Der Rest der Daten besteht aus Anweisungen zur Zahlung, die von einer Tochter in den USA durchgeführt werden sollen. Der Inhalt der Datei läßt sich nun wie folgt aufspalten:

```
9876    ******$20,065.00
5477    *********$980.55
3001    *******$7,980.45
5487    ******$35,000.00
 654    *******$4,875.00
5098    ******$11,876.00
```

Für einen potentiellen Angreifer stellen die Auszahlungsbeträge das Ziel seines Angriffs dar. Deshalb verschlüsselt man diesen Teil der Datei lieber, bevor man sie auf den Weg über den Atlantik schickt.

Der zweite Teil der Datei ist nun relativ harmlos. Eine Verfälschung der
Rechnungsnummer oder des Zahlungsempfängers nutzt einem potentiellen Täter
wenig. Dieser Teil der Datei schaut nunmehr so aus:

```
9876  78965409   09-MAY-90  BOSTON POWER&LIGHT
5477    FG0955   03-MAY-90  NYNEX
3001  67098885   17-MAY-90  SUNSHINE TELEPHONE
5487             30-APR-90  ISB CONSULTANTS
 654  T-876222   01-MAY-90  BETA FURNITURE
5098  77-886-G   02-MAY-90  DEC MAYNARD MA
```

Die Tochterfirma in den USA ist in der Lage, durch die gemeinsame Zufallszahl
in der ersten Spalte die vollständige Datei wieder zu rekonstruieren.

Eine andere Technik könnte darin bestehen, einen Text an willkürlich gewählten
Stellen auseinanderzureißen und selektierte Zeichenketten in eine zweite Datei zu
schreiben. Natürlich ist dann eine dritte Datei mit den Kontrollinformationen zum
Rekonstruieren des vollständigen Textes notwendig.

Sendet man diese drei Dateien zu unterschiedlichen Zeiten über ein öffentliches
Netz, wird es für einen Lauscher schwer sein, diese Bruchstücke der Information
zu korrelieren. Der dichte Datenverkehr macht das fast unmöglich. Verschlüsselung bietet dabei eine zusätzliche Sicherheit.

Wir versenden jedoch nicht nur Daten, wir sind wahrscheinlich auch als
Empfänger am Netz. Leider müssen wir davon ausgehen, daß die empfangenen
unverschlüsselten Daten manipuliert sein können.

Wie verhindern wir nun, daß solche Daten und Programme auf unseren Computer
kommen?

4.16.6 Isolation

Eine Möglichkeit besteht zweifellos darin, einfach keine Verbindung von unserem
Computer an öffentliche Netze zuzulassen. Das ist zwar eine extreme Maßnahme,
sie ist in einigen Fällen jedoch unumgänglich.

Daten und Programme müssen dann über magnetische oder optische Datenträger
auf unsere Anlage gespielt werden. Das Verfahren erlaubt es uns jedoch, die
Programme und Daten gründlich zu untersuchen, bevor wir damit arbeiten.

Auch eine genaue Kontrolle und Erfassung der neu installierten Programme durch die Konfigurationskontrolle und die Qualitätssicherung ist möglich.

4.16.7 Die Empfangsstation

Wer nicht ganz auf die Bequemlichkeiten der Datenfernübertragung und des Zugriffs auf öffentliche Netze verzichten will, der sollte einen Kompromiß anstreben. Jede größere Organisation hat mehr als einen Rechner. Deshalb sollte es möglich sein, einen Computer als Empfangsstation für den Anschluß an öffentliche Netze bereitzustellen.

Dieser Computer wird nicht für die Programmentwicklung oder die Produktion eingesetzt, sondern er dient lediglich der Kommunikation mit anderen Teilnehmern am Netz. Die Programme und Daten auf diesem Rechner sollte man als gefährdet in Bezug auf Manipulation und Zerstörung einstufen. Folglich sollte er keine Programme und Daten enthalten, die unverzichtbar sind.

Trotzdem sind alle Maßnahmen der Datensicherung und des *back-up* für diesen Verbindungsrechner durchzuführen. Im Notfall muß dieser Computer schnell wieder am Netz sein können.

Will man sich das Kopieren empfangener Daten und Programme über magnetische Datenträger ersparen, ist eine Konfiguration denkbar, die den Empfangsrechner mittels einer Weiche einmal an das Netz hängt, zu einem anderen Zeitpunkt mit dem Verarbeitungsrechner verbindet. Es darf jedoch niemals gleichzeitig eine Verbindung mit dem Netzwerk und dem Verarbeitungsrechner bestehen.

Bei einiger Phantasie lassen sich also durchaus Lösungen finden, die sowohl den berechtigten Forderungen an die Sicherheit der Daten und Programme als auch an die ungestörte Durchführung der Arbeiten Rechnung tragen.

4.17 Schutzmaßnahmen im Bereich der Banken

Banken müssen natürlich hohe Anforderungen an die Sicherheit der Datenfernübertragung stellen, da sie große Summen des ihnen anvertrauten Geldes transferieren.

Zunächst muß sichergestellt werden, daß der Anrufer bei einem Transfer von Buchgeld wirklich derjenige ist, der er zu sein vorgibt. Hierzu kann ein geeignetes Paßwort eingesetzt werden.

Dies beweist jedoch noch nicht, daß der Anrufer auch an einem bestimmten, für den Geldtransfer ausgerüsteten und zugelassenen Endgerät sitzt. Hierzu ist ein Rückruf erforderlich. Dies kann durch ein entsprechend ausgerüstetes MODEM automatisch durchgeführt werden.

Auch diese Vorsichtsmaßnahmen können nicht verhindern, daß ein geschickter Betrüger eine Nachricht, etwa eine Überweisung, während des Transports verändern könnte. Es muß daher sichergestellt werden, daß die empfangene Nachricht authentisch ist.

Dazu wird in der Regel eine Quersumme aus bestimmten signifikanten Teilen der übertragenen Nachricht gebildet. Da ein potentieller Betrüger den Algorithmus zur Bildung dieser Quersumme nicht kennt, kann er sie allenfalls durch Probieren erzeugen. Dies ist bei der Vielzahl der Möglichkeiten wenig wahrscheinlich. In den USA ist diese Methode als *Message Authentication Code* (MAC) bekannt.

Viele der größeren Banken in der ganzen Welt sind Teil der SWIFT-Organisation. Diese Abkürzung steht für *Society for Worldwide Inter-Bank Financial Telecommunications*. SWIFT betreibt regionale Zentren in vielen Teilen der westlichen Welt. Diese Zentralen dienen als Konzentratoren für den digitalen Geldverkehr.

Bei der Ausrüstung macht SWIFT in großem Maße von Redundanz Gebrauch, um die Verfügbarkeit der Dienstleistungen gegenüber den angeschlossenen Geschäftsbanken zu gewährleisten. Dies bezieht sich sowohl auf die CPU als auch auf die Leitungen zur Datenfernübertragung.

Das System dieser Organisation der Banken ist so ausgelegt, daß die Aufzeichnungen über finanzielle Transaktionen 14 Tage lang verfügbar gehalten werden. Auf diese Weise können Ungereimtheiten beim Zahlungsverkehr zwischen den Instituten kurzfristig ausgeräumt werden.

SWIFT-Rechenzentren befinden sich in Belgien und den USA.

4.18 Besonders gefährdete Installationen

Die weite Verbreitung und der fast selbstverständliche Einsatz von PCs sollte uns nicht darüber hinwegtäuschen, daß es Anwendungen gibt, die weit weniger im Blickpunkt der Öffentlichkeit stehen. Die elektronische Revolution hat jedoch die bewaffneten Streitkräfte aller Nationen erfaßt. Die Elektronik hat dabei vor allem ein Potential zur Kostensenkung und zur Steigerung der Effizienz der Waffensysteme.

Auch im Bereich der Aufklärung und der Spionage wird die Elektronik und die darauf residierende Software in vielerlei Form genutzt. Denken Sie an moderne Spionagesatelliten und fliegende Frühwarnsysteme wie AWACS. Ein großer Teil der Kabine dieses Flugzeugs, einer modifizierten Boeing-707 mit einer RADAR-Kuppel, wird durch Computer eingenommen.

Der aufmerksame Beobachter des Zeitgeschehens hat auch bereits bemerkt, daß mit hochmoderner Elektronik ausgerüstete Waffen die in sie gesteckten Erwartungen durchaus erfüllen können. Die Exocet-Rakete, eine französische Entwicklung, versenkte im Krieg um die Falkland-Inseln ein ganzes englisches Kriegsschiff. Vergleichen Sie einmal die Kosten für den Bau eines modernen Schiffes der Kriegsmarine mit den Produktionskosten für eine solche Rakete. Selten war es möglich, mit so geringem finanziellen Aufwand so große Werte zu vernichten.

Ein weiteres Beispiel ist die *Stinger*. Diese Bodenluftrakete der amerikanischen Streitkräfte wurde im Krieg um Afghanistan durch die CIA an die Guerillatruppen der afghanischen Stämme ausgeliefert. Dadurch war es möglich, die Luftüberlegenheit der sowjetischen Besatzungstruppen endlich zu brechen. Damit trug eine relativ billig herzustellende und leicht zu transportierende Waffe zur kriegsentscheidenden Wende bei.

Vollends bestätigt wurde das Konzept des Pentagon im Golfkrieg. Hochmoderne Technik hat in entscheidendem Ausmaß dazu beigetragen, den Verlust an Menschenleben zu begrenzen.

Doch diese herausragenden Beispiele stellen sicherlich nur die Spitze des Eisbergs dar. Computer zur Steuerung von Raketen sind nicht mehr neu. Bereits in den sechziger Jahren wurden die ersten amerikanischen Interkontinentalraketen mit Computern zur Steuerung, Navigation und Zielfindung ausgerüstet. Diese

Rechner nahmen noch einen vollen Kubikmeter Raum in der Spitze der Rakete ein.

Diese Entwicklung ging weiter, wenn auch weitgehend im verborgenen. Die Wirksamkeit der *cruise missiles* oder Marschflugkörper beruht zum großen Teil auf der eingebauten Elektronik und auf den Daten der vorher durchgeführten Aufklärung durch Satelliten.

Die Bausteine der Mikrolektronik sind seit den sechziger Jahren in ihren Ausmaßen weiter geschrumpft, und sie wurden dabei immer leistungsfähiger. Die Senkung des Energieverbrauchs trug dazu bei, ihren Einsatz in Artilleriewaffen zu ermöglichen. Dieser Trend hält weiter an, denn die Vorteile für die Militärs sind unübersehbar. Und wer Elektronik sagt, der schließt damit natürlich auch Software ein.

Nun mag man zwar das Loblied der Elektronik in Waffensystemen singen, das Potential zum Mißbrauch darf jedoch nicht übersehen werden.

Waffensysteme mußten immer gesichert werden, doch nun stellt sich die Situation etwas anders dar. Elektronik und Software ist für den Bediener der Waffe unter Umständen gar nicht mehr durchschaubar, der gezogene Sicherungsstift einer Handgranate dagegen ist für jeden Soldaten erkennbar.

Daher sehen sich die Militärs, die Geheimdienste und die Regierungen der modernen Industriestaaten einer neuen und schwer abzuschätzenden Bedrohung gegenüber. Da die Abhängigkeit von Software und Elektronik ständig steigt, nehmen auch die Gefahren für den Mißbrauch dieser Technologie zu.

Es gibt sicherlich einige Regierungsstellen, die das Gefahrenpotential bereits erkannt haben und über Gegenmaßnahmen nachdenken. Ob sich diese Erkenntnis allerdings bereits auf breiter Front durchgesetzt hat, muß im Augenblick noch offen bleiben.

4.19 Behördliche Auflagen

Da die hochentwickelten westlichen Industrienationen bestrebt sind, ihr in Daten-
verarbeitungsanlagen gespeichertes Wissen im Bereich der Regierungsbehörden
und der Verteidigungsindustrie gegen unberechtigtes Kopieren und Manipulation
zu schützen, haben sie schon früh hohe Anforderungen an die Konstruktion
solcher Rechner und des verwendeten Betriebssystems gestellt.

In den USA geschah die Ausarbeitung einer Norm, eben des *Orange Book*, unter
der Federführung des Department of Defense (DoD). Dieser Standard mit dem
offiziellen Namen *Trusted Computer System Evaluation Criteria* dient dazu, die
am Markt angebotenen Computersysteme für die Verwendung im Rahmen einer
geforderten Sicherheitsstufe zu beurteilen.

Für die Anforderungen an die Sicherheit von Netzwerken gibt es ein ähnliches
Regelwerk, das *Red Book*.

4.19.1 *Orange Book* und IT-Sicherheitskriterien

Mit der Aufgabe der Evaluierung der Computersysteme wurde in den USA das
National Computer Security Center (NCSC) im Verein mit dem *National
Institute of Standards and Technology* (NIST) betraut. Diese Behörde untersteht
dem Handelsministerium. Die genannten amtlichen Stellen unterhalten und
pflegen ein Verzeichnis mit am Markt angebotenen Computersystemen, die von
ihnen bereits beurteilt wurden.

Für gewisse Aufgaben im Bereich der nationalen Sicherheit dürfen die
amerikanischen Regierungsbehörden und die Auftragnehmer des amerikanischen
Verteidigungsministeriums nur Computer einsetzen, die auf dieser Liste stehen
und damit vom NCSC zertifiziert worden sind.

Die Spannbreite der Anforderungen an die Sicherheit der Computersysteme reicht
von der höchsten Geheimhaltungsstufe bis zu minimalen Schutzmaßnahmen. Die
Klassen für die Einstufung der Computersysteme und einige Stichworte zu den
funktionellen Anforderungen sind in der nachstehenden Tabelle aufgeführt.

Klasse	Kurzbezeichnung	Schlüsselfunktionen
A1	Verifizierter Entwurf	Formale Spezifikation, Verifikation der Spezifikation, flow analysis, Demonstration der Übereinstimmung des Code mit der Spezifikation
B3	Sicherheitsbereiche	*Security kernel*, hoher Widerstand gegen das Eindringen von Fremden
B2	Strukturierter Schutz	Formales Modell, sicherheitsorientierte Architektur, relativ hoher Widerstand gegen das Eindringen von Fremden
B1	Gekennzeichnete Sicherheits-funktionen	Erzwungene Zugriffskontrolle, gekennzeichnete Sicherheitsfunktionen, Ausmerzen von sicherheits-relevanten Fehlern
C2	Kontrollierter Zugriff	Individuelle Rechenschaft der einzelnen Benutzer, Sicherheitsaudits, zusätzliche Software-Pakete zur Erhöhung der Sicherheit
C1	Mögliche Vergabe von Zugriffsrechten	Vergabe von Zugriffsrechten durch die Benutzer, Schutz der Prozesse gegeneinander
D	Minimaler Schutz	nicht bewertbar

Tab. 4.4 Kriterien für die Einstufung von Computern im Sicherheitsbereich von Behörden und der Industrie

Um zu zeigen, wo die herkömmlichen Computer und ihre Betriebssysteme in Bezug auf die Kriterien der obigen Tabelle stehen, braucht man nur UNIX und VAX/VMS zu betrachten. In der Regel erreichen sie nicht mehr als eine Einstufung in die Klasse C1 oder C2. Ein Datenbanksystem von Digital Equipment konnte die Einstufung durch das NCSC in Klasse C2 erhalten. UNIX INTERNATIONAL strebt an, das Betriebssystem so zu verbessern, daß eine Zertifizierung durch die US-Bundesbehörden für die Stufe B2 möglich wird.

In der Bundesrepublik Deutschland wurde das Potential zum Mißbrauch von Computern seitens der Regierung erkannt. Dies schlug sich in der Errichtung des Bundesamts für Sicherheit in der Informationstechnik (BSI) nieder. Diese Bundesbehörde ist in unserem Lande dafür verantwortlich, informations-technische Systeme anhand vorgegebener Kriterien zu überprüfen. Gegebenen-falls wird ein Zertifikat erteilt. Grundlage zur Bewertung der Computer bilden die IT-Sicherheitskriterien [24]. Sie sind mit den Kriterien vergleichbar, die im amerikanischen Orange Book angeführt werden.

In den IT-Sicherheitskriterien sind die Systeme nach Funktionsklassen gelistet. Nachfolgend eine Gegenüberstellung von Funktionsklassen, wie sie in den IT-Sicherheitskriterien aufgeführt sind, und den Klassen nach dem Orange Book.

Funktionsklasse nach den IT-Sicherheitskriterien	Klasse nach dem Orange Book
F1	C1
F2	C2
F3	B1
F4	B2
F5	B3/A1

Tab. 4.5 Sicherheitsklassen nach deutscher und US-Norm

Es soll damit nicht gesagt werden, daß die beiden Normen immer hundertprozentig übereinstimmen. Die obenstehende Tabelle kann jedoch einen Anhaltspunkt für die Einordnung eines bestimmten Computertyps geben.

Auch im europäischen Rahmen wurde die Dringlichkeit zur Erarbeitung gemeinsamer Normen in der jüngeren Vergangenheit erkannt. Zunächst arbeiteten die nationalen Behörden Großbritanniens, Frankreichs und der Bundesrepublik Deutschland nationale Normen aus. Dann wurde jedoch zusammen mit den Niederlanden ein gemeinsamer, europäischer Standard verfaßt. Ein gemeinsamer Entwurf für eine Norm liegt seit Mai 1990 vor.

Dieser Entwurf unterscheidet sich in der Vorgehensweise etwas von dem Ansatz, der für das amerikanische *Orange Book* gewählt wurde. Der europäische Ansatz zur Beurteilung der Sicherheit von Computersystemen ist breiter angelegt und daher möglicherweise weniger praxisnah als die amerikanische Methode. Dies mag man als Vor- oder Nachteil auslegen.

Da Computersysteme jedoch weltweit vertrieben werden, können zwei unterschiedliche und inkompatible Normen nur zur Verwirrung beitragen. Es bleibt daher zu wünschen, daß auf diesem sensiblen Gebiet eine Einigung zwischen Europa und den USA erreicht werden kann.

Nun geben die Sicherheitsbehörden zwar einen bestimmten Rahmen vor, wenn eine Firma Software erstellt, die geheim oder vertraulich ist. Diesen Rahmen auszufüllen obliegt jedoch dem einzelnen Unternehmen. Klar ist, daß im nationalen Interesse erhebliche Anstrengungen zum Schutz derartiger Ressourcen notwendig sind.

Teil V

Die Aufgaben der Organisation

und

des Managements

5.1 Organisatorische Maßnahmen

Computer security is not a technical problem, it is a management problem.
Pamela Kane.

Nun sind uns in unserer Betrachtung der Computerkriminalität noch einige Straftaten übrig geblieben, gegen die wir allein mit technischen Mitteln kein Rezept wissen. Gerade die Verbrechen im Umfeld der Datenverarbeitung, also zum Beispiel *Data Diddling*, lassen sich durch technische Maßnahmen allein nicht lösen.

Es müssen also zu den notwendigen Maßnahmen im technischen Bereich immer auch organisatorische Vorkehrungen getroffen werden, sollen die technischen Maßnahmen überhaupt greifen. Ein noch so ausgeklügelter Zugangsschutz zum Rechnerraum hilft nichts, wenn die unmittelbar daneben eingebaute Tür offen steht und von jedermann benutzt werden kann. Paßwörter auf kleinen Zettelchen neben dem Terminal helfen vergeßlichen Leuten, aber auch unerwünschten Eindringlingen.

Aus diesem Grunde müssen alle technischen Maßnahmen nicht nur geplant, sondern im täglichen Betrieb auch wirksam durchgesetzt werden. Dazu bedarf es der Unterstützung der Firmenleitung. Darüber hinaus darf auch die EDV kein Staat im Staate sein, wie das in vielen Unternehmen leider noch immer der Fall ist. Auch die Leitung der Datenverarbeitung muß sicherheitsrelevante Ziele mittragen.

Dazu gehört auch eine Trennung von Funktionen in der eigenen Abteilung. Programmentwicklung und Produktion sollten immer getrennte Gruppen sein, um einen Mißbrauch auszuschließen. Vor der Übernahme eines neu entwickelten Programms für den Betrieb muß ein Abnahmetest stehen, der die Funktion der Software in genügender Tiefe testet. Dies gilt auch für interne Projekte.

Zu einem Computerprogramm gehört immer auch die entsprechende Dokumentation. Ohne Dokumentation ist eine spätere Wartung des Programms fast unmöglich. Schließlich sind Arbeitsanweisungen für die mit der Ausführung eines Programms verbundenen Einzeltätigkeiten nicht zu vergessen.

Auch vor allzu großer Vertrauensseligkeit in die Unfehlbarkeit des Computers muß gewarnt werden. Zwar macht der Computer selten Fehler, die

Programmierer manchmal schon. Betrüger im Umfeld der EDV nutzen diese Fehler oft aus, um daraus Kapital zu schlagen.

Endlich ist auch auf die Aufsichtspflicht des EDV-Leiters hinzuweisen. Er oder sie ist weit besser als viele andere Vorgesetzte im Betrieb in der Lage, verdächtige Vorfälle zu bemerken und der Sache nachzugehen.

5.2 Die kritische Rolle des Managements

Da es sich bei den Programmen und Daten eines Unternehmens um wertvolle und oft nicht zu reproduzierende Betriebsmittel handelt, bedürfen alle Maßnahmen zum Schutz dieser Ressourcen der vorbehaltlosen Unterstützung des Managements.

Zwar ist gar nicht zu bestreiten, daß die Maßnahmen zur Sicherheit der Programme und Daten Geld kosten. Andererseits steht dem oft kein meßbarer Ertrag gegenüber.

Dies sollte uns allerdings nicht daran hindern, alle notwendigen Maßnahmen zu ergreifen. Auch eine Risikolebensversicherung im privaten Bereich kostet Geld. Doch wer wollte schon darauf verzichten?

Auch die Gebäude in unserem Betrieb sind gegen Feuer versichert. Bei unseren Computern ist die Konzentration der Information sehr dicht. Was tun wir, um diese wertvollen Ressourcen zu schützen?

Wer die Aufgabe praktisch angehen will, wird sich vielleicht im Betrieb nach Gruppen oder Personen umsehen, die bereits eine vergleichbare oder ähnliche Funktion wahrnehmen.

5.3 Die beteiligten Gruppen

In der Tat gibt es in den meisten Betrieben der Wirtschaft und in den staatlichen Stellen bereits Mitarbeiter, die sich in der einen oder anderen Weise mit der Sicherheit befassen. Hier wären zu nennen:

- Der Werkschutz oder die Sicherheitsabteilung

- Die betriebliche Revision

- Die EDV-Abteilung

- Das Konfigurationsmanagement

- Die Qualitätssicherung

- Der Datenschutzbeauftragte.

Wenn auch in vielen Firmen keine eigene Sicherheitsabteilung vorhanden sein wird, oft existiert zumindest ein Werkschutz. Diese Abteilung ist in der Regel durchaus in der Lage, Eindringlingen den Zutritt zum Werksgelände und zu den EDV-Räumen erfolgreich zu verwehren.

Anders sieht es allerdings aus, wenn die Eindringlinge wie Hacker mit Hilfe von Datenleitungen still und leise in unsere Rechner eindringen. Hier fehlt dem Werkschutz in der Regel das notwendige Fachwissen, um die Eindringlinge wirksam bekämpfen zu können.

Die betriebliche Revision ist zwar oft besser geeignet als der Werkschutz, um Unregelmäßigkeiten bei der EDV aufzudecken. Auch ihr fehlt jedoch in vielen Fällen das spezielle Know-how, gerade wenn es um *Insider Jobs* geht.

Die Mitarbeiter in der Revision sind jedoch systematisches Vorgehen, oft unter Einsatz statistischer Mittel, gewohnt. Deswegen könnte hier ein brauchbarer Ansatzpunkt zur Ausdehnung der Arbeit der Revision auf die Sicherheit der EDV liegen.

Die EDV-Abteilung hat zwar meist das nötige Wissen, aber oft weder die Zeit noch die Mitarbeiter, um sich des Themas Sicherheit voll anzunehmen. Ein zweites - und vielleicht das wichtigere - Argument gegen das Zuordnen der Aufgabe zur EDV ist dies: Die EDV ist Partei und als solche gar nicht in der Lage, sich selbst zu kontrollieren. Sie muß daher als Kandidat für die Aufgabe ausscheiden.

Das Konfigurationsmanagement ist in deutschen Betrieben leider weitgehend nicht vertreten, von der Aufgabe her ergeben sich jedoch durchaus Überschneidungen mit dem Gebiet der Sicherheit. Soweit das notwendige EDV-Wissen in genügender Tiefe vorhanden ist, sollte das Konfigurationsmanagement daher ein geeigneter Kandidat sein.

Auch die Qualitätssicherung hat zweifellos Aufgaben, die eng mit der Sicherheit der Programme und Daten zusammenhängen. Bei einer sehr guten Qualitätssicherung wird man in Zusammenhang mit sicherheitsrelevanten Anwendungen allerdings einwenden müssen, daß die Qualitätssicherung durch ihre Aufgabe bereits einen sehr guten Überblick besitzt. Insofern wird man manchmal zögern, ihr weitere Aufgaben im Bereich der Sicherheit zuordnen zu wollen.

Die Position des Datenschutzbeauftragten ist in der Bundesrepublik bei allen größeren Betrieben mit EDV vom Gesetzgeber vorgeschrieben. Seine Aufgaben liegen im Schutz personenbezogener Daten nach den Bestimmungen des Bundesdatenschutzgesetzes.

Da seine Aufgabe durch Bundesgesetz weitgehend abgegrenzt ist, mag sein Einsatz für darüber hinausgehende Aufgaben wegen möglicher Interessenkonflikte im Einzelfall problematisch sein.

Die Aufzählung dieser Gruppen sollte lediglich zeigen, daß in den meisten Unternehmen Funktionen vorhanden sind, die mit Sicherheit zu tun haben. Es fehlt oft am nötigen Spezialwissen, der Bereitstellung von Mitarbeitern und der Bereitwilligkeit durch das Management, die Aufgabe anzupacken und zu unterstützen.

Wer im konkreten Fall für die Sicherheit der Programme und Daten verantwortlich sein soll, muß nach den Gegebenheiten und der Struktur des Betriebes entschieden werden. Die Verhältnisse sind von Branche zu Branche und von Unternehmen zu Unternehmen zu unterschiedlich, um eine allgemein gültige Empfehlung aussprechen zu können.

5.4 Die Vorgehensweise bei der Einführung eines Sicherheitssystems

Alle Maßnahmen zum Schutz der Ressourcen eines Betriebes müssen in geplanter Weise erfolgen. Um das zu erreichen, geht man schrittweise vor und identifiziert zunächst Teilaufgaben. Dies sind:

- Feststellung des IST-Zustandes

- Bewertung der Risiken

- Planen und Entscheiden

- Verbindliche Anordnung der Maßnahmen durch die Geschäftsleitung

- Durchführung und Anpassung.

Durch dieses Phasenkonzept ist man in der Lage, den Fortschritt bei der Einführung eines Sicherheitskonzepts zu kontrollieren.

5.4.1 Die Bestandsaufnahme

Diese Tätigkeit muß mit der Feststellung des IST-Zustandes im konkreten Einzelfall eines Betriebes beginnen. Dazu beginnt man zweckmäßigerweise mit den oben aufgeführten Gruppen und fragt ab, wie weit schon Aufgaben in Bezug auf die Sicherheit bearbeitet werden. Die Ergebnisse sind zu dokumentieren. Als eine Grundlage zur Ermittlung der möglichen Gefahren für eine Datenverarbeitung kann die nachfolgend abgedruckte Checkliste dienen.

Diese Liste von Fragen kann sicherlich das Gebiet nicht erschöpfend behandeln, aber sie kann den Grundstock für ihren eigenen Fragenkatalog bilden.

Weiterhin muß im Rahmen der Bestandsaufnahme eine Abgrenzung des zu schützenden Systems vorgenommen werden. Es macht wenig Sinn, die Schutzmaßnahmen auf Bereiche auszudehnen, auf die man im Ernstfall gar keinen Einfluß hat.

Dazu muß eine Bedrohungsanalyse durchgeführt werden. Die mit deren Durchführung betrauten Mitarbeiter sollten die derzeitige politische Situation in Verbindung mit dem spezifischen Tätigkeitsfeld des Betriebes bedenken. So ist die Situation für eine Fluggesellschaft, die im Ausland durch eigene Büros vertreten ist, sicherlich anders zu sehen als für einen nur im Inland tätigen Betrieb der Stahlindustrie. Im Anschluß an die Bedrohungsanalyse ist eine Schwachstellenanalyse durchzuführen. Hier sollten alle Schwachstellen unter Berücksichtigung bekannter Fälle und einem möglichen Täterkreis systematisch untersucht werden.

Potentielle Gefahrenquelle	JA/NEIN
1. Besteht Gefahr durch Feuer?	
2. Kann die Anlage überflutet werden?	
3. Kann der Betrieb von Hilfsanlagen, z. B. der Klimaanlage, den Computer gefährden?	
4. Sind Datenträger so gelagert, daß sie ohne große Mühe von Betriebsfremden entwendet werden können?	
5. Sind zur Dateneingabe bestimmte Datenträger so gelagert, daß sie von Unbefugten leicht geändert oder ausgetauscht werden können?	
6. Können Unbefugte Listen mit Programmen oder Daten lesen, fotokopieren oder fotografieren?	
7. Können PCs einfach mitgenommen werden?	
8. Ist die EDV sicher, wenn eine Bombe hochgeht?	
9. Kann ein Schaden durch Ausfall der Heizung eintreten?	
10. Durch Ausfall der Kühlung?	
11. Kann der Ausfall der Stromversorgung zu Schäden führen?	
12. Führt der Verlust von Datenträgern, die für die Datensicherung eingesetzt werden, u. U. zu einer Beeinträchtigung des Betriebes?	
13. Kann der Verlust der Programmdokumentation dazu führen, daß ein Programm nicht mehr benutzt werden kann?	
14. Kann ein größerer Sturm Schaden anrichten, der die Aufrechterhaltung des Betriebes unmöglich macht?	
15. Gehen Daten aus der EDV auch an Personen, die sie gar nicht benötigen?	
16. Werden die vorgeschriebenen Regelungen zur Sicherheit in der Praxis eingehalten?	
17. Sind Datenträger wie Magnetbänder durch eine passende Umhüllung geschützt?	
18. Werden Programme nur dann geändert, wenn eine dokumentierte Anweisung vorliegt?	
19. Bestehen Vorkehrungen für den Fall, daß ein Mitarbeiter der EDV aus dem Unternehmen ausscheidet?	
20. Sind sich die Mitarbeiter im Rechenzentrum bewußt, was in einem Notfall zu tun ist?	
21. Laufen manche Computer während der Nachtstunden durch, ohne daß Schutzmaßnahmen in Kraft gesetzt werden?	

Tab. 5.1 Fragebogen zur Bestandsaufnahme

In extremen Fällen, etwa bei besonders gefährdeten Anlagen der Regierung und der Industrie, kann auch der Einsatz eines sogenannten *Tiger Teams* zweckmäßig sein. Diese Truppe wird von einem Unternehmen oder einer Regierungsstelle auf Zeit angeheuert, um mögliche Schwachstellen zu finden und bloßzulegen. Das kann soweit führen, daß ein Einbruch in ein Rechenzentrum geplant und durchgeführt wird.

Schlägt die Sicherheitstruppe keinen Alarm, war das Sicherheitskonzept des eigenen Unternehmens unzureichend, oder es wurde nicht mit der notwendigen Sorgfalt durchgesetzt. Natürlich wird das *Tiger Teams* keinen Schaden anrichten, außer beim Selbstvertrauen einiger Mitarbeiter. Es wird allerdings sorgfältig aufzeichnen und dokumentieren, welchen Schaden es hätte anrichten können.

Am Ende der Bestandsaufnahme muß ein Bericht stehen, der den IST-Zustand in Bezug auf die Sicherheit beschreibt, sowie die Risiken und Schwachstellen identifiziert.

5.4.2 Bewertung der Risiken

Der vorher genannte Bericht bildet die Grundlage für den zweiten Schritt, die Bewertung. Aus der Bewertung des Risikos können geeignete Gegenmaßnahmen abgeleitet werden. Dabei muß der mögliche Verlust bei Eintritt des Schadensfalls dem Aufwand zur Abwendung gegenübergestellt werden.

Zwar wird in vielen Fällen eine Abhilfe mit geringem finanziellem Einsatz möglich sein, doch ist generell nicht jedes Risiko abzusichern. Gegen Erdbeben oder den Absturz eines Verkehrsflugzeuges auf das eigene Betriebsgelände kann man sich kaum wirksam schützen.

Es ist daher im Einzelfall zu prüfen, ob ein verbleibendes Restrisiko durch Versicherungen abgedeckt werden kann. Von einigen deutschen Unternehmen der Versicherungswirtschaft werden Angebote im Bereich der EDV gemacht. Das reicht selbst bis zu einer Versicherung gegen Viren.

Allerdings sind die Verträge oft mit Klauseln versehen, die das Risiko der Versicherungsgesellschaft dann doch wieder einschränken. Es muß daher untersucht werden, ob die geforderte Prämie für den Versicherungsschutz und das versicherte Risiko noch in einem vernünftigen Verhältnis zueinander stehen.

5.4.3 Das Konzept

Es folgt die Konzeptphase, in der wir die Maßnahmen zur Sicherheit im Detail planen wollen. Dazu gehören alle Bereiche, die in diesem Buch angesprochen wurden, also

- physikalische Zugangskontrollen

- Auswahl der Hardware

- Schutz der Software

- Organisatorische Maßnahmen.

Die organisatorischen Maßnahmen müssen so weit geplant werden, daß *Insider Jobs* verhindert oder zumindest erschwert werden. Dazu ist die vorbehaltlose Unterstützung durch die Leitung der EDV erforderlich. Es kann in diesem Zusammenhang notwendig werden, Aufgabenbereiche neu zu definieren, um die Abhängigkeit von einem einzelnen Mitarbeiter zu verringern. Es sollte immer eine organisatorische Trennung zwischen Programmentwicklung und Produktionsbetrieb erfolgen. Die Schnittstelle bildet in der Regel ein Abnahmetest. Dabei ist auch auf eine sorgfältige Dokumentation des Programms zu achten.

Da die Maßnahmen zur Erhöhung der Sicherheit nicht ganz umsonst sein werden, sind die Kosten den Aufwendungen beim Eintritt des Schadensfalls gegenüberzustellen. Hier muß die Unternehmensleitung nun entscheiden, welches Risiko noch tragbar ist und welche Maßnahmen zur Sicherheit der Ressourcen im EDV-Bereich ergriffen werden müssen.

Die Vorgehensweise sollte in einem Handbuch dokumentiert werden, das von der Unternehmensleitung als verbindlich erklärt wird. Damit sind alle Mitarbeiter des Unternehmens, und auch das Management, zur Einhaltung dieser Maßnahmen verpflichtet.

5.4.4 Durchführung und Anpassung

Es folgt eine längere Phase, in der sich das Konzept im Alltag bewähren muß. Nun wird sich zeigen, ob die Maßnahmen den Erfordernissen des täglichen Betriebs gerecht werden können.

Natürlich darf in dieser Phase keinesfalls auf die Durchführung der notwendigen Maßnahmen verzichtet werden. Man sollte aber sorgfältig aufzeichnen, ob Erfolge erzielt werden, oder ob eine bestimmte einzelne Aufgaben nicht besser anders geregelt werden sollte.

Eine gebräuchliche Methode zur Prüfung, ob ein vorgeschriebenes Verfahren auch wirklich angewendet wird, sind Audits. Der Sicherheitsbeauftragte eines Unternehmens kann diese Methode einsetzen, um die Durchführung und Wirksamkeit der organisatorischen Maßnahmen in regelmäßigen zeitlichen Abständen zu überprüfen.

Das Ziel der organisatorischen Regelungen zur Erhöhung der Sicherheit im Bereich der EDV muß immer gleich bleiben, doch in der Durchführung können im Laufe der Zeit Anpassungen notwendig werden. Die Technologie macht rasante Fortschritte, und auch Hacker und Virenschreiber lernen vermutlich dazu.

Deshalb darf auch der für die Sicherheit Verantwortliche nicht untätig bleiben, sondern muß sein Wissen ständig auf dem laufenden halten. Das wird bei einer sich rasch wandelnden Technik mit neuen Gefahrenpotentialen nicht ganz einfach sein.

Teil VI

Der Stand der Technik

6.1 Eine Beurteilung

Die ersten Computer waren so kompliziert zu bedienen, daß ein Mißbrauch allein wegen des fehlenden Wissens um die Bedienung der Maschine gescheitert wäre. Auch die frühen *mainframes* waren nicht für die Massen. Die Hohenpriester des Maschinenzeitalters ließen gewöhnliche Sterbliche niemals auch nur in die Nähe der Maschine kommen.

Minicomputer waren da schon besser, doch ihre Schutzmechanismen sind in erster Linie dafür gedacht, unbeabsichtigte Fehler durch gutwillige Benutzer in ihren Auswirkungen zu begrenzen.

Sicherheit war beim Entwurf unserer Computer bisher kein vorrangiges Ziel. Das hat eine Reihe von Gründen:

a)   Der kommerzielle Markt hat Sicherheitsfunktionen nicht verlangt

b)   Die Kunden im militärischen Bereich ordern nur sehr begrenzte Stückzahlen, so daß sich der Entwicklungsaufwand für große Konzerne oft nicht lohnt

c)   Sichere Computer verlangen neuartige Lösungen in der Hardware und Software.

Dann trat der PC ins Bild. Wie seinerzeit beim Käfer wurden Millionen dieser Maschinen produziert, und damit war das Wissen um Computer und Software in den Köpfen von Millionen von Menschen. Wie könnte es anders sein: Ein paar schwarze Schafe finden sich immer. Der Mißbrauch des Werkzeugs Computer begann.

Doch nun ist das Problem nicht mehr zu leugnen, und wir müssen über Lösungen nachdenken.

Lassen Sie uns die vorhandene Technik zunächst Revue passieren. Auf der Seite der Hardware sind die größeren und teueren Maschinen von spektakulären Vorfällen bisher weitgehend verschont geblieben. Das mag allerdings daran liegen, daß der Zugang zu diesen Rechnern für eine breitere Öffentlichkeit auch heute noch weitgehend nicht möglich ist.

Minicomputer wurden oft das Ziel von Hackern, ob sie nun UNIX oder VAX/VMS als Betriebssystem verwendeten.

Der PC in seiner ursprünglichen Konfiguration schneidet am schlechtesten ab, er bietet so gut wie keine Möglichkeiten zur Sicherung der darauf residierenden Programme und Daten.

Netzwerke sind stark im Kommen, doch sie müssen leider als so unsicher gelten wie unsere Straßen. Zwar wurde im Herbst 1990 das erste Netzwerkbetriebssystem angekündigt, das für den Betrieb mit eingestuften Daten zugelassen ist. Doch sind solche Systeme noch nicht weit verbreitet.

Es ist zudem zu erwarten, daß der Einsatz von Netzwerken, seien es nun lokale oder globale Netze, rapide zunehmen wird. Eine beachtenswerte Entwicklung in dieser Richtung ist *Electronic Data Interchange* (EDI).

Dabei geht es darum, den Einsatz von Datenträgern auf Papier zwischen Handels- und Geschäftspartnern ganz entscheidend zu verringern. Da fast alle Unternehmen heute Computer in der ein oder anderen Form einsetzen, verspricht der Austausch von Daten auf elektronischem Weg ein gewaltiges Rationalisierungspotential. Nicht zu vergessen ist auch die Möglichkeit, schneller auf ein verändertes Verhalten der Verbraucher reagieren zu können.

Da es sich jedoch bei EDI um ein gewaltiges Volumen an Informationen handelt, ein Teil davon sicherlich sensitiver Natur, wird diese Technik auch für potentielle Täter interessant sein. Es müssen also schleunigst Konzepte entwickelt werden, um diese sehr wünschenswerte Dienstleistung sicher zu machen.

Die Sicherheit der Software beginnt mit dem Betriebssystem. Ohne grundlegende Sicherheitsfunktionen auf dieser Ebene kann die Applikations-Software die Anforderungen der Sicherheit nicht erfüllen.

Zwar sind hier einige Betriebssysteme besser als andere, doch sicher im Sinne eines mathematischen Beweises ist keines der weit verbreiteten Betriebssysteme wie MS-DOS, UNIX oder VAX/VMS.

Anwenderprogramme können durchaus so programmiert werden, daß sie verlangte Sicherheitsfunktionen bieten. Ohne ausreichend sicheres Betriebssystem bleibt allerdings hier eine Achillesferse.

Datenbanken bieten zwar manchmal einen Zugriffsschutz durch ein Paßwort, doch ist dies eine sehr globale Maßnahme. Die Zugriffsrechte sollten bereits auf der Ebene der Felder vergeben werden können, um die Sicherheitsanforderungen

unterschiedlicher Benutzer erfüllen zu können. Hier fehlt es also an der notwendigen Granularität.

Was ist zu tun, damit die Forderung an die Sicherheit unserer Computer und der
darauf residierenden Software besser erfüllt werden kann?

6.2 Notwendige Verbesserungen

Offensichtlich bedarf es dazu Fortschritte sowohl auf der Hardware- als auch der
Softwareseite. Bereits die CPUs können sicherheitstechnische Belange unter-
stützen, indem sie zwei verschiedene Operationsmodi anbieten. Kryptograhische
Einheiten sollten als Optionen in der Form von Steckmodulen für alle gängigen
Computertypen zur Verfügung stehen.

Das Verschlüsseln von Paßwörtern bereits in Terminals ist eine relativ einfache
Methode, die sich mit geringen Kosten verwirklichen läßt. Das Dunkelschalten
des Bildschirms bei längerer Nichtbenutzung des Terminals schont zwar vielleicht
die Bildröhre, trägt aber nur im negativen Sinne zur Sicherheit bei. Daher sollten
solche technischen Neuerungen vermieden werden.

Sinnvoll ist es allerdings, das Terminal nach einigen Minuten automatisch auszu-
loggen, wenn keine Dateneingabe mehr erfolgt. Das Wiedereinloggen sollte dann
nur durch erneutes Eintippen des Paßworts möglich sein.

Auch Magnetkarten, die ja oft als elektronischer Schlüssel für den Zugangsschutz
zu Rechnerräumen eingesetzt werden, sind in ihrer derzeitigen Form noch zu
leicht zu fälschen. Gerade bei Bankautomaten sind durch Scheckkarten mit gefälschtem Magnetstreifen bereits größere Beträge ergaunert worden.

Abhilfe verspricht hier eine Kreuzbeschichtung des Magnetstreifens. Bei dieser
Technik wird ein Teil der Magnetisierung der Karte bereits beim ursprünglichen
Aufbringen der Beschichtung so geprägt, daß die Magnetkarte eine unver-
wechselbare Kennzeichnung bekommt.

Noch besser geeignet sind *Smart Cards*, die durch den Einsatz nichtflüchtiger beschreibbarer Speicher für viele Anwendungen individuell angepaßt werden
können.

Bei den für die Datenübertragung benutzten Diensten muß dafür gesorgt werden, daß Datenpakete mit hohen Anforderungen an die Sicherheit der Übertragung nicht über unsichere Medien geleitet werden. Wir schlendern ja auch nicht über einen Flohmarkt, wenn wir ein paar tausend Mark in der Tasche haben.

Es sollte also die Möglichkeit bestehen, die Route in bestimmter Weise durch das Datenpaket selbst vorgeben zu können. Die Netzwerkbetreiber haben hier in absehbarer Zukunft sicher gewisse Möglichkeiten, denn es werden weitere Gebiete durch Glasfaserkabel erschlossen.

Es gibt auch Anwendungen im Bereich der Telekommunikation, in denen das Sicherheitsbedürfnis weit geringer oder gar nicht vorhanden ist, zum Beispiel Fernsehübertragungen. Werden solche Übertragungen über Satelliten vorgenommen, stehen dadurch in See- oder Erdleitungen freie Kapazitäten zur Verfügung.

Einige Anbieter in den USA sind auch bereits dazu übergegangen, ihren Kunden die kryptographische Verschlüsselung der übertragenen Datenpakete als zusätzliche Serviceleistung anzubieten.

Es bleibt das weite Gebiet der Software: Ohne tiefe Eingriffe in die Struktur eines Betriebssystems ist hier keine Abhilfe zu schaffen. Bei MACH, einer Weiterentwicklung von UNIX, ist eine solche Überarbeitung im Gange. MACH hat darüber hinaus den Vorteil, daß es in Bezug auf UNIX aufwärts kompatibel sein soll.

Bei Datenbanken sollten die Rohdaten getrennt von ihrer jeweiligen Benutzung gesehen werden. Dies würde es erlauben, verschiedenen Benutzern in Abhängigkeit von ihrer Tätigkeit nur eine bestimmte Sicht (*view*) der Datenbasis zu zeigen. Entwicklungen in dieser Richtung sind im Gange.

Blicken wir auf das weite Feld der Anwendungen: Denkt man an den Schutz vor Viren, so könnte ein Großteil der Überprüfungen in das Applikationsprogramm selbst verlagert werden.

Der Hersteller eines Programms weiß viel besser als jeder Anwender, wie sein Binärcode aussehen muß. Es dürfte daher keine Schwierigkeit sein, bei der erstmaligen Installation und später bei jedem Aufruf die Unversehrtheit des Programmcodes zu überprüfen.

Da solche Überprüfungen allerdings Zeit kosten werden, bietet man solche Eigenschaften besser als Option an. Wer sich allerdings als Anwender bei einer Maschine wie dem PC nicht gegen Viren schützen will, sollte auch keine Ansprüche auf Schadenersatz stellen können, wenn es ihn wirklich einmal erwischt hat.

Individuelle Sicherheitsfunktionen in den selbst erstellten Programmen sind natürlich immer möglich. Gegenüber Lösungen von der Stange bieten sie den nicht zu übersehenden Vorteil, eben einmalig zu sein. Diese Eigenschaft wird es dem Schreiber eines Virenprogramms schwer machen, gezielt Maßnahmen zur Umgehung solcher Schutzmechanismen zu entwickeln.

Nicht zuletzt muß über alle sicher notwendigen technischen Maßnahmen hinaus in den Betrieben und Verwaltungen die Erkenntnis Platz greifen, daß die Programme und Daten einer Organisation eine wertvolle Ressource sind. Es müssen daher alle Mitarbeiter dazu beitragen, diese Informationen zu schützen, auch durch ihr persönliches Verhalten.

Teil VII

Epilog

7.1 Wohin führt uns der Weg?

Wer zu spät kommt, den bestraft die Geschichte.
Michail Gorbatschow.

Wenn wir einen Blick in die Zukunft der EDV und der mit ihr verbundenen
Sicherheit wagen wollen, kann uns ein Blick auf die vorherrschenden technischen
Trends nur nutzen.

Eine bereits seit längerer Zeit anhaltende Einwicklungsrichtung ist der Drang zur
Parallelität. Vom Supercomputer CRAY bis hin zum PC, überall versuchen die
Entwickler, Funktionen parallel zu anderen Funktionen zu verwirklichen. Dies
führt zu leistungsfähigen Graphikkarten und einem eigenen Prozessor für die
Tastatur im Bereich der Heimcomputer und zu *pipelining* bei der CRAY.

Daneben sind wohl auch die Zeiten der Rechner mit nur einer einzigen CPU ge-
zählt. Auch beim *multiprocessing* mußten die einzelnen *tasks* ja bisher immer
sequentiell abgearbeitet werden. Zwar hat dies den Benutzer bei genügend
schneller CPU kaum gestört, bei hohen Leistungsanforderungen entstanden allerdings lästige Wartezeiten.

Da die Anforderungen an die Rechnerleistung immer höher werden, sind
Computer mit mehreren CPUs im Kommen. Daß dies auch grundlegende Um-
stellungen im Betriebssystem erfordert, versteht sich von selbst.

Über den einzelnen Rechner hinaus findet sich der Trend zur parallelen Verarbeitung auch in lokalen und globalen Netzen. Es wurden bereits schwierige
numerische Probleme dadurch gelöst, daß die Kapazität nur schwach genutzter
Rechner im Netzwerkverbund zum Tragen gebracht wurde.

Bei den Datenbanken kann man vermuten, daß Hypertext, ein seit langem bekanntes Konzept, endlich zu Produkten führen wird. Hypertext zeichnet sich
durch nicht-sequentielle Anordnungen der Informationen aus und enthält auch
eine graphische Komponente.

Anders gesagt: In Hypertext kann jede Information mit jeder anderen Information
in der Datenbasis verbunden werden, ähnlich der Organisation im menschlichen

Gehirn. Müßig zu sagen, daß auch in Hypertext die Navigation durch dieses Heer von Daten manchmal schwierig wird.

Diese zu erwartende massive Bewegung zu mehr paralleler Verarbeitung stellt hohe Anforderungen an die Kommunikation von Prozessen und die Kontrollmechanismen, damit die Konsistenz der Daten gewahrt bleibt. War es schon bisher für die Entwickler nicht ganz leicht, Datenbanken auch bei Ausfällen der Hardware konsistent zu halten, so wird dieses Problem noch zunehmen.

Unweigerlich werden verteilte Systeme auch Fehler enthalten, die von cleveren Eindringlingen für ihre Zwecke ausgenutzt werden können.

Diese Programmierer sitzen nicht nur in den hochentwickelten Industrieländern wie in den USA und der Bundesrepublik. Es sollte uns zu denken geben, daß der Brain-Virus gerade aus Lahore, Pakistan kam.

Schwellenländer der Dritten Welt werden zunehmend ihren Platz fordern, auch im Bereich der Software-Entwicklung. Ein Potential gut ausgebildeter Menschen ist in diesen Ländern im Überfluß vorhanden.

In diesem Zusammenhang ist die Entscheidung eines amerikanischen Gerichts in Bezug auf den Import eines Computerprogramms aus Singapur in die Vereinigten Staaten interessant [25]. In diesem Fall ging es um ein *CASE Tool*, das in Singapur mit finanzieller Unterstützung der dortigen Regierung entwickelt worden war und in den USA vermarktet werden sollte. Es wurde nun argumentiert, daß die Unterstützung der Programmentwicklung durch die Regierung in Singapur eine unfaire Begünstigung gegenüber amerikanischen Anbietern schaffe, die ohne solche Zuwendungen auskommen müßten.

Am Rande dieses Falls war auch zu klären, ob Software intellektuelles Eigentum sei und daher durch die Zollbehörden der USA nicht besteuert werden könne, oder ob der Import dieses Programms zu Zollabgaben führen müsse.

Es wurde entschieden, daß Software auf einem Datenträger Handelsware sei wie etwa importierte Bücher. Damit sei Zoll zu erheben. Software sei dagegen nicht zu verzollen, wenn sie über elektronische Medien wie globale Netzwerke in die Vereinigten Staaten eingeführt würde. Software, soweit sie von Beratern (*consultants*) im Rahmen ihrer Tätigkeit als Werkzeug mitgeführt werde, sei ebenfalls nicht zollpflichtig.

Die gebrauchten Argumente sind nicht immer logisch, denn die Zollbehörde hat vor globalen Datennetzen einfach kapituliert. Ob das Programm in der Tasche eines Angestellten oder über ein Netzwerk in die USA kommt, ist jedoch für die Entwicklung dieser Software und deren Vertrieb ohne Belang.

Der Fall zeigt jedoch exemplarisch, daß die Interessenlagen der Länder der Dritten Welt und der hochindustrialisierten Staaten oftmals auseinander laufen. Dies wird auch dadurch belegt, daß viele der Habenichtse dieser Welt zögern, der Berner Konvention zum Schutz des Urheberrechts beizutreten. Selbst wenn solche Entwicklungsländer Mitglied, sind bedeutet dies nicht immer, daß ihre Behörden die Einhaltung dieser internationalen Abkommen auch aktiv durchsetzen werden.

Hier liegt also ein Potential zum Streit und auch ein Sicherheitsrisiko, denn die intellektuellen Ressourcen der Industrieländer sind leider weitgehend ungeschützt.

Ein weiteres Problem sehe ich im Anwachsen der Programmgrößen. Während früher Programme mit ein paar Tausend *Lines of Code* die Regel waren, spricht man bei Projekten wie SDI über einige Millionen *Lines of Code*. Abgesehen von der Gefahr eines für den Ernstfall gar nicht auszutestenden Systems für die Bewohner dieses Planeten muß man auch fragen, ob die unweigerlich in dem System enthaltenen Fehler nicht auch als Sicherheitsrisiko eingestuft werden müssen.

Kommen wir schließlich wieder zu spezifischen Waffen der Software wie Viren, *trapdoors* und Trojanischen Pferden. Es gibt hier einige Szenarios, die aufhorchen lassen.

Es könnte zum Beispiel ein Virenprogramm nach der Copyright-Notiz einer bestimmten Firma in Applikationsprogrammen suchen und gezielt alle diese Programme löschen. Ob das Virenprogramm von einem böswilligen Konkurrenten, einem kundigen Programmierer oder einfach einem Anarchisten der EDV stammt, wer soll das im nachhinein noch sagen?

Die Schreiber von Virenprogrammen lassen sich in den seltensten Fällen ermitteln, und das Schadenspotential ist gewaltig. Da Computerviren wie ihre Vorbilder in der Biologie lange Zeit überleben können, ohne aktiv zu werden, eignen sie sich auch als Langzeitwaffen mit verzögerter Zündung.

In diesem Zusammenhang kommt mir ein Artikel in Aviation Week & Space Technology [26] vom 14. Mai 1990 in den Sinn: Darin wird berichtet, daß eine

Dienststelle der amerikanischen Armee einen Vertrag über $50 000 zur Erforschung des Einsatzes von Viren als Gefechtsfeldwaffen ausgeschrieben habe.

Obwohl die Idee von amerikanischen Fachleuten sofort als absurd bezeichnet wurde, zeigt der Vorgang doch, daß sich auch die Streitkräfte mit dem Thema Viren und deren militärischer Nutzung beschäftigen.

Beängstigend ist auch das Potential, das sich aus der Kombination von Viren mit anderen Techniken, etwa Trojanischen Pferden, ergibt. Durch den kombinierten Einsatz solcher Techniken können auch gut ausgedachte Sicherheitssysteme unterlaufen werden.

Es bleibt also festzustellen, daß die Gefahren für die Sicherheit unserer Programme und Daten nicht geringer werden, eher im Gegenteil. Dieser Gefahr kann nur begegnet werden, wenn ernsthaft daran gearbeitet wird, die Sicherheit der Programme und Daten zu erhöhen. Dies muß sich auf die Bereiche Hardware, Software und Netzwerke beziehen. Alle Anstrengungen bedürfen der internationalen Zusammenarbeit.

Eine gewisse Erleichterung in diesem Kampf kann allenfalls dadurch eintreten, daß die fortschreitende Verbilligung der Hardware zu mehr Computern auf allen Ebenen einer Organisation führen wird. Insofern wird der Ausfall eines Computers nicht mehr die Auswirkungen haben, wie das noch vor wenigen Jahren bei einer zentralen EDV der Fall war.

Doch sollten wir unsere Hoffnungen nicht allzu hoch setzen. Viren sind ein relativ neues Phänomen, und wir haben wahrscheinlich nur die ersten Anfänge gesehen.

Es bleibt mir nur zu wünschen, daß die Gefahren erkannt und Maßnahmen ergriffen werden, um mit ihnen fertig zu werden. Ihr - und auch mein - Leben ist bereits zu sehr mit Computern und Software verknüpft, als daß wir es uns leisten könnten, die Sicherheit unserer Computer und der Software zu vernachlässigen.

Anhang

Anhang A - Literaturverzeichnis

[1] American National Standards Institute, ANSI-IEEE-STD-100-1984, IEEE
     Standard Dictionary of Electrical and Electronical Terms, 3rd edition, 1984,
     ISBN 471-80787-7

[2] Harenberg-Lexikon-Redaktion, Aktuell '90, Das Lexikon der Gegenwart,
     Harenberg Lexikon-Verlag, Dortmund, 1989, ISBN 3-611-00085-X

[3] Harenberg-Lexikon-Redaktion, Aktuell '91, Das Lexikon der Gegenwart,
     Harenberg Lexikon-Verlag, Dortmund, 1990, ISBN 3-611-00130-9

[4] Harenberg-Lexikon-Redaktion, Aktuell '92, Das Lexikon der Gegenwart,
     Harenberg Lexikon-Verlag, Dortmund, 1991, ISBN 3-611-00222-4

[5] Harenberg-Lexikon-Redaktion, Aktuell '93, Das Lexikon der Gegenwart,
     Harenberg Lexikon-Verlag, Dortmund, 1992, ISBN 3-611-00253-4

[6] *Bundesbahn-Computer kassierten vorzeitig ab*, in Süddeutsche Zeitung vom
     29. Dezember 1992

[7] Perrow C.: Normale Katastrophen - Die unvermeidbaren Risiken der
     Großtechnik, Campus Verlag, Frankfurt, 1987, ISBN 3-593-34125-5

[8] IEEE: Vulnerability exposed in AT&T's 9-hour glitch, The Institute,
     MARCH 1990, Volume 14, Number 3

[9] Stoll C.: The Cuckoo's Egg, Doubleday, New York, 1989, ISBN 0-385-
     24946-2

[10] Pirate's Interruption of HBO Film Stuns Other Satellite Users, in NEW
     YORK TIMES, April 29, 1986

[11] Whiteside T.: Computer Capers, New American Library, New York, 1978,

[12] Heine, W.: Die Hacker - Von der Lust, in fremden Netzen zu wildern,
     Rowohlt Verlag, Reinbek, 1985, ISBN 0-440-13405-6

[13] Zimmerli, E. und Liebl K.: Computermißbrauch -Computersicherheit, Fälle - Abwehr - Aufdeckung, Peter Hohl Verlag, Ingelheim, 1984, ISBN 3-922746-07-1

[14] McAfee, J.: Computer Viruses, Worms, Data Diddlers and other Threats to your System, St. Martin's Press, New York, 1989, ISBN 0-312-02889-X

[15] Frenkel, K. A.: Computers and Elections, in Communications of the ACM, Oktober 1988, Seite 1176

[16] Levy, S.: Hackers, Dell Books, New York, 1984, ISBN 0-440-13405-6

[17] Wirsching, R. W.: Gauner im Betrieb, Peter Hohl Verlag, Ingelheim, 1984, ISBN 3-922746-06-3

[18] Fahndung nach dem Virus, PC Magazin Nr. 13 vom 21. M„rz 1990, Seite 6

[19] Treplin, D.: Viren mit Tarnkappe, in Virenforum, CHIP 6/90, Seite 286

[20] Asker, J. R.: GOA Faults NASA for Mismanaging Storage of Valuable U.S. Space Science Data, in Aviation Week & Space Technology, April 2, 1990

[21] Gasser, M.: Building a Secure Computer System, Van Nostrand Reinhold, New York, 1988, ISBN 0-442-23022-2

[22] Fitzgerald, K.: The quest for intruder-proof computer systems, Artikel in IEEE SPECTRUM, August 1989, Seite 22

[23] Berson, T. A. und Beth, T.: Local Area Network Security, Springer-Verlag, Heidelberg, 1989, ISBN 3-540-51754-5

[24] Zentralstelle für Sicherheit in der Informationstechnik (ZSI), IT-Sicherheitskriterien, Kriterien für die Bewertung von Systemen der Informationstechnik (IT), 1989, Bundesanzeiger Verlagsgesellschaft, Köln

[25] Gruman, G.: US solidifies software-import rules, in IEEE Software, March 1990, page 99

[26] Army to Award Contract for Studying Potential of Computer Viruses as Electronic Countermeasures, in Aviation Week and Space Technology, May 14, 1990, page 38

[27] Ammann, T., Lehnhardt M., Meissner G., Stahl S.: Hacker für Moskau: Deutsche Computerspione im Dienst des KGB, Rowohlt Verlag, Reinbek, 1989, ISBN 3 8052 0490 6

[28] Ashley, R. und Fernandez, J. N.: PC-DOS, Das Betriebssytem des IBM Personal Computer, Verlag Markt & Technik, Haar, 1984, ISBN 3-922120-83-0

[29] Baker, R. H.: The Computer Security Handbook, TAB Books, Blue Ridge Summit, PA, 1985, ISBN 0-8306-0308-5

[30] Beckemeyer, D.: Micro C Shell User's Manual, Revision A, July 1986, Beckemeyer Development Tools

[31] Bradatsch B. M.: Kleine Fische - Hacker für Moskau, in CHIP, April 1990, Seite 62

[32] Breuer, R.: Alles über Backup (III) - Entscheiden und Realisieren, in KES, Juni 89, Peter Hohl Verlag, Ingelheim, ISSN 0177-4565

[33] Brunnstein, K.: Computer-Viren-Report, WRS-Verlag, Planegg, 1989, ISBN 3-8092-0530-3

[34] Burger, R.: Computer Viruses, a high-tech disease, Abacus, Grand Rapids, 1988, ISBN 1-55755-043-3

[35] Christofferson, P. et al., Crypto User's Handbook, North-Holland Publishing Company, Amsterdam, 1988, ISBN 0 444 70484 1

[36] Chua-Eoan, H. G.: New Trench Coats?, Artikel in TIME MAGAZINE, April 23, 1990

[37] Davis, D. W. und Price, W. L.: Security for Computer Networks, 2nd edition, John Wiley & Sons, New York, 1989, ISBN 0 471 92137 8

[38] Fausten, J. und Rompel, H.: Aktenzeichen Computer, IWT-Verlag, Vaterstetten, 1990, ISBN 3-88322-251-8

[39] Gulbins, J.: UNIX, Springer Verlag, Berlin, 1984, ISBN 3-540-13242-2

[40] Jackson, K. M. und Hruska, J.: The PC Security Guide, Elsevier Advanced Technology, Oxford, England, 1990, ISBN 0 946395 535

[41] Kahane, Y., Neumann, S. und Tapiero, C. S.: Computer Backup Pools, Disaster Recovery, and Default Risk, in Communications of the ACM, page 78, January 1988

[42] Kahn, D.: The Codebreakers, Macmillan Publishing Company, New York, 1967, ISBN 0-02-560460-0

[43] Kane, P.: V.I.R.U.S. Protection - Vital Information Resources under Siege, Bantam Books, New York, 1989, ISBN 0-553-34799-3

[44] Kenah, L. J., Goldenberg, R. E. und Bate, S. E.: VAX/VMS Internals and Data Structures, Version 4.4, Digital Equipment Corporation, 1988, ISBN 1-55558-008-4

[45] Kernighan, B. W.: Dennis M. Ritchie, The C Programming Language, 2nd edition, Prentice Hall International, London, 1988, ISBN 0-13-110362-8

[46] Krallmann, H.: EDV-Sicherheitsmanagement, Erich SchmidtVerlag, Berlin, 1989, ISBN 3 503 02858 7

[47] Levin, R. B.: The Computer Virus Handbook, Osborne McGraw-Hill, Berkeley, 1990, ISBN 0-07-881647-5

[48] Mayo, J. L.: Computer Viruses, TAB BOOKS, Blue Ridge Summit, PA, 1989, ISBN 0-8306-3382-0

[49] Model/Creifelds, Staatsbürger Taschenbuch, 17. Auflage, C. H. Beck'sche Verlagsbuchhandlung, München, 1978, ISBN 3 406 06741 7

[50] Musstopf, G.: MS-DOS-Viren erkennen und bekämpfen, CHIP SPECIAL, März 1990, Vogel Verlag, Würzburg, ISBN 3-8023-1064-0

[51] Naiditch, D. J.: Rendezvous with ADA - A Programmer's Introduction, John Wiley & Sons, New York, 1989, ISBN 0-471-61654-0

[52] Computer Crime, Criminal Justice Resource Manual, US Department of Justice, Bureau of Justice Statistics, Government Printing Office, 1979

[53] Computerviren - Kriminelle Attacken, in CHIP 4/90, Seite 18

[54] How the KGB helps Gorbachev, Interview with KGB defector Oleg Gordievsky in TIME MAGAZINE, March 5, 1990

[55] Laser C Language Development System, Megamax Inc., Richardson, Texas, 1988

[56] Qualität und Recht, DGQ-Schrift Nr. 19-30, Deutsche Gesellschaft für Qualität, 1988

[57] Strafgesetzbuch mit Einführungsgesetz, Wehrstrafgesetz, Wirtschaftsstrafgesetz, Betäubungsmittelgesetz, Versammlungsgesetz, Auszügen aus den Jugendgerichtsgesetz und Ordnungswidrigkeitengesetz sowie anderen Vorschriften des Nebenstrafrechts, mit einer Einführung von Dr. Hans-Heinrich Jeschek, 24. Auflage, Stand 1. Oktober 1989, Deutscher Taschenbuchverlag, ISBN 3 423 050071

[58] US Congress, Office of Technology Assessment, Defending Secrets, Sharing Data - New Locks and Keys for Electronic Information, OTA-CIT-310, Government Printing Office, 1987, Washington, DC

[59] Webster's New World Dictionary of Computer Terms, 3rd edition, Simon & Schuster, New York, 1988, ISBN 0-13-949231-3

[60] X/Open Security Guide, Prentice-Hall, Englewood Cliffs, New Jersey, 1989, ISBN 0-13-972142-8

[61] Thaller, Georg Erwin, Software-Qualität: Entwicklung, Test, Sicherung, 2. Auflage, SYBEX-Verlag, Düsseldorf, 1990, ISBN 3-88745-765-X

[62] Thaller, Georg Erwin, Die Qualitätsoptimierung der Software-Entwicklung: Das CAPABILITY MATURITY MODEL, Vieweg-Verlag, Wiesbaden, 1993

Anhang B - Abkürzungen und Acronyms

ABC   American Broadcasting Corporation
ACL   Access Control List
ACM   Association of Computing Machinery
AFOSI   Air Force Office of Special Investigations
AI   Artificial Intelligence (Künstliche Intelligenz)
AIDSA   Acquired Immune Deficiency Symdrome
ASIC   Application Specific Integrated Circuit
AT&T   American Telephone & Telegraph
AWACS   Airborne Warning and Control System

BBN   Bolt, Bernak & Neumann
BKA   Bundeskriminalamt
BRL   Ballistic Research Laboratory
BSI   Bundesamt für Sicherheit in der Informationstechnik

CASE   Computer Aided Software Engineering
CBS   Central Broadcasting System
CERN   Conseil Europeenne pour la Recherche Nucleaire (Europäische
                     Organisation für Kernforschung)
CHIPS   Clearing House Interbank Payments System
CIA   Central Intelligence Agency
CID   Criminal Investigation Division (The Army Cops)
COCOM   Coordinating Committee for Multilateral Strategic Export Controls
CPU   Central Processing Unit

DC   District of Columbia
DCA   Defense Communications Agency
DEC   Digital Equipment Corporation
DES   Data Encryption Standard
DFUE   Datenfernübertragung
DoD   Department of Defense
DOE   Department of Energy
DRAM   Dynamic Random Access Memory

ECU   European Currency Unit
EDI   Electronic Data Interchange
EMP   Elektromagnetischer Puls

EEPROM   Erasable Electrically Programmable Read-only Memory
EPROM   Erasable Programmable Read-only Memory

FAT   File Allocation Table
FBI   Federal Bureau of Investigation
FCL   Functional Capabilities List
FIPS   Federal Information Processing Standard

GAO   Government Accounting Office

HIV   Human Immundeficiency Virus (der AIDS-Virus)

IBM   International Business Machines Corporation
ICBM   Intercontinental Ballistic Missile
ISDN   Integrated System Data Network
ISO   International Organisation for Standardization

KGB   Komitet Gosudarstwennoj Besopasnostji (sowjetischer
            Geheimdienst)
KI   Künstliche Intelligenz

LAN   Local Area Network
LASER   Light Amplification by Stimulated Emission of Radiation
LED   Light Emitting Diode
LBL   Lawrence Berkeley Laboratory
LLL   Lawrence Livermore Laboratory
LLNL   Lawrence Livermore National Laboratory
LOC   Lines of Code
LWL   Lichtwellenleiter (Glasfaserkabel)

MAC   Message Authentication
MB   Megabyte
MBTF   Mean Time Between Failures
MIT   Massachusetts Institute of Technology
MITS   Model Instrumentation Telemetry System

NASA   North American Space Agency
NBC   National Broadcasting System
NBS   National Bureau of Standards
NCSC   National Computer Security Center
NIC   Network Information Center

NORAD   North American Aerospace Defense Command
NSA   National Security Agency

OSI   Open System Interconnect

PAL   Programmable Array Logic
PIN   Personal Identification Number
PROF   Professional Office System
PROM   Programmable Read-only Memory

RADAR   Radiodetecting and Ranging
RAM   Random Access Memory
RSA   Rivest, Shar; bei dem die Ressourcen des Systems

SAC   Strategic Air Command
SCS   Scientific Control System
SDI   Strategic Defense Initiative
SNA   System Network Architecture
SRAM   Static Random Access Memory
STASI   Staatssicherheitsdienst
SWIFT   Society for Worldwide Interbank Financial Telecommunications

TMRC   Tech Model Railroad Club

VAX   Virtual Address EXtension
VIRUS   Vital Information Resources under Siege
VLSI   Very Large Scale Integration
VMS   Virtual Memory System

WAN   Wide Area Network
WSMR   Wide Sands Missile Range

ZSI   Zentralstelle für Sicherheit in der Informationstechnik

Anhang C - Glossar - Fachausdrücke kurz erklärt

Account
Der Bereich eines Benutzers auf einem Mehrplatzsystem. Ein *account* ist in der Regel mit einem Kontingent an Speicherplatz und gewissen Rechten verbunden.

Ada
Eine moderne, höhere Programmiersprache, die vom amerikanischen DOD gefördert wird.

Akkustikkoppler
Ein Gerät zur Umsetzung der digitalen Signale eines Computers (0 oder 1) in die analogen Signale des Telefonnetzes.

Assembler
Ein Übersetzer, der aus dem Quellcode in Assembler eine Form des Programms erstellt, die von einem Computer ausgeführt werden kann. Der Ausdruck Assembler wird auch für den Quellcode solcher Programme gebraucht.

Asynchronous Attack
Ein Angriff auf ein Computerprogramm oder einen Prozeß, dessen Daten sich zeitweilig in einem Wartezustand befinden.

Audit
Die Überprüfung der Anwendung und Wirksamkeit eines vorgegebenen Systems, zum Beispiel für die Sicherheit.

Baud
Eine Einheit zur Messung der Geschwindigkeit der Datenübertragung. Besser ist die Verwendung der Einheit bits per second oder kurz bps.

Bell Labs
Das Forschungszentrum von AT&T.

Big Blue
Synonym für IBM.

biometric devices
Geräte zur eindeutigen Identifizierung von Personen unter Benutzung persönlicher Kennzeichen.

bit
Die kleinste Einheit einer elektronischen Rechenmaschine. Ein bit hat entweder den Wert Null oder Eins.

Btx
Abkürzung für Bildschirmtext. Dies ist ein Mailbox-Dienst der Bundespost.

byte
Acht Bits.

C
Eine maschinennahe, höhere Programmiersprache.

C1
Ein Maß der Testabdeckung. C1 bedeutet, daß alle Pfade eines Programms beim Test mindestens einmal ausgeführt werden müssen.

Compiler
Ein Programmübersetzer: Der Compiler erzeugt aus dem Quellcode einer höheren Programmiersprache ein Programm, das für eine bestimmte Maschine ausführbar ist (Maschinencode).

Covert Channel Analysis
Die Analyse eines Betriebssystems in Bezug auf verborgene Informationskanäle.

Cracker
Ein böswilliger Hacker.

Cracker
Ein Teilnehmer an DFUE-Netzen, der unerlaubt in Datennetze einbricht.

Cracker
Jemand, der Paßworte knackt.

Data Diddling
Eine Manipulation von Daten im Umfeld der eigentlichen EDV, um damit wirtschaftliche Vorteile zu erlangen.

data vault
Gesicherte und klimatisierte Lagerräume zur Aufbewahrung von Datenträgern.

DATEX-L
Ein Netz der Bundespost zur Datenfernübertragung. Während der Datenübertragung besteht dabei eine physikalische Punkt zu Punkt Verbindung zwischen Sender und Empfänger wie beim Telefonieren.

DATEX-P
DATEX-P steht für DATA EXchange in PACKAGES. Es handelt sich um ein Fernmeldenetz der Bundespost, das ausschließlich für die Datenfernübertragung benutzt wird. DATEX-P benutzt im Gegensatz zu DATEX-L eine virtuelle Verbindung.

Disassembler
Ein Werkzeug, um aus dem ausführbaren Code (binary) oder dem Objektcode eines Programms den Quellcode in ASSEMBLER zu erzeugen.

Dedicated Application
Eine Anwendung mit begrenztem Nutzerkreis. Dabei wird argumentiert, daß ein Paßwort unnötig sei.

Discretionary Access Control
Das Einräumen von Rechten auf eine Datei durch den Benutzer für einen Dritten.

Doomsday Box
Ein Gerät, das Erdbeben erkennt und Computer gezielt abschaltet.

Electronic Mail
Eine Form der Kommunikation, die ähnlich wie die Briefpost funktionieren soll und sich dabei elektronischer Medien und öffentlicher Netze bedient.

Enigma
Eine Codemaschine, die während des 2. Weltkriegs auf deutscher Seite eingesetzt wurde.

Ethernet
Ein Typ eines lokalen Netzwerks (LAN).

Fedwire
System zur elektronischen Abwicklung von Zahlungen zwischen den Banken der USA.

graceful degradation
Der Ausfall von Teilen eines Systems in der Weise, daß das Gesamtsystem trotzdem funktionsfähig bleibt, wenn auch mit verminderter Leistung.

Host
Ein Computer, der als Gastrechner fungiert.

Impersonation
Die Vortäuschung einer fremden Identität gegenüber einem Betriebssystem, einem Computer oder einem Überwachungssystem.

Information Flow Analysis
Die Analyse eines Betriebssystems in Bezug auf verborgene Informationskanäle.

INTERNET
Ein amerikanisches Kommunikationsnetz.

ISDN
Integrated Services Digital Network: Ein breitbandiges Netz der Post zum Telefonieren und zur Übertragung von Daten und Graphiken.

KH-11
Ein Spionagesatellit der USA. KH steht für *key hole*.

Leakage
Das Anzapfen bzw. Abhören von Daten oder Informationen in indirekter Form, zum Beispiel das Ermitteln einer Rufnummer durch die Messung der Zeit, die durch das Zurücklaufen der Wählscheibe vergeht.

logfile
Eine Datei zur Aufzeichnung bestimmter (sicherheitsrelevanter) Vorgänge in einem Computersystem.

logic bombs
siehe Zeitbomben.

Mandatory Access Control
Die Vergabe von Zugriffsrechten auf die Objekte eines Systems durch den Sicherheitsverantwortlichen oder Systemverwalter.

Mailbox
Ein Briefkasten auf einem Computer, also technisch ein Bereich zum Speichern und Abrufen von Daten.

MODEM
Abkürzung für MOdulator-DEModulator. Ein Umwandler von digitalen Daten eines Computers in die analogen Signale des Telefonnetzes und umgekehrt.

Lucifer
Ein Data Encryption Standard der IBM.

OPTIMIS
Eine Datenbank des Pentagon.

Parity bit
Ein Kontrollbit bei der Datenübermittlung.

Pascal
Eine moderne, höhere Programmiersprache. Benannt ist die Sprache nach dem Mathematiker Blaise Pascal.

Paßwort
Ein geheim zu haltendes Wort oder eine Zeichenfolge, die Zugang zu einem Computer gewährt.

Patches
Ursprünglich Flicken, in der EDV meist gebraucht für Code in Binärform, der einen schwerwiegenden Fehler im Code schnell und kurzfristig beseitigen kann. PATCHES sind ein Notbehelf in Krisen. Sie sollten wegen ihrer Undurchschaubarkeit und der schlechten Kontrolle nur in sehr geringem Umfang eingesetzt werden.

Piggybacking
Das Betreten eines gesicherten Bereiches im Gefolge einer anderen Person, ohne
daß die eigene Zugangsberechtigung überprüft wird.

Prime Time
Hauptsendezeit bei amerikanischen Fernsehanstalten, also die Zeitspanne von 19
bis 23 Uhr.

Public and private key
Ein modernes Verschlüsselungsverfahren.

Redundanz
Das zwei- oder mehrfache Vorhandensein einer Komponente eines Systems, um
beim Ausfall einer Komponente die Funktionsfähigkeit des Gesamtsystems
gewährleisten zu können.

Salamitaktik
Eine Technik, bei der verschwindend kleine Beträge gestohlen werden, so daß
die Tat zunächst völlig unentdeckt bleibt.

Scavenging
Ursprünglich Strandraub. In der EDV und deren Umfeld das Einsammeln von
Daten, die eigentlich Abfall sind oder nur temporär existieren.

Silicon Valley
Gebiet südlich von San Francisco. Es ist das Zentrum der amerikanischen
Halbleiterindustrie.

Stack
Kellerspeicher: Ein Speicher, der nach dem Prinzip FIRST IN, LAST OUT
(LIFO) funktioniert. Jeder STACK hat nur eine bestimmte Tiefe, die von Fall zu
Fall verschieden sein kann.

Standard-Software
Computerprogramme, die im kommerziellen Rahmen vertrieben werden und
einem Kreis von Kunden als lizenzierter Code zur Verfügung stehen.

Superuser
Der Systemverwalter unter dem Betriebssystem UNIX. Er hat gegenüber anderen
Benutzern eines Systems erweiterte Rechte.

Superzap
Ein Werkzeug, das die Kontrollen eines Betriebssystems umgeht. Veränderungen an Daten und Programmen werden daher nicht aufgezeichnet, und die Durchführung der Änderung ist schwer nachweisbar.

Support
Die mit der Kundenbetreuung betraute Abteilung eines Anbieters für Software.

time sharing
Eine Eigenschaft des Betriebssystems eines Rechners, bei dem die Ressourcen des Systems mehreren Benutzern quasi gleichzeitig zur Verfügung stehen. Für den Benutzer eines leistungsfähigen Rechners erscheint es so, also wäre er der alleinige Benutzer.

Trapdoors
Ein absichtlich in ein Programm eingebauter Eingang, mit dem später Daten gelesen, verändert oder gelöscht werden können.

Trojanisches Pferd
Das Einbetten von zusätzlichen Instruktionen in Programme, ohne das normale Abarbeiten dieses Programms zunächst zu beeinträchtigen. Der zusätzliche Code kann jedoch für kriminelle Zwecke eingesetzt werden, unter Umständen erst nach relativ langer Zeit.

TYMNET
Ein amerikanisches Kommunikationsnetz, ähnlich dem DATEX-P-Netz.

Utility
Ein Werkzeug oder Hilfsprogramm.

wiretapping
Das Anzapfen von Leitungen, zum Beispiel Telefonkabel oder Koaxialkabel.

Würmer
Programme meist bösartiger Natur, die über Netzwerke übertragen werden und auf den erreichten Gastrechnern erneut übersetzt werden. Würmer benötigen im Gegensatz zu Virenprogramme nicht unbedingt immer die gleiche Umgebung, um sich fortpflanzen zu können.

Viren
Computerprogramme, die die Fähigkeit zur Reproduktion besitzen. Die meisten Viren sind bösartig.

Zeitbomben
Ein Computerprogramm, das nach einer gewissen Zeit oder beim Eintreten gewisser Umstände eine bestimmte Aktion durchführt. Meist sind diese Aktionen dann zerstörerischer Natur.

Zeitdiebstahl
Der Verbrauch von Rechenzeit auf einer EDV-Anlage zu eigenen Zwecken, also für nicht vom Betreiber der Anlage genehmigte Rechenleistungen.

Anhang D - Normen

a)   Federal Information Processing Standards (FIPS), erstellt durch das National Bureau of Standards (NBS)

FIPS PUB 46	Data Encryption Standard (DES), NBS 1977
FIPS PUB 81	DES Modes of Operation, NBS 1980
FIPS PUB 74	Guidelines for Implementing the DES, NBS 1981
FIPS PUB 113	Computer Data Authentication, NBS 1985
FIPS PUB 112	Password Using Standard, NBS 1985

b)   Normen des American National Standards Institute (ANSI)

ANSI X3.92 (1981)	Data Encryption Algorithm
ANSI X3.105 (1983)	Data Link Encryption Standard
ANSI X3.106 (1983)	DEA - Modes of Operation
ANSI X9.9 (1983)	Financial Institution Message Authentication
ANSI X9.8 (1982)	Personal Identification Number (PIN) Management and Security
ANSI X9.17 (1985)	Financial Institution Key Management
ANSI X9.19 (1986)	Financial Institution Message Authentication
ANSI X9.23 (draft)	Financial Institution Encryption of Wholesale Financial Messages

c)   Normen des Institute of Electrical and Electronic Engineers (IEEE)

IEEE 802.2	Standards for Local Area Networks: Logical Link Control
IEEE 802.3	Carrier Sense Multiple Access with Collision Detect (CSMA/CD)
IEEE P802.1d/D7	MAC Bridge Standard, February 1989 (draft)

**d)   Normen der International Organisation for Standardization (ISO), zum
      Teil in Verbindung mit dem Defense Investigative Service (DIS).**

ISO 7498 (1984)   Information Processing Systems - Open Systems
                     Interconnection - Basic Reference Model
ISO/DIS 7498/2   Information Processing Systems - Open System Interconnect -
                     Security Architecture
ISO 7498/4   Information Processing Systems - Open System Interconnect -
                     Basic Reference Model Part 4, OSI Management Framework
ISO/DIS 8372   Modes of Operation of DEA-1
ISO/DIS 9160   Data Link Enciphering Standard
ISO/DIS 8730   Message Authentication
ISO/DP 9307   Public Key Encryption Algorithm and Systems
ISO/DIS 8732   Banking: Key Management (wholesale)

e)   Normen der American Bankers Organisation (ABA)

ABA (1979)   Management and Use of PIN's
ABA Doc. 43 (1979)   Key Management Standard

**f)   Normen des amerikanischen Department of Defense (DoD) und
      verwandter Organisationen**

MIL-STD-1777   Military Standard Internet Protocol

DoD-STD-5200-28   National Computer Security Center, Trusted (Orange
                         Book) Computer System Evaluation Criteria
Red Book   DOD Trusted Network Interpretation of the Trusted
                         Computer System Evaluation Criteria, DoD Computer
                         Security Center, Fort Meade, Maryland 20755, USA
NOSA   NATO OSI Security Architecture "NOSA",Version 3:

Anhang E - Fachzeitschriften zum Thema Computersicherheit

KES - Zeitschrift für Kommunikations- und EDV-Sicherheit, Peter Hohl Verlag, Ingelheim

Datenschutz und Datensicherheit, Verlag Friedrich Vieweg, Wiesbaden

Virus Telex mit Viren Katalog, Vogel Verlag, Würzburg

Computer Fraud & Security Bulletin (monthly), published by Elsevier Advanced Technology, Mayfield House, 256 Banbury Road, Oxford OX2 7DH, England

Computer & Security Journal (8 issues a year), published by Elsevier Advanced Technology, Mayfield House, 256 Banbury Road, Oxford OX2 7DH, England

Data Security Letter, P.O. Box 1593, Palo Alto, CA 94302, USA

Anhang F - Fragebögen

<table>
<tr><td>SOFTCRAFT
AG</td><td>Fragebogen
zur Sicherheit größerer Computerinstallationen
(Rechenzentren)</td><td>Seite 1</td></tr>
</table>

JA/NEIN

1. Ist das Rechenzentren gegen Katastrophen in der unmittelbaren Umgebung wie ein Großfeuer oder einen Flugzeugabsturz genügend gesichert?

2. Steht im Katastrophenfall ein Ausweichrechenzentrum zur Verfügung?

3. Kann nach Eintritt einer Katastrophe innerhalb von 24 Stunden der Betrieb wieder aufgenommen werden?

4. Befindet sich das Rechenzentrum innerhalb des Betriebsgeländes in räumlich wenig exponierter Lage?

5. Sind die technischen Einrichtungen wie Heizung und Klimaanlage ausreichend, und werden sie ordentlich gewartet?

6. Wird der Zugang zum Rechenzentrum kontrolliert?

7. Wird sichergestellt, daß nur Personen Zugang zum Rechenzentrum haben, für deren Arbeit dies notwendig ist?

8. Ist der Zugang zum Rechnerraum nur für Berechtigte möglich?

9. Wird regelmäßig Datensicherung betrieben?

10. Existieren mehrere Sätze von Datenträgern?

11. Werden die Medien zur Datensicherung rotiert (Großvater-Vater-Enkel-Prinzip)?

12. Werden die gesicherten Daten außerhalb des Rechenzentrums gelagert?

CL_1 | Fragebögen, Version 1.0 vom 6. Mai 1993

SOFTCRAFT **AG**	Fragebogen zur Sicherheit größerer Computerinstallationen (Rechenzentren)	Seite 2
		JA/NEIN

13. Sind die gesicherten Daten so gekennzeichnet, daß ihr Inhalt eindeutig erkennbar ist?

14. Existiert ein Plan für den Notfall?

15. Werden die Mitarbeiter des Rechenzentrums für Notfälle geschult?

16. Gibt es Übungen zu Notfällen, um die Wiederaufnahme des Betriebs nach einer Katastrophe zu trainieren?

17. Werden neue Releases des Betriebssystems und von Applikationen in geplanter Weise installiert und existieren Aufzeichnungen darüber?

| CL_1 | Fragebögen, Version 1.0 vom 6. Mai 1993 | |

SOFTCRAFT AG	Fragebogen zur Sicherheit kleinerer Computer (PCs, Laptops, Notebooks)	Seite 1
		JA/NEIN

1. Ist sichergestellt, daß der Rechner bei Pausen (Frühstück, Mittag) nicht entwendet werden kann?

2. Ist der Rechner eindeutig gekennzeichnet, zum Beispiel durch Beschriftung oder Markierung?

3. Gibt es ein Photo des Geräts, auf dem auch die Markierung zu sehen ist?

4. Ist die Typennummer notiert worden?

5. Ist der Inhalt des Computers ausreichend gegen Benutzung und Manipulation durch Unbefugte gesichert, etwa durch ein Paßwort oder Verschlüsselung der Daten?

6. Wird regelmäßig Datensicherung betrieben?

7. Existieren mehrere Sätze von Datenträgern?

8. Werden die Medien zur Datensicherung rotiert (Großvater-Vater-Enkel-Prinzip)?

9. Werden die gesicherten Daten so gelagert, daß der Computer und die Medien zur Datensicherung im Falle einer Katastrophe, zum Beispiel einem Feuer, nicht beide vernichtet werden?

10. Sind die gesicherten Daten so gekennzeichnet, daß ihr Inhalt eindeutig erkennbar ist?

11. Ist der Computer ein gängiges Modell mit Standard-Software, so daß im Notfall schnell Ersatz beschafft werden kann?

12. Ist auf dem Computer ein Programm installiert, das die Programme auf Virenbefall untersucht?

CL 2	Fragebögen, Version 1.0 vom 6. Mai 1993	

SOFTCRAFT AG	Fragebogen zur Sicherheit kleinerer Computer (PCs, Laptops, Notebooks)	Seite 2
		JA/NEIN

13. Wird dieses Programm jedesmal beim Einschalten des Geräts abgearbeitet?

14. Existieren Unterlagen über die Organisation der Programme und Daten auf dem Computer?

CL_2	Fragebögen, Version 1.0 vom 6. Mai 1993	

SOFTCRAFT AG	Fragebogen zum Paßwort und seiner Verwaltung	Seite 1
		JA/NEIN

1. Besitzt jeder berechtigte Benutzer des Systems mindestens ein Paßwort?

2. Ist dieses Paßwort verschieden von Null oder Blank?

3. Hat das Paßwort mindestens sieben Zeichen?

4. Sind im Paßwort Buchstaben und Sonderzeichen enthalten?

5. Gibt es Paßworte wie *Gast* oder *guest*?

6. Sind Namen und Vornamen als Paßworte verboten?

7. Sind Wörter, die ein Hacker in jedem Wörterbuch finden könnte, als Paßworte verboten?

8. Ist durch organisatorische Maßnahmen sichergestellt, daß Paßworte nicht öffentlich zugänglich sind, zum Beispiel durch Notizzettel neben dem Terminal?

9. Ist bei sicherheitsrelevanten Anwendungen ein zweites Paßwort verbindlich vorgeschrieben?

10. Erscheinen unverschlüsselte Paßworte niemals in Dateien des Systems?

11. Ist sichergestellt, daß das Paßwort nur für begrenzte Zeit gültig bleibt, etwa für drei Monate?

12. Sorgt das Betriebssystem dafür, daß Paßwörter, die in der Vergangenheit bereits einmal benutzt wurden, nicht wieder verwendet werden können?

| CL_3 | Fragebögen, Version 1.0 vom 6. Mai 1993 | |

<table>
<tr><td>SOFTCRAFT
AG</td><td align="center">Fragebogen
zu
Computer-Viren</td><td align="center">Seite 1</td></tr>
</table>

JA/NEIN

1. Ist sich die Firmenleitung bewußt, daß ein bösartiges Virenprogramm in der Lage ist, innerhalb kurzer Zeit die gesamten Datenbestände und Programme auf der Festplatte zu zerstören?

2. Wird regelmäßig Datensicherung betrieben?

3. Wird mehr als ein Satz von Datenträgern eingesetzt?

4. Wird nach dem Großvater-Vater-Enkel-Prinzip verfahren?

5. Werden die Datenträger mit den gesicherten Daten außerhalb des Rechenzentrums gelagert?

6. Sind die Medien ausreichend beschriftet?

7. Kommt ein Virenschutzprogramm zum Einsatz?

8. Wird dieses Programm beim Einschalten und Hochfahren des Rechners routinemäßig abgearbeitet?

9. Enthält das Virenschutzprogramm mindestens die folgenden Funktionen:

   a) Die Suche nach Viren mittels deren unverkennbaren Signaturen?

   b) Die Versiegelung von ausführbaren Programmen durch die Bildung und Überprüfung von Quersummen?

   c) Die Prüfung verdächtiger Operationen, zum Beispiel das Überschreiben von Programmcode, durch Überwachung geeigneter Interrupts?

CL_4 | Fragebögen, Version 1.0 vom 6. Mai 1993

SOFTCRAFT **AG**	Fragebogen zu Computer-Viren	Seite 2
		JA/NEIN

10. Läuft das Virenschutzprogramm weitgehend im Hintergrund ab, so daß der Betrieb des Rechners nicht unnötig beeinträchtigt wird?

11. Ist sichergestellt, daß das Virenschutzprogramm die Abarbeitung populärer Programme nicht stört oder behindert?

12. Bietet der Hersteller des Virenschutzprogramms regelmäßige Updates an?

CL_4	Fragebögen, Version 1.0 vom 6. Mai 1993	

Anhang G - Bekannte Computerviren

In dieser Liste sind die weitaus meisten der zur Zeit der Drucklegung des Buches bekannten Viren aufgeführt. Es werden allerdings immer wieder neue Viren oder Abarten bereits bekannter Virenprogramme bekannt. Der Leser ist deshalb gut beraten, wenn er sich über die neuesten Entwicklungen auf dem laufenden hält. Neben den spezialisierten Zeitschriften zur Computersicherheit enthält zum Beispiel auch das populäre Magazin CHIP jeden Monat eine zweiseitige Rubrik mit aktuellen Informationen über neu entdeckte Viren.

Viren auf dem PC und Kompatiblen unter MS DOS oder PC DOS

AIDS

Aliasname: Hahaha, Taunt, VGA2CGA
Typ: Infiziert *.com-Dateien, überschreibend, nicht-resident (im
            Hauptspeicher)

Das Virusprogramm AIDS infiziert ausführbare Dateien mit der Endung *.com und *exe. Wird der Virus aktiviert, erscheint die Meldung "Your computer now has AIDS" auf dem Bildschirm des infizierten Rechners, wobei das Wort AIDS den halben Bildschirm einnimmt. Das Virenprogramm überschreibt den ersten Teil des infizierten Programms. Eine Wiederherstellung des zerstörten Programmcodes ist nur von Sicherungskopien oder mit dem Original möglich.

Das Virenprogramm AIDS sollte nicht mit dem Trojanischen Pferd gleichen Namens verwechselt werden.

Alabama

Länge: 1560 Bytes
Typ: Speicherresident, befällt nur *.exe-Dateien, verändert die FAT

Der Alabama-Virus wurde zum ersten Mal im Jahr 1989 an der Hebräischen Universität in Israel festgestellt. Das Virenprogramm benutzt den Interrupt 09hex, um sich im Rechner zu verbreiten. Das Programm ist speicherresident. Der Virus überlebt auch einen Warmstart des infizierten PCs. Nachdem sich das Virenprogramm ungefähr eine Stunde im Speicher befunden hat, bringt es die folgende Nachricht:

```
SOFTWARE COPIES PROHIBITED BY INTERNATIONAL LAW ...
Box 1055 Tuscambia ALABAMA USA.
```

Der Virus benutzt einen komplizierten Mechanismus, um sich an ausführbare Dateien zu ketten. Zunächst wird im gegenwärtig benutzten Verzeichnis nach noch nicht infizierten Dateien gesucht. Findet sich eine derartige Datei, wird sie infiziert.

Ist dies nicht der Fall, wird das gerade im Hauptspeicher des PC ausgeführte Programm infiziert und manipuliert. In manchen Fällen geht das Virenprogramm jedoch anders vor: Die File Allocation Table wird verändert, wobei eine nicht infizierte Datei mit dem gegenwärtig laufenden Programm vertauscht wird, ohne daß diese Namensänderung nach außen hin bekannt wird. Dies führt dazu, daß der Benutzer des PC ein anderes Programm ausführt, als er eigentlich glaubt. Im Endeffekt führt diese Vorgehensweise des Virenschreibers dazu, daß ein System langsam aber sicher unbrauchbar wird. Diese Vertauschung von Dateien wird an allen Freitagen durchgeführt.

Alameda

Aliasname: Merritt, Peking, Seoul, Yale
Typ: Speicherresident, infiziert den Bootsektor von Disketten

Der Virus wurde zum ersten Mal 1987 am Alameda College in Kalifornien entdeckt. Das Programm benötigt zur Weiterverbreitung 5 1/4"-Disketten mit 360KB. Auf solchen Datenträgern setzt sich der Virus im Bootsektor fest. Der Originalinhalt dieses Sektors wird durch das Programm auf Spur 39, Sektor 8, Head 0, ausgelagert.

Der Virus überlebt einen Warmstart des Systems. Er verbreitet sich mittels Systemdisketten und normalen Disketten. Während die ursprüngliche Version des Virenprogramms keinen weiteren Schaden anrichtete, sind verseuchte Disketten mit Varianten des Virenprogramms nach einiger Zeit zum Booten nicht mehr zu gebrauchen.

Das ursprüngliche Virenprogramm lief nur auf Rechnern mit 8086er oder 8088er Prozessoren von INTEL. Neuere Varianten greifen auch Software an, die auf PCs mit einer 80286-CPU läuft.

Amstrad

Länge:		847 Bytes
Type:		Infiziert *.com-Dateien, nicht speicherresident

Der Virus war etwa ein Jahr lang auf der iberischen Halbinsel aktiv, bevor er von Jean Luz in Portugal eindeutig identifiziert wurde. Er infiziert *.com-Dateien. Das Virusprogramm macht sich durch eine gefälschte Werbung für die Firma Amstrad bemerkbar. Außer der Infektion von Dateien und der Weiterverbreitung des Virencodes sind jedoch keine Schäden durch diesen Virus bekannt geworden.

Ashar

Aliasname:	Shoe_virus, UIUC-Virus
Typ:		Speicherresident, Bootvirus

Dieser Virus wird von manchen Fachleuten als ein Vorgänger des berüchtigten Brain-Virus betrachtet. Der Ashar-Virus kann sowohl Disketten als auch Festplatten von PCs befallen, wobei er sich im Bootsektor festsetzt. Der Code des Virus enthält den Text "VIRUS_SHOE RECORD, v9.0. Dedicated to the dynamic memories of millions of virus who are no longer with us today."

Diese Nachricht wird jedoch niemals auf den Bildschirm eines Rechners gebracht, sondern findet sich nur im Code selbst, ist also im Grunde "dead code". Der String *ashar* findet sich in der Regel ab der Adresse 04A6hex im Programmcode.

Die Variante B des Virus ist so modifiziert worden, daß die Festplatte eines PC nicht mehr infiziert wird. Die Versionsnummer ist bei diesem Virus auf v9.1 gesetzt worden. Da soll mal einer sagen, Virenschreiber verstünden nichts von Konfigurationsmanagement!

Basic Virus

Aliasname: VBASIC-2, 5120
Typ: Nicht speicherresident

Dieser Virus infiziert *.com- und *.exe-Dateien von PCs. Die infizierte Datei wächst um 5120 Bytes an. Ab und zu erscheint die Meldung "Access denied" auf dem Bildschirm des Rechners. Der Virencode kann die Partition Tables der Festplatte überschreiben.

Brain

Aliasname: Pakistani, Pakistani Brain
Typ: Speicherresident, Bootvirus

Dieser Virus stammt aus Lahore in Pakistan. Er infiziert Rechner mittels des Bootsektors von Disketten, wobei der ursprüngliche Inhalt des Bootsektors auf eine andere Adresse kopiert wird. Dieser Bereich wird in der File Allocation Table als nicht brauchbar markiert.

Das Virenprogramm ist im Hauptspeicher eines infizierten Rechners resident und benötigt zwischen 3 und 7k RAM. Der Virus ist in der Lage, Interrupts so zu manipulieren, daß auf den ursprünglichen Inhalts des Bootsektor zugegriffen wird. Mit dieser Methode entgeht der Virencode manchmal der Entdeckung durch Virenscanner.

Eindeutiges Erkennungsmerkmal für den Virus ist zunächst die geänderte Copyright-Notiz, die "(c) Brain" lautet. Sie befindet sich auf dem Sektor Null einer infizierten Diskette. Die ursprüngliche Version des Virus befällt nur Disketten. Bearbeitete Virenprogramme können sich jedoch auch auf Festplatten einnisten. Auch der verräterische Text "(c) Brain" kann manipuliert worden sein.

Die Variante B dieses Viruses vernichtet die File Allocation Table eines infizierten Rechners nach dem 5. Mai 1992.

Cascade

Aliasname: Fall, Falling Letters, Herbstlaub, 1701, 1704
Länge: 1701 oder 1704 Bytes
Typ: Speicherresident, befällt *.com-Dateien

Ursprünglich war dieses bösartige Programm ein Trojanisches Pferd. Gegen Ende des Jahres 1987 wurde ein Virenprogramm daraus, das ausführbare *.com-Dateien infiziert. Der Virus erhielt seinen Namen deswegen, weil alle Buchstaben auf dem Bildschirm eines PC nach unten taumeln und sich in den letzten Zeilen des Schirms ansammeln, ähnlich wie die Blätter eines Baumes im Herbst.

Der Virus existiert in zwei Varianten, die sich in der Länge unterscheiden. Beide Virenprogramme benutzen einen Algorithmus zur Verschlüsselung des Code, der die Entdeckung des Virus erschwert. Der Mechanismus zur Aktivierung des Virus benutzt eine komplizierte Abfrage, die den Typ des verwendeten Monitors, das Vorhandensein einer Systemuhr und die gerade herrschende Jahreszeit berücksichtigt. Der Virus wurde dadurch auf Rechnern mit einer CGA- oder VGA-Karte in den Monaten September bis Dezember in den Jahren 1980 und 1988 getriggert. Die 1704 Bytes lange Fassung des Virencodes infiziert zwar IBM PC Clones, nicht jedoch die "echten" IBM PC Rechner.

Bekannte Abkömmlinge des Virus sind der 1701-B und der 1704-D. Der 1701-B wird im Herbst *jeden* Jahres aktiv. Die Variante 1704 dagegen greift echte IBM PCs an, nicht nur Clones.

Cascade-B

Aliasname: Blackjack, 1704-B
Länge: 1704 Bytes
Typ: Speicherresident, greift *.com-Dateien an

Der Cascade-B-Virus gleicht dem ursprünglichen Virus. Der Schadensmechanismus wurde allerdings geändert. Beim Typ Cascade-B wird ein Booten des Systems ausgelöst, wobei dies nach einem Zufallsprinzip in zeitlichem Abstand nach dem Aktivwerden des Virenprogramms erfolgt.

Chamäleon

Aliasname: 1260, Variable
Länge: variabel
Typ: Nicht Speicherresident, greift *.com-Dateien an

Der Virus greift *.com-Dateien im aktuellen Dateiverzeichnis an, wird dabei allerdings nicht speicherresident. Der Virus ersetzt die ersten drei Bytes einer infizierten Datei durch einen Sprung auf den eigenen Code. Der Virencode selbst ist nach einem komplizierten Verfahren verschlüsselt.

Der Virus setzt den Wert für die Sekunden in dem aktuellen Verzeichnis auf 62.

Chaos

Typ: Speicherresident, etabliert sich im Bootsektor

Der erste Bericht über das Auftauchen dieses Virenprogramms erfolgte im Dezember 1989 von James Berry in Kent in England. Der Virus greift Software sowohl auf Disketten als auch auf Festplatten an. Bei der Infektion wird der Bootsektor überschrieben, ohne dessen Inhalt auf einen anderen Speicherplatz auf dem Medium zu retten. Nach der Manipulation enthält der Bootsektor eines infizierten Datenträgers diesen Text:

```
Welcome to the New Dungeon
Chaos
Letz be cool guys
```

Bei Aktivierung des Virus meldet der Rechner, daß der Datenträger sehr viele schlechte Sektoren enthält. Viele dieser Sektoren bleiben jedoch weiterhin lesbar.

CSFR

Aliasname: Semtex
Länge: 1000 Bytes
Typ: Speicherresident, greift *.com-Dateien an

Der Virus befällt Dateien vom Typ *.com, wobei die Datei um genau 1000 Bytes verlängert wird. Der Virus verbreitet sich sehr rasch. Das Schadensereignis tritt nach einem Zufallsprinzip ein und ist zeitlich nicht vorhersehbar. Es erscheint dann die Meldung: "Semtex, (C)opyright by ...".

Der Virus verwendet den Interrupt 61hex an Stelle des Interrupts 21hex.

Dark Avenger

Aliasname: Black Avenger
Länge: 1800 Bytes
Typ: Speicherresident, infiziert Dateien mit der Endung *.exe und *.com

Der Virus wurde zum ersten Mal an der Universität von Kalifornien in Davis eindeutig identifiziert. Er greift ausführbare Dateien an, darunter auch Batchdateien mit Kommandos des Betriebssystems. Das Virenprogramm ist sehr virulent und greift alle geöffneten Dateien an. Werden zum Beispiel die Kommandos COPY oder XCOPY interaktiv ausgeführt, endet die Operation damit, daß sowohl die Ziel- als auch die Quelldatei nach dem Kopiervorgang infiziert sind. Manipulierte Dateien sind nach der Behandlung durch den Virencode um 1800 Bytes länger.

Dark Avenger enthält den Text "The Dark Avenger, copyright 1988, 1989" und die folgende Nachricht:

```
This program was written in the city of Sofia. Eddie lives ...
Somewhere in Time!
```


Datacrime

Aliasname: 1280, Columbus Day
Länge: 1280 Bytes
Typ: Nichtresidenter Virus, infiziert *.com-Dateien

Der Virus wurde im März 1989 in Europa entdeckt. Er infiziert Dateien mit der Endung *.com, wobei er diese Dateien um 1280 Bytes verlängert. Die ersten drei Bytes eines infizierten Programms werden in den Virencode übernommen. Unmittelbar darauf folgt eine Verzweigung (branch statement). Dies bewirkt, daß der Virencode bei der Ausführung einer infizierten Datei immer zuerst ausgeführt wird. Der Virus infiziert Dateien nicht, wenn der siebte Buchstabe der Datei ein "D" ist. Deswegen wird zum Beispiel die Datei COMMAND.COM nicht manipuliert. Die Festplatte hat für das Virenprogramm eine höhere Priorität als Diskettenlaufwerke. Der Virus macht seine Anwesenheit durch die folgende Meldung bekannt:

```
DATACRIME VIRUS
RELEASED: 1 MARCH 1989
```

Nachdem diese Meldung erschienen ist, wird die Festplatte neu formatiert. In den meisten Fällen stürzt das System kurz darauf ab. Der ursprüngliche Datacrime-Virus wird nicht vor dem 1. April jeden Jahres aktiv.

Datacrime II

Aliasname: 1514, Columbus Day
Länge: 1514 Bytes
Typ: Nicht speicherresident, infiziert Dateien mit der Endung *.exe und
             *.com

Diese Variante des Virus kann auch ausführbaren Code mit der Endung *.exe infizieren. Zusätzlich kann der Virus nun den eigenen Programmcode verschlüsseln.

An Montagen werden durch das Virenprogramm keine Festplatten neu formatiert.

Datacrime IIB

Aliasname: 1917, Columbus Day
Länge: 1917 Bytes
Typ: Nicht speicherresident, etabliert sich sowohl in Dateien mit der
             Endung *.exe als auch *.com

Diese Version des Programms wurde zum ersten Mal im November 1989 in den Niederlanden identifiziert. Der Virus unterscheidet sich von der Variante II in der Methode der Verschlüsselung.

Datacrime B

Aliasname: 1168, Columbus Day
Länge: 1168 Bytes
Typ: Nicht speicherresident, befällt Dateien mit der Endung *.exe

Der Virus unterscheidet sich vom ursprünglichen Datacrime-Virus nur dadurch, daß das Programm ausführbare Dateien mit der Endung *.exe infiziert und manipuliert.

dbase

Länge: 1864 Bytes
Typ: Speicherresident, befällt Dateien mit der Endung *.com

Dieser Virus wurde von Ross Greenberg in New York entdeckt und beschrieben. Er etabliert sich in *.com-Dateien als auch in Overlay Files. In offenen dbase-Dateien werden nach einem Zufallsprinzip Zeichen ausgetauscht. Das Virenprogramm führt über durchgeführte Manipulationen Buch und speichert diese Daten in einer Datei mit dem Namen BUG.DAT ab. Bei einem Zugriff auf eine bereits manipulierte dbase-Datei wird der ursprüngliche Zustand mit Hilfe der dazu gespeicherten Informationen nach außen hin wieder hergestellt. Daher scheint für den Benutzer zunächst alles in Ordnung zu sein. Erst wenn die Datei mit dem Namen BUG.DAT neunzig Tage alt ist, wird der Virus die File Allocation Table und die Root Directory auf der Platte überschreiben.

Den Zuk

Aliasname: Search, Venezuelan
Typ: Speicherresident, etabliert sich im Bootsektor des Datenträgers

Der Virus greift nur Disketten mit 360KB an, wobei er sich im Bootsektor festsetzt. Der Den Zuk kann sich jedoch auf allen Dateien in Diskettenlaufwerken etablieren, selbst wenn die Diskette selbst nicht zum Hochfahren des Betriebssystems geeignet ist. Wenn mit einer Datendiskette ein Booten versucht wird, installiert sich der Virus im Hauptspeicher des PC. Nach dem Booten mit einer infizierten Diskette erscheint die Meldung "DEN ZUK" beim Warmstart, falls der Rechner mit einer CGA-, EGA- oder VGA-Karte ausgerüstet ist.

Der ursprüngliche Virencode verursachte über die lästige Meldung hinaus keinen Schaden. Eine neuere Version besitzt einen Zähler, der etwa im Bereich zwischen fünf und zehn liegt. Wird der vorgegebene Wert überschritten, führt das Virenprogramm eine Neuformatierung der Diskette durch. Infizierte Disketten enthalten die folgende Zeichenkette:

```
Welcome to the
          Club
-The HackerS-
Hackin' all The Time
       The HackerS
```

Devil's Dance

Aliasname: Mexican
Länge: 941 Bytes
Typ: Speicherresident, verändert die FAT, greift Dateien mit der Endung
            *com an

Der Virus wurde im Dezember 1989 in Mexico City entdeckt. Die infizierten Dateien wachsen um 941 Bytes an, wobei durch mehrfaches Durchführen dieser Manipulation am Ende das Speichermedium zuwächst.

Nachdem eine ausführbare Datei infiziert wurde, erscheint bei einem Warmstart die folgende Nachricht auf dem Bildschirm des PC:

```
DID YOU EVER DANCE WITH THE DEVIL IN THE WEAK MOONLIGHT?
                PRAY FOR YOUR DISKS!!
                     The Joker
```

Der Virus ist in hohem Maß destruktiv. Nach 2000 Anschlägen werden die Farben auf dem Bildschirm verändert, nach 5000 Anschlägen wird die erste Kopie der FILE ALLOCATION TABLE zerstört.

Disk Killer

Aliasname: Computer Ogre, Disk Ogre, Ogre
Typ: Speicherresident, etabliert sich im Bootsektor, manipuliert die FAT

Der Virus breitet sich aus, indem er eine Kopie des Programms auf unbenutzte Sektoren einer Diskette oder Festplatte schreibt. Diese Speicherbereiche werden dann als zerstört gekennzeichnet, wodurch ein weiterer Zugriff durch das Betriebssystem verhindert wird. Der Bootsektor wird weiterhin so verändert, daß beim Hochfahren des Systems der Virencode zuerst ausgeführt wird. Das Virenprogramm zählt die infizierten Systeme und wird erst dann zerstörerisch tätig, wenn ein bestimmter Grenzwert überschritten ist.

Ist dies schließlich der Fall, identifiziert sich der Virus und bringt das Datum des 1. April auf den Bildschirm des befallenen Rechners. Das Virenprogramm überschreibt daraufhin die Festplatte nach einem Zufallsprinzip mit einem bestimmten Buchstaben, wodurch es den Platteninhalt unbrauchbar macht. Abhilfe ist in einem solchen Fall nur durch Neuformatieren der Festplatte möglich.

Der von dem Virenprogramm gezeigte Text findet sich auch im Code wieder. Er lautet:

```
Disk Killer -   Version 1.00 by COMPUTER OGRE 04/01/89
                        Warning
Don't turn off the power or remove the diskette while Disk
Killer is
Processing!
        PROCESSING
Now you can turn off the power. I wish you Luck!
```

Do-Nothing Virus

Aliasname: The Stupid Virus
Länge: 608 Bytes
Typ: Speicherresident, infiziert *.com-Dateien

Der Virus befällt nur Systeme mit 640K Hauptspeicher. Er kettet sich immer an die erste Datei mit der Endung *:com im benutzten Verzeichnis, ob diese Datei nun bereits infiziert wurde oder nicht. Der Programmcode des Virus residiert im Hauptspeicher immer ab der Adresse 9800:100hex. Andere Programme können diesen Speicherbereich ebenfalls benutzen. Tritt dies zufällig ein, wird der Virencode überschrieben und zerstört. Ein größerer Schaden durch den Virus ist nicht bekannt geworden.

EDV

Typ: Speicherresident, manipuliert den Bootsektor und die PARTITION
                TABLE

Der EDV-Virus wurde zum ersten Mal im Januar 1990 gesichtet. Er verändert
den Bootsektor von Disketten und Festplatten. Darüber hinaus wird auch die
PARTITION TABLE von Festplatten manipuliert. Bei infizierten Systemen wird
der Virus nach dem Booten speicherresident. Das Programm kann das System
zum Absturz bringen und Daten verändern.

Bei befallenen Disketten findet sich die folgende Zeichenkette am äußersten Ende
des Bootsektors: MSDOS Vers. E.D.V.

Flip

Aliasname: Omicron
Länge: 2343 Bytes
Typ: Speicherresident, greift *.com- und *.exe-Dateien an

Dieser Virus kettet sich an ausführbare Dateien des Typs *.exe und *.com. Er
benutzt die Interrupts 1hex, 21hex und 24hex eines PC oder Kompatiblen. In
befallene Dateien ist der Virencode verschlüsselt, im Bootsektor einer Diskette
dagegen unverschlüsselt. Der Schaden durch das Virenprogramm tritt ein, wenn
die Systemzeit auf 16:00 Uhr steht. Dann wird der Bildschirminhalt bei EGA-
oder VGA-Controllern auf den Kopf gestellt.

Flip Clone

Länge: 925 oder 933 Bytes, im Hauptspeicher 928 Bytes
Typ: Speicherresident, greift *.exe-Dateien an

Der Virus hängt sich an das Ende von ausführbarem Programmcode an, wobei
auch eine mehrfache Infektion erfolgen kann. Wird der Interrupt 21hex benutzt,
infiziert der Virus alle *.exe-Dateien im aktuellen Dateiverzeichnis.

Der Virus manipuliert die Bildschirmausgabe, wenn ein interner Zähler den Wert
zehn erreicht hat.

Freitag, der dreizehnte, COM-Virus

Aliasname: Miami, Munich, South African, 512-Virus
Länge: 512 Bytes
Typ: Greift Dateien mit der Endung *.com an.

Das erste Auftreten des Virus erfolgte im Jahr 1987 in Südafrika. Im Gegensatz zu dem als Freitag, der dreizehnte, bekannten Virus aus Israel ist der hier beschriebene Virus weder speicherresident, noch benutzt er Interrupts, um sich zu verbreiten. Der Virus befällt *.com-Dateien, allerdings nicht die Datei COMMAND.COM. Bei jeder Ausführung eines infizierten Programms sucht der Virencode nach je einer noch nicht infizierten Datei in den Laufwerken c: und a:. Falls das Programm solche Dateien findet, werden sie manipuliert. Das Virenprogramm ist extrem schnell. Man kann das Vorhandensein des Virus manchmal dadurch feststellen, daß die Lampe am Laufwerk a: aufleuchtet, obwohl die Einheit gar nicht angesprochen wurde.

Wenn der Freitag auf den dreizehnten des Monats fällt, wird ein infiziertes Programm gelöscht. Bekannte Abarten des Virus sind:

Typ B: Diese Variante befällt alle Dateien im gegenwärtigen Unterverzeichnis. Außerdem wird jede *.com-Datei im Systempfad angegriffen, falls sich eine infizierte Datei mit dem Virencode im Systempfad befindet.

Typ C: Dieser Virus arbeitet wie der Typ B, jedoch wird bei jeder Aktivierung des Virencodes die Meldung "We hope we haven't inconvenienced you" auf den Bildschirm gebracht.

Fu Manchu

Aliasname: 2080, 2086
Länge: 2086 Bytes bei *.com-Dateien, 2080 Bytes bei *.exe-Dateien
Typ: Speicherresident, etabliert sich in *.com- und *.exe.Dateien

Der Virencode hängt sich am Ende von *.exe-Dateien an, bei *.com-Dateien steht der Virencode am Anfang einer infizierten Datei. Es scheint, als wäre der Virus ein Verwandter des bekannten Jerusalem-Virus mit einem Entstehungsdatum nach dem 10. März 1988.

Der Virencode enthält den unverständlichen Text "sAXrEMHOr.". Bei einer von 16 durchgeführten Infektionen mit dem Virencode wird auch ein Zähler aktiviert. Nach einer zufällig gewählten Zahl erscheint die Meldung "The world will hear from me again!" auf dem Bildschirm eines infizierten PCs und das System bootet. Dieselbe Meldung erscheint auch bei einem Warmstart, obwohl der Virus im Hauptspeicher selbst dabei gelöscht wird.

Der Virus überwacht den Tastaturpuffer und fügt bei den Namen verschiedener Politiker wenig schmeichelhafte Kommentare hinzu.

Ghost Boot

Aliasname:	Ghostballs
Typ:		Etabliert sich im Bootsektor

Die erste Meldung über das Auftreten dieses Viruses stammt aus Island. Der Virus setzt sich auf dem Bootsektor von befallenen Disketten oder Festplatten fest. Er verhält sich im übrigen wie der Ping-Pong-Virus. Es können Dateien zerstört werden.

Ghost COM-Virus

Aliasname:	Ghostballs
Länge:		2351 Bytes
Typ:		Greift *.com-Dateien an

Auch dieser Virus wurde zunächst auf Island festgestellt. Er etabliert sich in *.com-Dateien, wobei die Länge der Datei um 2351 Bytes anwächst. Das Schadenspotential ist ähnlich wie bei dem vorher beschriebenen Virus. Es ist auch wahrscheinlich, daß beide Viren zusammen auftreten.

Golden Gate

Aliasname:	Mazatlan, 500er
Typ:		Speicherresident, etabliert sich im Bootsektor

Der Golden-Gate-Virus ist ein modifizierter Alameda-Virus. Der Virus wird aktiviert, wenn durch den mitgeführten Zähler festgestellt wird, daß 500

Disketten infiziert wurden. Der Virus reproduziert sich, wenn die Tasten-
kombinaten CTRL-ALT-DEL gedrückt wird, also bei einem Warmstart. Dabei
wird jede Datei im Laufwerk infiziert. Nach der Aktivierung wird das Laufwerk
C: neu formatiert. Der Zähler wird auf Null gesetzt, sobald eine neue Diskette
entdeckt und infiziert wurde. Es sind die folgenden Varianten des Virus bekannt:

Golden Gate-B

Der Zähler wurde von 500 auf 30 heruntergesetzt, und es werden nur Disketten
infiziert.

Golden Gate-C

Der Virus verhält sich wie der Typ B, es wird allerdings auch die Software auf
Festplatten infiziert. Das ist der gefährlichste Virus dieses Stamms. Er wird auch
Mazatlan genannt.

Hallöchen

Typ: Befällt Dateien mit der Endung *.com und *.exe.

Dieser Virus wurde zunächst an der Universität Karlsruhe festgestellt. Wenn
infizierte Dateien aufgerufen werden, wird die Eingabe von der Tastatur verfälscht.

Holland Girl

Aliasname: Sylvia
Länge: 1332 Bytes
Typ: Speicherresident, befällt *.com-Dateien

Der Virus klammert sich an *.com-Dateien, wobei die Länge der Datei um 1332
Bytes anwächst. Das ist anscheinend der einzige Schaden im System.

Der Virencode enthält die Adresse und Telephonnummer einer Dame mit dem
schönen Vornamen Sylvia in Holland. Es wird gebeten, ihr Postkarten zu senden.
Das führt zu der Vermutung, daß der Virus von ihrem Ex-Freund geschrieben
worden sein könnte.

Icelandic

Aliasname: 656, One In Ten, Disk Crunching Virus
Länge: 656 Bytes
Typ: Speicherresident, greift *.exe-Dateien an

Der Virus wurde im Juni 1989 in Island entdeckt. Er infiziert nur Dateien mit der Endung *.exe, wobei die manipulierte Datei um 656 bis 671 Bytes anwächst. Die Länge der Datei nach der Infektion ist dabei immer ein Vielfaches von 16. Der Virencode hängt sich an das Ende der infizierten Datei und endet immer mit der Zahl 4418 5F19hex.

Das Virenprogramm etabliert sich am oberen Ende des freien Speicherplatzes im Hauptspeicher eines PCs, sobald ein infiziertes Programm ausgeführt wird. Falls das Betriebssystem später versucht, diesen Speicher zu belegen, führt das zum Systemabsturz (crash). Der Virus benutzt den Interrupt 13hex, um jedes zehnte ausgeführte Programm auf dem Rechner zu infizieren. Falls jedoch dieser Interrupt bereits benutzt wird, unterlässt das Virenprogramm diesen Versuch.

Der Virus verursacht keinen Schaden auf Systemen, die lediglich mit Diskettenlaufwerken oder mit einer Festplatte mit 10MB ausgerüstet sind. Bei größeren Festplatten wird der Virus jedoch bei jeder Infektion einen Eintrag in der FILE ALLOCATION TABLE als fehlerhaft kennzeichnen, wodurch dieser Speicherplatz für das System verloren geht.

Icelandic-II

Aliasname: System virus, One in Ten
Länge: 632 Bytes
Typ: Speicherresident, greift *.exe-Dateien an

Dieser Virus ist eine Modifikation des oben beschriebenen Virenprogramms und verhält sich weitgehend ähnlich. Er wurde im Juli 1989 in Island entdeckt.

Der Virus verändert das Datum von manipulierten Dateien, wodurch das Vorhandensein des Programms rasch auffallen sollte. Außerdem wird bei den Zugriffsrechten das READ-ONLY-Attribut weggenommen und nicht wieder hergestellt.

Der Icelandic-II-Virus kann ausführbare Programme selbst dann infizieren, wenn ein speicherresidentes (TSR) Programm zur Virenbekämpfung wie FLUSHOT, das den Interrupt 21hex ständig überwacht, zum Einsatz kommt. Diese Variante des Virus markiert keine Sektoren auf der Festplatte als beschädigt.

Icelandic-III

Aliasname: December 24th
Länge: 853 Bytes
Typ: Speicherresident, greift Dateien mit der Endung *.exe an

Dieser Typ des Virenstamms wurde zum ersten Mal im Dezember 1989 in Island identifiziert. Die verräterische Signatur dieses Virus ist 1844 195Fhex am Ende des Codes. Bevor der Virus versucht, ein ausführbares Programm zu identifizieren, wird erst auf die bereits erfolgte Infektion durch den Icelandic oder Icelandic-II-Virus abgefragt. Ist dies der Fall, erfolgt keine erneute Infektion. Schlägt der Virus jedoch zu, vergrößert sich der Programmcode um 848 bis 863 Bytes.

Falls ein infiziertes Programm am 24. Dezember eines Jahres, also am Heiligen Abend, läuft, werden die nachfolgenden Programme gestoppt und es erscheint die folgende Meldung auf dem Bildschirm: "Gledileg jol". Das heißt anscheinend "Frohe Weihnachten" auf isländisch.

Jerusalem

Aliasname: PLO, Israeli, Friday The 13th, Russian, 1813, 1808
Länge: 1813 Bytes bei *.com-Dateien, 1808 Bytes bei *.exe-Dateien
Typ: Speicherresident, greift *.exe- und *.com-Dateien an

Der Jerusalem-Virus wurde im Herbst 1987 an der Hebräischen Universität in Jerusalem festgestellt. Der Virus ist speicherresident und überlebt selbst einen Warmstart. Es werden Dateien mit der Endung *.com und *.exe infiziert, wobei *.exe-Dateien durch einen Fehler im Virencode bei jeder Ausführung eines bereits infizierten Programms nochmals infiziert werden.

Der Virencode operiert mit Hilfe des Interrupts 08hex. Eine halbe Stunde nach Ausführung eines infizierten Programms wird der Rechner merklich langsamer, und zwar etwa um den Faktor zehn. Nachdem sich der Virus im Speicher

festgesetzt hat, wird jedes Programm, das an einem Freitag, den dreizehnten, ausgeführt wird, auf der Festplatte gelöscht.

Die Signatur des Virus ist die Zeichenkette "sUMsDos". Bei neueren Varianten
des Virus fehlt dieses Merkmal jedoch.

Jerusalem-B

Länge: 1813 Bytes bei *.com-Dateien und 1808 Bytes bei *.exe- Dateien
Typ: Speicherresident, greift Dateien mit der Endung *.com und *.exe an

Der Jerusalem-B-Virus ist weitgehend mit dem Original identisch. In einigen
Fällen ist der Fehler im Code mit der erneuten Infektion bereits befallener
Programme beseitigt worden. Der Jerusalem-B-Virus ist weitverbreitet. Er kann
auch Systemdateien infizieren. Nicht alle mit dem Virus verseuchten PCs werden
nach dreißig Minuten langsamer.

Weitere bekannte Varianten dieses Virenstamms sind:

Jerusalem-C

Der Virus verhält sich wie der Jerusalem-B-Virus, jedoch ohne das Verlangsamen des Systems.

Jerusalem-D

Diese Version des Virus zerstört an jedem Freitag, den dreizehnten, nach dem
Jahr 1990 die FILE ALLOCATION TABLE.

Joker

Typ: Nicht speicherresident, infiziert *.exe-Dateien

Der Joker wurde zum ersten Mal im Dezember 1989 in Polen gesichtet. Er greift
Dateien mit der Endung *.exe an, wobei die Ausbreitung relativ langsam geschieht. Die mit dem Virus infizierten Programmdateien bringen falsche und irreführende Fehlermeldungen und Kommentare. Dieser Text findet sich im Code des
Virus wieder. Hier sind einige dieser Meldungen:

```
Incorrect DOS version
Invalid Volume ID Format Failure
End of input file
END OF WORKTIME! TURN SYSTEM OFF!
Divide overflow
Water detect in Co-processor
I am hungry! Insert HAMBURGER into drive A:
NO SMOKING, PLEASE!
Tanks.
Don't beat me !!
Don't drink and drive.
Another cup of coffee?
OH, YES!
Hard Disk head has been destroyed. Can you borrow me your one?
Missing light magenta ribbon in printer!
In case of mistake, call GHOST BUSTERS
Insert tractor toilet paper into printer.
```

Der Virus kann auch Dateien mit der Endung *.dbf manipulieren, wobei er neue Meldungen einfügt.

Lehigh

Typ: Speicherresident, überschreibend

Der Lehigh-Virus infiziert nur die COMMAND.COM Datei, sowohl auf der Festplatte als auch auf Disketten. Als Mechanismus dazu wird der Stack überschrieben. Wenn eine noch nicht infizierte COMMAND.COM-Datei im System gefunden wird, wird sie infiziert. In jeder Kopie des Virencodes befindet sich ein Zähler. Nach vier Infektionen überschreibt der Virus den Bootsektor und die FILE ALLOCATION TABLE.

Die Variante Lehigh-2 des Virenstamms unterhält den Zähler im Hauptspeicher und korrumpiert den Bootsektor und die FAT erst nach zehn Infektionen.

Lisbon

Länge: 648 Bytes
Typ: Nicht speicherresident, manipuliert *.com-Dateien

Dieser Virus ist eine Variante des Vienna-Stamms. Er wurde zum ersten Mal im November 1989 in Portugal festgestellt. Der Virencode selbst ist nahezu identisch, obwohl jedes Byte des Code um ein oder zwei Bytes verschoben wurde, um der Entdeckung durch Virenscanner zu entgehen.

Bei einer von acht infizierten Dateien verändert der Virus die ersten fünf Bytes des ausführbaren Codes im ersten Sektor. Es wird der Text "@AIDS" eingefügt, wodurch die betroffene Datei unbrauchbar wird.

Malta

Dieser Virus wurde im Januar 1991 auf der Insel Malta entdeckt. Der Virus manipuliert die File Allocation Table des angegriffenen PC.

Der Virenschreiber gibt dem Besitzer des Rechners noch eine Chance, mit ihm Jackpot zu spielen, bevor er die FAT endgültig zerstört. Die File Allocation Table auf der Festplatte ist zu diesem Zeitpunkt bereits manipuliert worden, im Hauptspeicher befindet sich allerdings noch eine unversehrte Kopie.

Michelangelo

Dieser Virus ist eine Variation des bekannten 'Stoned' Virus. Der Code wurde so modifiziert, daß auch Disketten mit mehr als 360 KBytes infiziert werden können.

Der Triggermechanismus für den Schadensfall ist der Geburtstag des italienischen Renaissance-Malers Michelangelo, also der 6. März. Über diesen Virus wurde vor dem 6. März 1992 in der deutschen und internationalen Presse ausführlich berichtet. Wird der Virus aktiv, so kann der gesamte Inhalt einer Festplatte überschrieben werden.

MIX/1

Aliasname: MIX1
Länge: 1618 Bytes
Typ: Speicherresident, befällt Dateien mit der Endung *.exe

Der MIX/1-Virus wurde ursprünglich am 22. August 1989 in einigen Bulletin Boards in Israel entdeckt. Er ist speicherresident und infiziert *.exe-Dateien. Wenn ein Programm infiziert wurde, beschafft sich der Virencode 2048 Bytes im Hauptspeicher. Infizierte Dateien wachsen dann um 1618 bis 1634 Bytes an, abhängig von der ursprünglichen Codelänge. Programmdateien mit weniger als 8K werden durch den Virus nicht angegriffen.

Infizierte Dateien können durch die Zeichenkette "MIX1" identifiziert werden. Sie befindet sich immer in den letzten vier Bytes einer infizierten Programmdatei.

Der Virus mischt sowohl die Ausgabe des seriellen als auch des parallelen Port des PC durcheinander. Nach der sechsten Infektion wird das System beim Booten abstürzen, und ein springender Ball erscheint auf dem Bildschirm. Dies ist auf einen Fehler im Virencode zurückzuführen.

Eine Variante des Virus manipuliert nur Programmdateien, die größer als 16K sind. Diese Version verursacht auch keinen Systemabsturz.

New Jerusalem

Länge: 1813 Bytes
Typ: Speicherresident, infiziert *.com- und *.exe-Dateien

Dieser Virus ist eine Variante des ursprünglichen Jerusalem-Virus, wobei der Code geändert wurde, um eine Entdeckung durch Virenscanner zu erschweren. Der Virus wurde zunächst in Holland am 14. Oktober 1989 identifiziert. Damals wurde versucht, den Virencode auf mehreren Bulletin Boards zu installieren.

Der Virus infiziert Dateien mit der Endung *.com und *.exe und wird an jedem Freitag, den dreizehnten, getriggert. Infizierte Programme werden dann gelöscht.

Der Virus ist speicherresident und kann auch Dateien mit der Endung *.sys, *.bin und *.pif angreifen, wie sie zum Beispiel unter WINDOWS existieren.

Ohio

Typ: Etabliert sich im Bootsektor

Der Virus greift nur Disketten mit 360KB an, wobei er sich im Bootsektor festsetzt. Er gleicht in vieler Hinsicht dem Den Zuk. Ist eine Diskette erst mit diesem Virus verseucht, kann sich der Brain Virus auf einer solchen Diskette nicht mehr festsetzen.

Der Ohio-Virus enthält den folgenden Text:

```
V  I  R  U  S
       by
The  Hackers
Y  C  1  E  R  P
D  E  N  Z  U  K  O
Bandung  40254
       Indonesia
(C)  1988,  The  Hackers  Team ...
```

Oropax

Aliasname: Music virus, Musician
Länge: 2756 bis 2806 Bytes, in der Regel 2773 Bytes
Typ: Speicherresident, infiziert *.com-Dateien

Der Oropax-Virus konnte zum ersten Mal im Dezember 1989 eindeutig identifiziert werden. Er infiziert *.com-Dateien, wodurch deren Länge um 2 756 bis 2 806 Bytes anwächst. Die Grösse der manipulierten Dateien in Bytes ist immer durch 51 ohne Rest teilbar. Der Virus wird fünf Minuten nach der Infektion einer *.com-Datei aktiv und spielt dann eine von drei Melodien. Zwischen diesen "Musikdarbietungen" wird eine Pause von sieben Minuten eingeschoben. Es kann sich bei einer Variante des Virencodes auch um sechs verschiedene Melodien handeln, die im Abstand von sieben Minuten abgespielt werden.

Payday

Länge: 1808 Bytes bei *.exe-Dateien und 1813 Bytes bei *.com- Dateien
Typ: Speicherresident, greift Dateien mit der Endung *.com und *.exe an

Der Virus wurde im Dezember 1989 in den Niederlanden identifiziert. Es handelt sich um eine Variante des Jerusalem-B-Virus, mit einer kleinen, aber signifikanten Änderung: Der Virus löscht nun die Programmdateien an jedem Freitag, nicht aber an einem Freitag, den dreizehnten.

Pentagon

Typ: Speicherresident, setzt sich im Bootsektor fest

Der Virus ersetzt das Wort IBM im Bootsektor von Disketten durch die Zeichenkette HAL. Der Virencode wird in zwei Dateien gespeichert. Die erste davon hat
den Namen 0F9H und enthält den Code, der nicht in den Bootsektor passen
würde. Die zweite Datei heißt PENTAGON.TXT und scheint keinerlei Daten zu
enthalten. Die mit 0F9H bezeichnete Datei wird mit ihrer absoluten Adresse an-
gesprungen. Teile des Virencode sind verschlüsselt.

Der Pentagon-Virus greift nur Disketten mit 360KB an, die heutzutage ja weit
weniger verbreitet sind als noch vor Jahren. Der Virus sucht aktiv nach dem
Brain-Virus und entfernt ihn, wenn er ihn findet. Er ist speicherresident und beansprucht 5K des Hauptsspeichers. Er ist in der Lage, einen Warmstart des PC zu
überleben.

Perfume

Aliasname: 4711, 765
Länge: 765 Bytes
Typ: Nicht speicherresident, infiziert *.com-Dateien

Der Virus stammt aus der Bundesrepublik. Der Virencode sucht nach *.com-
dateien und infiziert auch die Datei COMMAND.COM, wenn er sie findet und
sie nicht bereits infiziert ist. Manipulierte Dateien wachsen immer um 765 Bytes
an.

In einigen Fällen einer Infektion fragt der Virus interaktiv nach 4711, dem bekannten Parfüm. Das infizierte Programm wird nur dann ausgeführt, wenn der Benutzer 4711 an der Tastatur eintippt. In den meisten Varianten dieses Viruses ist
die Frage jedoch durch unsinnigen Text überschrieben worden.

Ping Pong

Aliasname: Bouncing Ball, Bouncing Dot, Italian, Vera Cruz
Typ: Speicherresident, etabliert sich im Bootsektor

Der Virus wurde zum ersten Mal im März 1988 identifiziert. Die Originalfassung des Virus infiziert nur Disketten.

Wenn der Virus aktiviert wird, erscheint ein hüpfender Ball auf dem Bildschirm eines betroffenen Rechners. Diese Vorstellung kann nur durch einen Neustart des Systems gestoppt werden. Darüber hinaus ist kein Schaden festzustellen.

Ping-Pong-B

Aliasname: Falling Letters, Boot
Typ: Speicherresident, setzt sich im Bootsektor fest

Diese Variante des Virus kann auch Software auf Festplatten manipulieren.

Saratoga

Aliasname: One in Two, 642
Länge: 642 Bytes
Typ: Speicherresident, greift *.exe-Dateien an

Die ersten Berichte über das Auftreten dieses Viruses stammen aus Kalifornien und sind vom Juli 1989. Der Virus ähnelt dem Icelandic und Icelandic-II-Virus.

Wenn sich der Saratoga im Speicher eines PC breit macht, kopiert er sich selbst so in den Hauptspeicher, daß er nach außen hin zum Betriebssystem zu gehören scheint. Dieser Teil des Hauptspeichers ist dann für andere Programme nicht mehr nutzbar.

Der Saratoga kann selbst dann ein System infizieren, wenn durch ein speicherresidentes (TSR) Programm zur Virenabwehr der Interrupt 21hex überwacht wird.

SF-Virus

Typ: Speicherresident, etabliert sich im Bootsektor

Dieser Virus ist eine Modifikation des Alameda-Virus. Der Virus reproduziert sich bei einem Warmstart des Systems, wobei die Diskette im Laufwerk infiziert wird. Der Schaden durch den Virus tritt dann ein, wenn 100 Disketten infiziert wurden. In einem solchen Fall wird die Diskette neu formatiert. Der SF-Virus kann nur 5 1/4"-Disketten mit 360KB infizieren.

Stoned

Aliasname: Hawaii, Marijuana, New Zealand, San Diego, Smithsonian
Typ: Speicherresident, etabliert sich im Bootsektor

Die ersten Berichte über das Auftreten dieses böswilligen Programms stammen aus dem Jahre 1988 aus Wellington in Neuseeland. Die ursprüngliche Fassung des Programms infizierte lediglich 5 1/4"-Disketten mit 360KB, wobei kein großer Schaden auftrat. Es gibt jedoch zwei bekannte Abkömmlinge des Virus, die weit schädlicher sind.

Der Virus wird nach dem Booten speicherresident und infiziert alle Disketten im Diskettenlaufwerk. Beim Starten des Systems wird in einem von acht Fällen die folgende Meldung erscheinen:

```
Your computer ist now stoned. Legalize Marijuana.
```

Bekannte Varianten des Viruses sind:

Stoned-B

Diese Version des Viruses kann auch Software auf Festplatten infizieren, wobei sich der Stoned-B in der PARTITION TABLE der Platte festsetzt. Das führt bei einigen Plattensteuerungen zu einem Deadlock.

Stoned-C

Dieser Virus verhält sich wie der Stoned-Virus. Es wird lediglich die Meldung unterdrückt.

Sunday

Länge: 1636 Bytes
Typ: Speicherresident, manipuliert die FAT, infiziert *.com- und *.exe-
              Dateien

Dieser Virus wurde im November 1989 im Staat Washington im Nordwesten der
USA identifiziert. Der Virus wird an allen Sonntagen aktiviert. Dann erscheint die
folgende Meldung auf dem Bildschirm des betroffenen PC:

```
Today is Sunday, why do you work so hard?
```

Der Virencode scheint eine Abart des Jerusalem-Virus zu sein und gleicht ihm in
vielerlei Hinsicht. In einigen Fällen wurde eine Veränderung der FILE
ALLOCATION TABLE beobachtet.

Suriv 1.01

Aliasname: April 1st, Israeli, Suriv01
Länge: 897 Bytes
Typ: Speicherresident, infiziert *.com-Dateien

Dieser Virus ist speicherresident und hängt sich an *.com-Dateien an. Der
Schadensmechanismus des Virus wird an jedem 1. April aktiviert, wenn eine
infizierte *.com-Datei aufgerufen wird und eine noch nicht infizierte *.com-Datei
gerade infiziert wird. In einem solchen Fall erscheint diese Meldung auf dem
Bildschirm eines infizierten PC:

```
APRIL 1ST HA HA HA YOU HAVE A VIRUS
```

Das Computersystem wird daraufhin verriegelt und muß neu gestartet werden. Im
Virencode des Suriv 1.01 findet sich die folgende Signatur: "sURIV 1.01".

Suriv 2.01

Aliasname: April 1st-B, Israeli, Suriv02
Länge: 1488 Bytes
Typ: Speicherresident, greift *.exe-Dateien an

Der Virus verriegelt das System genau eine Stunde nach dem Ausführen einer infizierten Datei, wenn auf dem PC das Systemdatum 01-01-80 als Standard (DEFAULT) benutzt wird.

Suriv 3.00

Aliasname: Israeli, Suriv03
Länge: 1813 Bytes bei *.com-Dateien und 1808 Bytes bei *.exe-Dateien
Typ: Speicherresident, infiziert *.com- und *.exe-Dateien

Der Suriv 3.00 könnte eine Variante des Jerusalem-Virus sein. Die Zeichenkette "sUMDos" wurde in "sURIV 3.00" geändert. Der Virus wird immer am Freitag, den dreizehnten, aktiv, wenn ein infiziertes Programm geladen wird oder sich bereits im Hauptspeicher befindet.

Falls es sich nicht um Freitag, den dreizehnten, handelt, zeigt der Virus ein anderes Verhalten: Nachdem der Virus sich für eine halbe Minute im Hauptspeicher aufgehalten hat, wird ein Bereich des Bildschirms schwarz gesteuert und das Programm begibt sich in eine zeitaufwendige Schleife.

Der Virus kann die folgenden Dateien manipulieren: *.com-, *.exe- und *.sys-Dateien. Außerdem kann die Datei COMMAND.COM betroffen sein.

Swap

Aliasname: Falling Letters Boot, Israeli Boot
Typ: Speicherresident, etabliert sich im Bootsektor

Der Swap Virus oder Israeli Boot Virus tauchte zum ersten Mal im August 1989 in der Fachliteratur auf. Der Virus ist speicherresident und greift nur Disketten an. Der Bootsektor der betroffenen Diskette wird verändert, sobald die Diskette angesprochen wird. Es wird auf Spur 39, Sektor 6 und 7, geschrieben, wobei dieser Speicherbereich als unbrauchbar gekennzeichnet wird. Falls diese Sektoren bereits Code oder Daten enthalten sollten, findet keine Infektion statt. Der Virencode im Speicher beträgt lediglich 740 Bytes. Es wird allerdings 2K RAM beansprucht.

Nachdem der Virus zehn Minuten im Hauptspeicher war, wird der Schadensmechanismus aktiv. Es fallen Buchstaben und Zeichen am Bildschirm herunter.

Der Virus bekam den Namen Swap deshalb, weil beim ersten Auftreten des Programms der folgende Text im Code festgestellt werden konnte: "The Swapping-Virus. (C) June, 1989 by the CIA." Diese Zeichenkette befand sich auf den Adressen 00B7hex bis 00EA auf Spur 39, Sektor 7 der infizierten Diskette.

SysLock

Aliasname: 3551, 3555
Länge: 3551 Bytes
Typ: Nicht speicherresident, greift *.exe- und *.com-Dateien an

Der SysLock-Virus verschlüsselt den eigenen Programmcode. Er infiziert sowohl ausführbare *.exe-Dateien als auch *.com-Dateien. Es kann auch vorkommen, daß Dateien mit Daten verwüstet werden. Der Virus ist nicht speicherresident, sondern sucht auf dem PC in den Verzeichnissen und Unterverzeichnissen nach einem Zufallsprinzip nach *.com- und *exe-Dateien, die dann infiziert werden. Befallene Dateien wachsen um 3551 Bytes an, obwohl die Zahl im Einzelfall geringfügig kleiner oder größer sein mag.

Der SysLock-Virus schädigt Dateien, indem er nach der Zeichenkette MICROSOFT in allen Varianten des Namens sucht und diesen Text durch MACROSOFT ersetzt.

Falls der Virencode eine Systemvariable namens SYSLOCK im System findet, die auf den Wert "@" oder 40hex gesetzt worden ist, gibt der Virus seine schadenbringende Tätigkeit auf und gibt die Kontrolle an das infizierte Programm zurück.

Eine Variante des Virus ist das Programm Macho-A. Es verhält sich wie SysLock, allerdings wird MICROSOFT durch MACHOSOFT ersetzt.

Taiwan

Länge: 743 Bytes
Typ: Nicht speicherresident

Der erste Bericht über den Virus tauchte im Januar 1990 auf und stammt aus Taiwan. Der Virus infiziert COMMAND.COM-Dateien und ist nicht speicherresident. Bei jedem Aufruf einer infizierten Datei versucht der Virus, drei weitere Dateien mit der Endung *.com zu infizieren. Die Suche nach Opfern beginnt im Laufwerk C: eines PC.

Wenn eine noch nicht infizierte Datei gefunden wurde, okkupiert der Virencode die ersten 743 Bytes. Der ursprüngliche Programmcode wird ans Ende der Datei kopiert. Der Taiwan-Virus hat jedoch einen Fehler: *.com-Dateien mit weniger als 743 Bytes ursprünglicher Länge werden immer 1486 Bytes lang werden, da der Virus nicht prüft, wie lange die befallene Datei vorher war.

Der Taiwan-Virus ist sehr destruktiv. Am achten Tag jeden Monats wird auf dem befallenen PC die Festplatte in einer Länge von 160 Sektoren neu beschrieben. Dies beginnt mit dem Sektor Null auf den logischen Einheiten C und D. Diese Schreiboperation resultiert in einem Überschreiben der Root Directory und der File Allocation Table.

Traceback

Aliasname: 3066
Länge: 3066 Bytes
Typ: Speicherresident, greift *.com- und *.exe-Dateien an

Der Virus infiziert Dateien mit der Endung *.com und *.exe, wobei deren Code um 3066 Bytes anwächst. Wenn eine infizierte Datei ausgeführt wird, wird der Virencode damit speicherresident. Andere ausgeführte Programme werden in der Folge ebenfalls infiziert. Ist das Systemdatum noch dazu später als der 5. Dezember 1988, sucht das Virenprogramm nach einer weiteren zu infizierenden Datei im gegenwärtig benutzten Verzeichnis. Falls dieser Versuch nicht mit Erfolg gekrönt ist, durchsucht das Virenprogramm die gesamte Festplatte. Diese Suche endet, wenn der Traceback-Virus eine infizierte Datei findet, bevor er eine noch nicht infizierte Datei feststellt.

Dieser Virus bekam seinen Namen deshalb, weil infizierte Dateien den Pfadnamen der Datei enthalten, die die Infektion verursachte. Dadurch wird es möglich, die nacheinander erfolgten Infektionen zu verfolgen.

Der durch den Virus verursachte Effekt tritt eine Stunde nach der Installation des Virencodes im Hauptspeicher ein. Die auf dem Bildschirm erscheinende Kaskade ähnelt der Darstellung beim 1701- oder 1704-Virus. Eine versuchte Eingabe über die Tastatur führt zu einem Deadlock des Systems. Nach einer Minute gibt der

Virus die totale Kontrolle über das System wieder auf und stellt den ursprünglichen Zustand auf dem Bildschirm wieder her. Diese Vorstellung wiederholt sich alle Stunde.

Traceback II

Aliasname: 2930
Länge: 2930 Bytes
Typ: Speicherresident, greift *.com- und *.exe-Dateien an

Dieser Virus scheint ein Vorgänger des Traceback zu sein, obwohl er erst später entdeckt wurde. Die infizierten Dateien wachsen bei dieser Variante um 2930 Bytes an.

Typo Boot

Aliasname: Mistake
Typ: Speicherresident, etabliert sich im Bootsektor

Der Virus wurde im Juni 1989 in Israel entdeckt. Der Virus dringt über den Bootsektor in Systeme ein und etabliert sich dann im Hauptspeicher des Rechners, wobei er 2K Bytes am oberen Ende des Systemspeichers belegt.

Der Virus ersetzt gewisse Buchstaben in Ausdrücken mit anderen Zeichen, die ähnlich klingen. Zahlen können durch andere Zahlen ersetzt werden. Die Manipulation durch den Virencode betrifft nur den Ausdruck auf dem Drucker, die ursprüngliche Datei ist nicht verfälscht.

Beim Typo-Boot-Virus könnte es sich um eine Variante des Ping-Pong-Virus handeln.

Typo COM

Aliasname: Fumble, 867
Länge: 867 Bytes
Typ: Speicherresident, greift *.com-Dateien an

Auch dieser Virus verfälscht die Ausdrücke auf dem Drucker von PCs. Der Virus wird nur an geraden Tagen aktiv.

Vacsina

Länge: 1206 Bytes
Typ: Speicherresident, greift *.com- und *.exe-Dateien an

Dieser Virus greift Dateien der folgenden Typen an: *.com, *.exe, *.sys und *.bin. Der Virencode setzt sich im MEMORY CONTROL BLOCK von MS DOS fest.

Ein Anzeichen für das Vorhandensein des Virus kann sein, daß infizierte Dateien bei der Ausführung piepsen.

Vcomm

Länge: 637 Bytes
Typ: Speicherresident, greift *.exe-Dateien an.

Der Virus stammt anscheinend aus Polen und wurde zum ersten Mal im Dezember 1989 gesichtet. Er greift ausführbare Programmdateien an. Wenn eine bereits infizierte Datei ausgeführt wird, versucht der Virus, ein weiteres Programm in demselben Verzeichnis zu manipulieren.

Wenn der Virus eine geeignete Datei gefunden hat, wird deren Programmcode zunächst so erweitert, daß die Dateilänge ein Vielfaches von 512 Bytes ist. Im folgenden wird der Virencode mit 637 Bytes angehängt.

Der Virencode im Speicher unterbricht jeden Zugriff auf die Festplatte und macht aus schreibenden Zugriffen lesende Zugriffe, wodurch der Betrieb des PC natürlich schwerwiegend beeinträchtigt wird.

Vienna

Aliasname: Austrian, Unesco, DOS-62, DOS-68, 1-in-8, 648
Länge: 648 Bytes
Typ: Nicht speicherresident, greift *.com-Dateien an

Der Virus wurde zum ersten Mal im April 1988 bei einer Veranstaltung der UNO
für Kinder in Moskau identifiziert. Der Virus infiziert bei jedem Aufruf eines
infizierten Programms eine weitere *.com-Datei. Bei einem von acht Aufrufen
wird ein Warmstart des Systems durchgeführt. Einige der infizierten Dateien
können so verändert sein, daß sie nicht mehr lauffähig sind.

Vienna-B

Aliasname: 62-B
Länge: 648 Bytes
Typ: Nicht speicherresident, infiziert *.com-Dateien

Das Schadenspotential dieses Virus wirkt sich dahingehend aus, daß kein Warmstart durchgeführt wird. Stattdessen wird das ausgeführte Programm gelöscht.

Virus-90

Länge: 857 Bytes
Typ: Speicherresident, greift *.com-Dateien an

Der Virus wurde im Dezember 1989 von Patrick Toulmer als ein Werkzeug angeboten, um auf die Gefahren durch Viren aufmerksam zu machen. Es wurde auch
der Quellcode zur Verfügung gestellt.

Nachdem der Autor durch andere Computerexperten auf die Gefahren eines
solchen Vorgehens aufmerksam gemacht wurde, zog er sein Angebot zum
Verkauf des Virencodes im Januar 1990 wieder zurück.

Virus101

Länge: 2560 Bytes
Typ: Speicherresident

Dies ist der große Bruder des Virus-90. Er benutzt die Verschlüsselung des
Virencodes, um sich im System zu verbergen.

Yankee Doodle

Länge: 2885 oder 2899 Bytes
Typ: Speicherresident, greift *.com- und *.exe-Dateien an

Der Virus wurde am 30. September 1989 in Wien in Österreich entdeckt. Der Virus ist speicherresident und attackiert ausführbare *.com- und *.exe-Dateien. Ist der Virus aktiv, spielt er jeden Nachmittag um 5 Uhr den Yankee Doodle.

Infizierte Programme nehmen um 2899 Bytes zu. Abgesehen von dem Abspielen der Melodie verursacht der Virus keinen weiteren Schaden. Eine Variante des Programms sucht aktiv nach dem Ping-Pong-Virus und zerstört diesen Viruscode, wenn er gefunden wurde.

Zero Bug

Aliasname: Palette, 1536
Länge: 1536 Bytes
Typ: Speicherresident, greift *.com-Dateien an

Dieser Virus wurde im September 1989 in Holland entdeckt. Er infiziert *.com-Dateien und ist speicherresident. Befallene Dateien werden 1 536 Bytes länger. Diese Veränderung des Codes zeigt sich jedoch nicht, wenn man das Kommando "dir" aufruft!

Das vordringliche Ziel des Virenschreibers war es offensichtlich, die Datei COMMAND.COM zu manipulieren. Dies geschieht mittels der Systemvariablen COMSPEC. Zeigt diese Variable auf nichts, installiert sich das Virenprogramm im Hauptspeicher unter der Benutzung des Interrupts 21hex.

Nachdem der Virus entweder COMMAND.COM infiziert hat oder sich im Hauptspeicher installiert hat, werden alle *.com-Dateien infiziert. Auch durch Benutzung der Kommandos COPY oder XCOPY wird der Virus aktiviert. Neu geschaffene *.com-Dateien werden ebenfalls infiziert.

Falls die gegenwärtig geladene COMMAND.COM-Datei infiziert wurde, hängt sich der Virus an den Interrupt 1Chex (TIMER INTERRUPT). Nach einiger Zeit wird die Zeichenkette ASCII 01 auf dem Bildschirm erscheinen (smiley face) und alle Nullen auf dem Bildschirm werden "aufgefressen".

In seiner jetzigen Form verursacht der Virus darüber hinaus keinen Schaden.

405

Typ: Nicht speicherresident, greift *.com-Dateien an

Der Virus überschreibt Dateien mit der Endung *.com. Bereits infizierte Dateien werden nicht erkannt, was zu einer weiteren Infektion führt.

512

Länge: 512 Bytes
Typ: Speicherresident, greift *.com-Dateien an

Der Virus wurde im Januar 1990 in Bulgarien entdeckt. Ein infiziertes System ist durch Abstürze und DEADLOCKS gekennzeichnet. Die Zeiger zu anderen Dateien können ebenfalls zerstört werden.

1260

Länge: 1260 Bytes
Typ: Nicht speicherresident, greift *.com-Dateien an, verschlüsselt den Code

Der Virus wurde zum ersten Mal im Januar 1990 identifiziert. Der Virus ist zwar nicht speicherresident, aber extrem virulent. Es werden *.com-Dateien manipuliert, und deren Code wird verschlüsselt. Der Schlüssel wird bei jeder neuen Infektion gewechselt.

Der 1260 ist in der Lage, ein lokales PC-Netz zu infiltrieren, einschließlich des File Servers und der angeschlossenen PCs.

1559

Länge: 1559 Bytes
Typ: Speicherresident, greift *.com- und *.exe-Dateien an

Der Virus wurde durch einen Irrtum am 13. Februar 1990 in den USA über das VALERT-L-Netzwerk ausgesandt. Etwa 600 Benutzer waren betroffen.

1704 Format

Länge: 1704 Bytes
Typ: Speicherresident

Der Virus verhält sich wie der Cascade-Virus, formatiert jedoch die Festplatte, wenn der Schadensmechanismus aktiviert wird.

4096

Länge: 4096 Bytes
Typ: Speicherresident, greift *.com- und *.exe-Dateien an

Der Virus wurde im Januar 1990 entdeckt. Er gilt als einer der gefährlichsten der Gattung, und bisher ist kein Fall bekannt, in dem ein infiziertes System nach dem Befall ohne völlige Neuformatierung restauriert werden konnte.

Der Virus infiziert *.exe und *.com-Dateien, wobei deren Länge um 4096 Bytes zunimmt. Diese Veränderung zeigt sich nicht, wenn man das Kommando "dir" ausführt. Ist der Virus erst im Speicher etabliert, wird jede ausführbare Datei infiziert. Dies trifft auch zu, wenn die Kommandos COPY oder XCOPY aufgerufen werden.

Der Virus arbeitet recht langsam. Der Virencode verbindet Dateien auf der Systemdiskette, indem er die FILE ALLOCATION TABLE manipuliert. Das sieht nach außen hin zunächst oft wie ein Plattenfehler aus. Nach einiger Zeit ist der PC unbrauchbar.

Viren auf dem MacIntosh von Apple

MacMag

Das war der erste auf dem Mac entdeckte Virus. Der MacMag oder Peace Virus brachte am 2. März 1988 eine Friedensbotschaft auf die Bildschirme der betroffenen Rechner.

Es sind sowohl der Schreiber des Virenprogramms als auch sein Auftraggeber bekannt. Der Virus ist nicht weiter bösartig und zerstört sich nach dem Absetzen der Nachricht selbst.

nVIR

Dieser Virus steht eigentlich für einen ganzen Stamm von MacIntosh-Viren. Der ursprüngliche Code stammt von Matthias Ulrich aus Deutschland. Ab dem Jahr 1987 kann eine weite Verbreitung innerhalb der Mac-Gemeinde festgestellt werden.

Da es unterschiedliche Ausprägungen des Virus gibt, sind auch die Auswirkungen verschieden. Es werden berichtet

- Systemcrashs
- Applikationen piepsen, wenn sie eröffnet werden
- Applikationen und Systemdateien werden länger
- wenn MacinTalk aufgerufen wird, erscheint eine "Don't Panic" Nachricht

AIDS

Hier handelt es sich um eine Anpassung des bekannten PC-Viruses für den Mac.

Scores

Dieser Virus wurde im April 1988 entdeckt. Er kreiert zwei nach aussen hin nicht sichtbare Dateien namens Scores und Desktop. Der Virus infiziert die System-datei und die Dateien ScrapBook und Notepad.

Zwei Tage nach der ersten Infektion sucht der Virus nach weiteren Dateien, um sie zu infizieren. Zwei weitere Tage später wird gezielt nach zwei Programmen von Electronic Data Systems (EDS) gesucht. Drei Tage später wird versucht, diese Programme zu zerstören.

Es geht das Gerücht, daß der Virus durch einen ehemals für EDS tätigen Programmierer geschrieben wurde.

Dukakis-Virus

Dieser Virus wurde in HyperTalk geschrieben und verbirgt sich in HyperCard. Er wurde gegen Ende 1988 entdeckt. Der Virus bringt die Meldung "Dukakis for President" auf den Bildschirm eines infizierten Rechners.

WDEF-Virus

Dieser Virus wurde im Dezember 1989 entdeckt. Er verbirgt sich in der graphischen Oberfläche (DeskTop) des Mac.

Der Virus ist nicht direkt gefährlich. Da der Virencode jedoch offensichtlich einen Fehler enthält, kann es bei Portables oder beim Apple IIcx zu Abstürzen kommen.

Stichwortverzeichnis